国家出版基金项目
NATIONAL PUBLICATION FOUNDATION

涡轮机械与推进系统出版项目

"两机"专项：航空发动机技术出版工程

涡扇发动机适航：
要求解读

杨　坤　侯乃先　白国娟　王星星　等　编著

科学出版社

北　京

内 容 简 介

航空发动机被誉为工业皇冠上的明珠，是衡量一个国家科技工业实力和综合国力的重要标志。同时，涡扇发动机作为当前民用运输类飞机动力的绝对主力，对其有很高的安全性和经济性的要求。适航是涡扇发动机进入民用市场的门槛，也是涡扇发动机需要达到的最低安全标准。适航具有一定的专业性，涵盖适航管理、适航技术和适航标准等多个领域。本书主要对涡扇发动机适航要求进行解读，针对 CCAR-33 部涡扇发动机对应的 43 条适航要求，逐条进行解读分析，从整机级、系统级、组件级、构件级、材料级等维度系统地分解出各层级的设计与验证需求，为构建涡扇发动机适航符合性证据链提供指导。

本书从条款内容、条款演变历程、条款实质性要求、条款设计需求、条款验证需求、参考文献六方面进行编著，主要面向我国涡扇发动机研制单位设计人员和民航适航审定人员，可为我国民用涡扇发动机的研制、适航取证等提供良好的借鉴。

图书在版编目(CIP)数据

涡扇发动机适航：要求解读/杨坤等编著. —
北京：科学出版社，2021.1
("两机"专项：航空发动机技术出版工程)
国家出版基金项目　涡轮机械与推进系统出版项目
ISBN 978-7-03-066286-6

Ⅰ. ①涡⋯　Ⅱ. ①杨⋯　Ⅲ. ①民用飞机-透平风扇发动机　Ⅳ. ①V235.13

中国版本图书馆 CIP 数据核字(2020)第 190434 号

责任编辑：徐杨峰／责任校对：谭宏宇
责任印制：黄晓鸣／封面设计：殷　靓

科学出版社 出版
北京东黄城根北街 16 号
邮政编码：100717
http://www.sciencep.com
南京展望文化发展有限公司排版
苏州市越洋印刷有限公司印刷
科学出版社发行　各地新华书店经销

*

2021 年 1 月第 一 版　开本：B5(720×1000)
2021 年 1 月第一次印刷　印张：26 1/4
字数：507 000
定价：180.00 元
(如有印装质量问题，我社负责调换)

"两机"专项：航空发动机技术出版工程

编写委员会

主任委员

尹泽勇

副主任委员

李应红　刘廷毅

委　员

（以姓氏笔画为序）

丁水汀	王太明	王占学	王健平	尤延铖
尹泽勇	帅　永	宁　勇	朱俊强	向传国
刘　建	刘廷毅	杜朝辉	李应红	李建榕
杨　晖	杨鲁峰	吴文生	吴施志	吴联合
吴锦武	何国强	宋迎东	张　健	张玉金
张利明	陈保东	陈雪峰	叔　伟	周　明
郑　耀	夏峥嵘	徐超群	郭　昕	凌文辉
陶　智	崔海涛	曾海军	戴圣龙	

编委会秘书组

组　长　朱大明

成　员　晏武英　沙绍智

"两机"专项：航空发动机技术出版工程
基础与综合系列
编写委员会

主 编
曾海军

副主编
李兴无　胡晓煜　丁水汀

委 员
（以姓名笔画为序）

丁水汀	王 乐	王 鹏	王文耀	王春晓
王巍巍	方 隽	尹家录	白国娟	刘永泉
刘红霞	刘殿春	汤先萍	孙杨慧	孙明霞
孙振宇	李 龙	李 茜	李中祥	李兴无
李校培	杨 坤	杨博文	吴 帆	何宛文
张 娜	张玉金	张世福	张滟滋	陈 楠
陈小丽	陈玉洁	陈婧怡	欧永钢	周 军
郑天慧	郑冰雷	项 飞	赵诗棋	郝燕平
胡晓煜	钟 滔	侯乃先	泰樱芝	高海红
黄 飞	黄 博	黄干明	黄维娜	崔艳林
梁春华	蒋 平	鲁劲松	曾海军	曾海霞
蔚夺魁				

涡扇发动机适航：要求解读

编写委员会

主 编

杨 坤

参编人员

侯乃先　白国娟　王星星

郑李鹏　佘云峰　余 放

涡轮机械与推进系统出版项目
序

涡轮机械与推进系统涉及航空发动机、航天推进系统、燃气轮机等高端装备。其中每一种装备技术的突破都令国人激动、振奋,但是由于技术上的鸿沟,使得国人一直为之魂牵梦绕。对于所有从事该领域的工作者,如何跨越技术鸿沟,是历史赋予的使命和挑战。

动力系统作为航空、航天、舰船和能源工业的"心脏",是一个国家科技、工业和国防实力的重要标志。我国也从最初的跟随仿制,向着独立设计制造发展。其中有些技术已与国外先进水平相当,但由于受到基础研究和条件等种种限制,在某些领域与世界先进水平仍有一定的差距。为此,国家决策实施"航空发动机及燃气轮机"重大专项。在此背景下,出版一套反映国际先进水平、体现国内最新研究成果的丛书,既切合国家发展战略,又有益于我国涡轮机械与推进系统基础研究和学术水平的提升。"涡轮机械与推进系统出版项目"主要涉及航空发动机、航天推进系统、燃气轮机以及相应的基础研究。图书种类分为专著、译著、教材和工具书等,内容包括领域内专家目前所应用的理论方法和取得的技术成果,也包括来自一线设计人员的实践成果。

"涡轮机械与推进系统出版项目"分为四个方向:航空发动机技术、航天推进技术、燃气轮机技术和基础研究。出版项目分别由科学出版社和浙江大学出版社出版。

出版项目凝结了国内外该领域科研与教学人员的智慧和成果,具有较强的系统性、实用性、前沿性,既可作为实际工作的指导用书,也可作为相关专业人员的参考用书。希望出版项目能够促进该领域的人才培养和技术发展,特别是为航空发动机及燃气轮机的研究提供借鉴。

张彦仲

2019 年 3 月

"两机"专项：航空发动机技术出版工程

序

航空发动机誉称工业皇冠之明珠，实乃科技强国之重器。

几十年来，我国航空发动机技术、产品及产业经历了从无到有、从小到大的艰难发展历程，取得了显著成绩。在世界新一轮科技革命和产业变革同我国转变发展方式的历史交汇期，国家决策实施"航空发动机和燃气轮机"重大科技专项（即"两机"专项），产学研用各界无不为之振奋。

迄今，"两机"专项实施已逾三年。科学出版社申请国家出版基金，安排"'两机'专项：航空发动机技术出版工程"，确为明智之举。

本出版工程旨在总结"两机"专项以及之前工作中工程、科研、教学的优秀成果，侧重于满足航空发动机工程技术人员的需求，尤其是从学生到工程师过渡阶段的需求，借此为扩大我国航空发动机卓越工程师队伍略尽绵力。本出版工程包括设计、试验、基础与综合、材料、制造、运营共六个系列，前三个系列已从2018年起开始前期工作，后三个系列拟于2020年启动，希望与"两机"专项工作同步。

对于本出版工程，各级领导十分关注，专家委员会不时指导，编委会成员尽心尽力，出版社诸君敬业把关，各位作者更是日无暇晷、研教著述。同道中人共同努力，方使本出版工程得以顺利开展，有望如期完成。

希望本出版工程对我国航空发动机自主创新发展有所裨益。受能力及时间所限，当有疏误，恭请斧正。

2019 年 5 月

前　言

　　航空发动机被誉为工业皇冠上的明珠,是衡量一个国家科技工业实力和综合国力的重要标志。"航空发动机和燃气轮机"重大科技专项(即"两机"专项)正在如火如荼地开展,作为"两机"专项重要的组成部分,我国涡扇发动机研制工作也在有序推进。同时,涡扇发动机作为当前民用运输类飞机动力的绝对主力,对其有很高的安全性和经济性要求,同时需具备适航性。

　　适航性是民用航空产品在预期的运行环境和使用条件限制下具有安全性和结构完整性的一种品质,是民用航空产品进入市场的门槛。

　　目前,国内首个大涵道民用涡扇发动机已经提交型号合格证(type certificate, TC)申请,并获得中国民用航空局受理,民用涡扇发动机适航审定工作开始进入实质审查阶段。中国航发商用航空发动机有限责任公司(以下简称"中国航发商发")作为首个大涵道民用涡扇发动机的总承制单位,在型号研制的同时,开展了适航技术、适航管理和适航工程方面的大量前期工作。本书以中国民航规章第 33 部(Chinese Civil Aviation Regulations-33, CCAR-33)中涡扇发动机对应的 43 条适航条款形成独立章节,从条款内容、条款演变历程、条款实质性要求、条款设计需求和条款验证需求五个方面进行阐述。其中,条款内容引自 CCAR-33R2(2011 年 3 月 15 日第二次修订)原文;条款演变历程依托联邦航空条例第 33 部(Federal Aviation Regulations-33, FAR-33)部历次修订的立法通告(Notice of Proposed Rulemaking, NPRM)和最终修正案(Final Rule)研究 FAR-33 部中相应条款演变,并给出二者差异性判断;条款实质性要求、条款设计需求和条款验证需求三节内容阐述了对条款要求和设计研制需求的理解,基于相关的美国联邦航空管理局(Federal Aviation Administration, FAA)咨询通告、可接受的符合性方法、美国机动车工程师学会(Society of Automotive Engineers, SAE)标准以及其他相关的局方资料和科技文献,对适航条款内容进行解读分析,挖掘其内涵及技术要求,给出各条款的实质性要求,并从整机级、系统级、组件级、构件级、材料级等维度系统地分解出各层级的设计与验证需求,为构建涡扇发动机适航符合性证据链提供指导。本书的出版可为我国民用涡扇发动机的研制、适航取证等提供良好的借鉴。

　　在本书的编写过程中,除署名作者外,郑李鹏、佘云峰、余放、赵旭东、郭福水、丁芳、史同承、陈辉煌、徐鹤鸣、吴俊男、张屹尚、崔振涛、龚昊伟等也参与了书稿的编写和修正工作。另外,在本书编写过程中,得到了各级领导和同事的大力支持与无私帮助,在此衷心感谢。在编制、校核、审查的过程中,尽管我们做出了很大的努力,对质量严格把关,但是由于编写者水平有限,书中难免存在不妥之处,衷心希望广大读者批评并提出改进意见。

编　者
2020 年 6 月

目　录

涡轮机械与推进系统出版项目·序
"两机"专项：航空发动机技术出版工程·序
前　言

第 1 章　第 33.4 条 持续适航文件

1.1　条款内容 …………………………………………………… 001

1.2　条款演变历程 ……………………………………………… 003

1.3　条款实质性要求 …………………………………………… 003

1.4　条款设计需求 ……………………………………………… 004

1.5　条款验证需求 ……………………………………………… 006

参考文献 …………………………………………………………… 008

附件 A　建议的发动机持续适航文件内容规范 ………………… 009

第 2 章　第 33.5 条 发动机安装和使用说明手册

2.1　条款内容 …………………………………………………… 016

2.2　条款演变历程 ……………………………………………… 017

2.3　条款实质性要求 …………………………………………… 017

2.4　条款设计需求 ……………………………………………… 018

2.5　条款验证需求 ……………………………………………… 019

参考文献 …………………………………………………………… 021

第 3 章　第 33.7 条 发动机额定值和使用限制

3.1　条款内容 …………………………………………………… 022

3.2　条款演变历程 ·· 023

3.3　条款实质性要求 ·· 024

3.4　条款设计与验证需求 ·· 024

参考文献 ·· 029

第4章　第33.8条　发动机功率和推力额定值的选定

4.1　条款内容 ··· 030

4.2　条款演变历程 ·· 030

4.3　条款实质性要求 ·· 030

4.4　条款设计需求 ·· 031

参考文献 ·· 031

第5章　第33.15条　材料

5.1　条款内容 ··· 032

5.2　条款演变历程 ·· 032

5.3　条款实质性要求 ·· 032

5.4　条款设计需求 ·· 033

5.5　条款验证需求 ·· 034

参考文献 ·· 036

第6章　第33.17条　防火

6.1　条款内容 ··· 037

6.2　条款演变历程 ·· 038

6.3　条款实质性要求 ·· 038

6.4　条款设计需求 ·· 039

6.5　条款验证需求 ·· 041

参考文献 ·· 045

第7章　第33.19条　耐用性

7.1　条款内容 ··· 047

7.2 条款演变历程 ·· 047

7.3 条款实质性要求 ·· 048

7.4 条款设计需求 ·· 048

7.5 条款验证需求 ·· 049

参考文献 ·· 049

第8章 第33.21条 发动机冷却

8.1 条款内容 ·· 051

8.2 条款演变历程 ·· 051

8.3 条款实质性要求 ·· 051

8.4 条款设计需求 ·· 052

8.5 条款验证需求 ·· 053

参考文献 ·· 054

第9章 第33.23条 发动机的安装构件和结构

9.1 条款内容 ·· 055

9.2 条款演变历程 ·· 055

9.3 条款实质性要求 ·· 056

9.4 条款设计需求 ·· 056

9.5 条款验证需求 ·· 058

参考文献 ·· 060

第10章 第33.25条 附件连接装置

10.1 条款内容 ·· 061

10.2 条款演变历程 ·· 061

10.3 条款实质性要求 ·· 062

10.4 条款设计需求 ·· 062

10.5 条款验证需求 ·· 063

参考文献 ·· 064

第 11 章　第 33.27 条 涡轮、压气机、风扇和涡轮增压器转子

11.1　条款内容 ·· 066

11.2　条款演变历程 ·· 067

11.3　条款实质性要求 ·· 068

11.4　条款设计需求 ·· 068

11.5　条款验证需求 ·· 071

参考文献 ·· 071

附件 A　超转试验方法 ·· 073

第 12 章　第 33.28 条 发动机控制系统

12.1　条款内容 ·· 075

12.2　条款演变历程 ·· 077

12.3　条款实质性要求 ·· 078

12.4　条款设计需求 ·· 081

12.5　条款验证需求 ·· 091

参考文献 ·· 095

第 13 章　第 33.29 条 仪表连接

13.1　条款内容 ·· 097

13.2　条款演变历程 ·· 098

13.3　条款实质性要求 ·· 099

13.4　条款设计需求 ·· 099

13.5　条款验证需求 ·· 102

参考文献 ·· 103

第 14 章　第 33.62 条 应力分析

14.1　条款内容 ·· 104

14.2　条款演变历程 ·· 104

14.3　条款实质性要求 ·· 104

14.4　条款设计需求 ·· 105

14.5　条款验证需求 ·· 109
参考文献 ·· 109

第 15 章　第 33.63 条　振动

15.1　条款内容 ··· 110
15.2　条款演变历程 ·· 110
15.3　条款实质性要求 ······································ 111
15.4　条款设计需求 ·· 111
15.5　条款验证需求 ·· 113
参考文献 ·· 115

第 16 章　第 33.64 条　发动机静承压件

16.1　条款内容 ··· 116
16.2　条款演变历程 ·· 116
16.3　条款实质性要求 ······································ 117
16.4　条款设计需求 ·· 117
16.5　条款验证需求 ·· 120
参考文献 ·· 121

第 17 章　第 33.65 条　喘振和失速特性

17.1　条款内容 ··· 123
17.2　条款演变历程 ·· 123
17.3　条款实质性要求 ······································ 123
17.4　条款设计需求 ·· 124
17.5　条款验证需求 ·· 130
参考文献 ·· 133

第 18 章　第 33.66 条　引气系统

18.1　条款内容 ··· 134
18.2　条款演变历程 ·· 134

18.3 条款实质性要求 ·· 134

18.4 条款设计需求 ·· 135

18.5 条款验证需求 ·· 137

参考文献 ·· 138

第 19 章　第 33.67 条 燃油系统

19.1 条款内容 ·· 139

19.2 条款演变历程 ·· 140

19.3 条款实质性要求 ·· 141

19.4 条款设计需求 ·· 141

19.5 条款验证需求 ·· 143

参考文献 ·· 144

第 20 章　第 33.68 条 进气系统的结冰

20.1 条款内容 ·· 145

20.2 条款演变历程 ·· 145

20.3 条款实质性要求 ·· 146

20.4 条款设计需求 ·· 146

20.5 条款验证需求 ·· 155

参考文献 ·· 169

第 21 章　第 33.69 条 点火系统

21.1 条款内容 ·· 170

21.2 条款演变历程 ·· 170

21.3 条款实质性要求 ·· 170

21.4 条款设计需求 ·· 171

21.5 条款验证需求 ·· 171

参考文献 ·· 172

第 22 章　第 33.70 条 发动机限寿件

22.1 条款内容 ·· 173

22.2　条款演变历程 ·· 173

22.3　条款实质性要求 ·· 174

22.4　条款设计需求 ·· 175

22.5　条款验证需求 ·· 183

参考文献 ··· 187

第 23 章　第 33.71 条 润滑系统

23.1　条款内容 ··· 188

23.2　条款演变历程 ·· 189

23.3　条款实质性要求 ·· 190

23.4　条款设计需求 ·· 191

23.5　条款验证需求 ·· 192

参考文献 ··· 194

第 24 章　第 33.72 条 液压作动系统

24.1　条款内容 ··· 195

24.2　条款演变历程 ·· 195

24.3　条款实质性要求 ·· 195

24.4　条款设计需求 ·· 196

24.5　条款验证需求 ·· 198

参考文献 ··· 200

第 25 章　第 33.73 条 功率或推力响应

25.1　条款内容 ··· 201

25.2　条款演变历程 ·· 201

25.3　条款实质性要求 ·· 202

25.4　条款设计需求 ·· 202

25.5　条款验证需求 ·· 204

参考文献 ··· 205

第 26 章　第 33.74 条 持续转动

26.1　条款内容 ·· 206

26.2　条款演变历程 ·· 206

26.3　条款实质性要求 ··· 207

26.4　条款设计需求 ·· 207

26.5　条款验证需求 ·· 214

参考文献 ·· 215

第 27 章　第 33.75 条 安全分析

27.1　条款内容 ·· 216

27.2　条款演变历程 ·· 218

27.3　条款实质性要求 ··· 218

27.4　条款设计需求 ·· 219

27.5　条款验证需求 ·· 223

参考文献 ·· 228

第 28 章　第 33.76 条 吸鸟

28.1　条款内容 ·· 229

28.2　条款演变历程 ·· 234

28.3　条款实质性要求 ··· 234

28.4　条款设计需求 ·· 235

28.5　条款验证需求 ·· 237

参考文献 ·· 240

第 29 章　第 33.77 条 外物吸入——冰

29.1　条款内容 ·· 241

29.2　条款演变历程 ·· 241

29.3　条款实质性要求 ··· 242

29.4　条款设计需求 ·· 242

29.5　条款验证需求 ·· 246

参考文献 ·· 250

第 30 章　第 33.78 条　吸雨和吸雹

30.1　条款内容 ·· 251
30.2　条款演变历程 ·· 252
30.3　条款实质性要求 ··· 253
30.4　条款设计需求 ·· 253
30.5　条款验证需求 ·· 257
参考文献 ·· 265
附件 B　合格审定标准大气降雨和冰雹的浓度 ···································· 266

第 31 章　第 33.82 条　概述

31.1　条款内容 ·· 269
31.2　条款演变历程 ·· 269
31.3　条款实质性要求 ··· 269
31.4　条款设计需求 ·· 270
31.5　条款验证需求 ·· 270
参考文献 ·· 271

第 32 章　第 33.83 条　振动试验

32.1　条款内容 ·· 272
32.2　条款演变历程 ·· 273
32.3　条款实质性要求 ··· 274
32.4　条款设计需求 ·· 274
32.5　条款验证需求 ·· 276
参考文献 ·· 279

第 33 章　第 33.85 条　校准试验

33.1　条款内容 ·· 280
33.2　条款演变历程 ·· 280

33.3　条款实质性要求 ································· 281

33.4　条款设计需求 ··································· 281

33.5　条款验证需求 ··································· 281

参考文献 ··· 282

第 34 章　第 33.87 条 持久试验

34.1　条款内容 ······································· 284

34.2　条款演变历程 ··································· 291

34.3　条款实质性要求 ································· 292

34.4　条款设计需求 ··································· 292

34.5　条款验证需求 ··································· 292

参考文献 ··· 298

第 35 章　第 33.88 条 发动机超温试验

35.1　条款内容 ······································· 299

35.2　条款演变历程 ··································· 299

35.3　条款实质性要求 ································· 300

35.4　条款设计需求 ··································· 300

35.5　条款验证需求 ··································· 301

参考文献 ··· 303

第 36 章　第 33.89 条 工作试验

36.1　条款内容 ······································· 304

36.2　条款演变历程 ··································· 304

36.3　条款实质性要求 ································· 305

36.4　条款设计需求 ··································· 305

36.5　条款验证需求 ··································· 306

参考文献 ··· 307

第 37 章　第 33.90 条 初始维修检查

37.1　条款内容 ………………………………………………………… 308
37.2　条款演变历程 ……………………………………………………… 308
37.3　条款实质性要求 …………………………………………………… 309
37.4　条款设计需求 ……………………………………………………… 309
37.5　条款验证需求 ……………………………………………………… 318
参考文献 ………………………………………………………………… 322

第 38 章　第 33.91 条 发动机系统和部件试验

38.1　条款内容 ………………………………………………………… 324
38.2　条款演变历程 ……………………………………………………… 324
38.3　条款实质性要求 …………………………………………………… 325
38.4　条款设计需求 ……………………………………………………… 325
38.5　条款验证需求 ……………………………………………………… 325
参考文献 ………………………………………………………………… 345

第 39 章　第 33.93 条 分解检查

39.1　条款内容 ………………………………………………………… 346
39.2　条款演变历程 ……………………………………………………… 347
39.3　条款实质性要求 …………………………………………………… 348
39.4　条款设计需求 ……………………………………………………… 348
39.5　条款验证需求 ……………………………………………………… 348
参考文献 ………………………………………………………………… 352

第 40 章　第 33.94 条 叶片包容性和转子不平衡试验

40.1　条款内容 ………………………………………………………… 354
40.2　条款演变历程 ……………………………………………………… 354
40.3　条款实质性要求 …………………………………………………… 355
40.4　条款设计需求 ……………………………………………………… 355
40.5　条款验证需求 ……………………………………………………… 359

参考文献 ·· 365

附件 A　显式动力学分析 ···································· 366

第 41 章　第 33.97 条 反推力装置

41.1　条款内容 ··· 369
41.2　条款演变历程 ··· 369
41.3　条款实质性要求 ······································· 370
41.4　条款设计需求 ··· 370
41.5　条款验证需求 ··· 372
参考文献 ··· 381

第 42 章　第 33.99 条 台架试验的一般实施

42.1　条款内容 ··· 382
42.2　条款演变历程 ··· 382
42.3　条款实质性要求 ······································· 383
42.4　条款设计需求 ··· 383
42.5　条款验证需求 ··· 384
参考文献 ··· 384

第 43 章　第 33.201 条 早期 ETOPS 资格的设计和试验要求

43.1　条款内容 ··· 386
43.2　条款演变历程 ··· 388
43.3　条款实质性要求 ······································· 388
43.4　条款设计需求 ··· 388
43.5　条款验证需求 ··· 389
参考文献 ··· 392

第1章
第33.4条 持续适航文件

1.1 条 款 内 容

第33.4条 持续适航文件

申请人必须根据本规定附件 A 编制中国民用航空局可接受的持续适航文件。如果有计划保证在交付第一架装有该发动机的航空器之前或者在为装有该发动机的航空器颁发适航证之前完成这些文件,则这些文件在型号合格审定时可以是不完备的。

附件 A 持续适航文件

第 A33.1 条 总则

(a) 本附录规定第 33.4 条所需要的持续适航文件的编制要求。

(b) 每一发动机持续适航文件必须包含所有发动机零部件的各种持续适航文件。如果发动机部件制造者未提供发动机零部件的持续适航文件,则发动机的持续适航文件必须包含对于发动机持续适航性必不可少的资料。

(c) 申请人必须向中国民用航空局提交一份文件,说明如何分发由申请人或发动机零部件制造者对持续适航文件的更改资料。

第 A33.2 条 格式

(a) 必须根据所提供资料的数量,将持续适航文件编成一本或多本手册。

(b) 手册的编排格式必须实用。

第 A33.3 条 内容

手册的内容必须用中文编写。持续适航文件必须含有下列手册或条款(视适用而定)以及下列资料:

(a) 发动机维护手册或条款

(1) 概述性资料,包括在维护或预防性维护所必需的对发动机特点和数据的说明;

(2) 发动机及其部件、系统和安装的详细说明;

(3) 安装说明,包括拆包、启封、验收、起吊和安装附件的正确程度及任何必要的检查；

（4）说明发动机部件、系统和装置如何使用的基本控制和使用资料，及说明发动机及其零部件起动、运转、试验和停车方法的资料，包括采用的特殊程序和限制；

（5）关于下列细节内容的维护资料：维护点、油箱和流体容器的容量、所用流体的类型、各系统所采用的压力、润滑点位置、所用的润滑剂和维护所需的设备；

（6）发动机每一零部件的定期维护资料，它给出发动机每一零部件的清洗、检查、调整、试验和润滑的荐用周期，并提供检查的程度、适用的磨损允差和在这些周期内推荐的工作内容。但是如果申请人表明某项附件、仪表或设备非常复杂，需要专业化的维护技术、测试设备或专家才能处理，则申请人可以指明向该件的制造厂商索取上述资料。荐用的翻修周期和与本文件适航性限制条款必要的互相参照也必须列入。此外，申请人必须提交一份包含发动机持续适航性所需检查频数和范围的检查大纲；

（7）说明可能发生的故障、如何判别这些故障以及对这些故障采取补救措施的检查排故资料；

（8）说明拆卸发动机及其零部件和更换零部件的顺序和方法及应采取的必要防护措施的资料。还必须包括正确的有关地面保管、装箱和运输的说明；

（9）维护所必需的工具和设备清单及其使用方法的说明。

（b）发动机翻修手册或条款

（1）分解资料包括翻修分解顺序和方法；

（2）清洗与检查说明包括翻修期间使用的材料和仪器、采用的方法和防护措施。还必须包括翻修检查的方法；

（3）有关翻修的所有公差与配合的明细表；

（4）磨损的或其他低于标准零部件详细的修理方法及其确定何时必须更换的必要资料；

（5）翻修时装配的顺序和方法；

（6）翻修后的试验说明；

（7）储存处理包括任何储存限制的说明；

（8）翻修需要的工具清单。

（c）ETOPS 要求为申请获得安装在已批准 ETOPS 飞机上的发动机资格，持续适航文件必须包括发动机状态监控程序。发动机状态监控程序必须能够在飞行前确定，一台发动机是否可以在批准的发动机使用限制值之内提供另一台发动机不工作时改航要求的最大连续功率或推力、空气引气和功率提取。对安装在批准 ETOPS 双发飞机上的发动机，发动机状态监控程序必须在取得 ETOPS 资格之前得到验证。

第 A33.4 条 适航限制条款

持续适航文件必须包含题为适航性限制的条款,该条应单独编排并与文件的其它部分明显的区分开。

a. 对于所有发动机:

(1) 适航限制条款必须规定强制性的更换时间、检查时间间隔和型号合格审定要求的有关程序。如持续适航文件由多本文件组成,则本节要求的条款必须编在主要手册中。

(2) 必须在该条显著位置清晰说明:"本适航限制条款业经中国民用航空局批准,规定了中国民用航空规章有关维护和营运的条款所要求的维护,如果中国民用航空局已另行批准使用替代的大纲则除外"。

b. 对于具有 30 秒 OEI 和 2 分钟 OEI 额定功率的旋翼航空器发动机:

(1) 适航限制条款强制规定在任何时候使用 30 秒 OEI 或 2 分钟 OEI 额定功率的发动机必须进行飞行后检查和维修操作。

(2) 申请人必须证实 A33.4 中 b(1)条所要求的检查和维修操作的充分性。

(3) 申请人必须建立在役发动机评估程序,确保 A33.4 中 b(1)条所要求的强制性飞行后检查和维修操作说明的持续充分,和第 33.5 条(b)(4)要求的关于功率可用性数据的持续充分。该程序必须包括在役发动机试验,或在具有相似性设计的发动机上进行的等效的在役发动机试验经验,和针对 30 秒 OEI 或 2 分钟 OEI 额定功率状态的维修使用评估。

1.2　条款演变历程

条款修订历史如表 1-1 所示。

表 1-1　条款修订历史

序号	修正案	生效日期	Final Rule 名称	NPRM
1	33-9	1980.10.14	Airworthiness Review Program; Amendment No. 8 A: Aircraft, Engine, and Propeller Airworthiness, and Procedural Amendments	75-31

CCAR-33R2 版中的第 33.4 条与 FAR-33 部的第 9 修正案中的第 33.4 条内容一致。FAR-33 部中的第 33.4 条有 1 次修订。1980 年第 9 修正案新增第 33.4 条持续适航文件条款。

1.3　条款实质性要求

(a) 由申请人编写持续适航文件的顶层规划,确定包括持续适航文件的编写规范,持续适航文件分类和内容范围,持续适航文件的修订、控制和发布管理要求等信息。

（b）由申请人编写相应的持续适航文件,如果在颁发型号合格证之前不能提交完备的持续适航文件,则申请人应提交相应的文件编制和交付计划,充分说明在交付第一架装有该发动机的航空器之前或者在为装有该发动机的航空器颁发单机适航证之前,提交完备的持续适航文件。

（c）由申请人编写持续适航文件的修订、控制和发布程序,该程序应说明如何对持续适航文件的更改资料进行分发和控制。

1.4　条款设计需求

1.4.1　制定持续适航文件的顶层规划(整机级)

（a）发动机制造商应综合考虑所有利益相关方的需求,确定发动机持续适航文件的顶层规划。

（b）为保证发动机在交付使用后,持续适航文件的准确性、可用性和与型号设计的符合性,应确定持续适航文件的更改及发布要求。

要求如下。

（a）发动机持续适航文件的顶层规划至少应包含以下方面内容:

（1）持续适航文件的分类;

（2）持续适航文件的编排格式;

（3）持续适航文件编写使用的语言;

（4）持续适航文件编制采用的技术标准规范;

（5）持续适航文件完成时间计划。

（b）持续适航文件的更改及发布要求至少包含以下方面内容:

（1）持续适航文件交付后的更改规定;

（2）持续适航文件交付介质的类型;

（3）持续适航文件的分发数量和发布责任。

（c）根据 CCAR‒33 部附件 A 的要求,持续适航文件的编写必须使用中文。如果经过批准或认可,手册可使用其他语言,那么其他语言版本的准确性审核责任由制造厂家承担。

（d）持续适航文件必须是专用的,同一型号航空发动机的不同构型可以使用通用的文件,但必须在文件中具体注明和体现其构型差异的要求。

（e）持续适航文件的每本手册都应当有便于使用者查阅、修订控制(包括临时修订)和了解其修订历史的手册控制部分。

（f）持续适航文件各手册之间中相互引用、引用国家或者行业标准或引用零部件制造厂家单独编制的文件时,必须保证内容的连贯性和协调一致,并且避免不便使用的连续或多层次引用。

(g) 持续适航文件正文部分的编排和格式可以按照美国航空运输协会 2200 规范(Air Transport Association of American Specification of No. 2200, ATA2200)或等效标准编写。

1.4.2　确定持续适航文件清单(整机级)

制定持续适航文件清单,并确定文件的分类和主要内容范围。

要求如下:

持续适航文件清单应得到局方认可。

1.4.3　制定具体文件的编制规定(整机级)

针对 1.4.2 节确定的每一本持续适航文件,制定具体的编制规定,每本持续适航文件均对应一本编制规定。

要求如下。

(a) 持续适航文件的初始编制应当基于合适的源数据文件,包括:

(1) 维修工程分析报告;

(2) 发动机的设计定义和图纸;

(3) 系统安全分析文件;

(4) 结构分析和试验报告;

(5) 部件供应商的分析和试验报告;

(6) 发动机分解、清洗、检查、装配、试车工艺规程文件;

(7) 其他适用的工程设计文件。

(b) 除上述源数据文件外,所有的持续适航文件还应当参考发动机型号统一的名词术语规范和构型控制文件。

(c) 持续适航文件的编写可采用直接的文档编辑或采用数据库的模式,但不论以何种模式都应当注明参考的源头文件和版次,并及时跟踪、记录源头文件和版次对持续适航文件内容的影响。

(d) 持续适航文件在内容编写完成后应当经过工程设计部门的审核,确定所编写内容符合相关的设计和分析、验证报告。

(e) 对于经过审核的持续适航文件内容,应当以草稿的形式予以内部编辑出版,并提供给预期使用人员(如试车维修人员、教员、工程支援人员等)进行必要的验证,确认持续适航文件的内容可以被正确理解和具备可操作性。

(f) 对于因研制过程中设计更改和验证问题造成的持续适航文件内容修订,应当重复上述审核和验证过程,直至型号设计冻结后形成持续适航文件的初稿,并提供给局方审核。

（g）持续适航文件的初稿经过进一步操作验证和局方审核后，形成定稿。

（h）建议的发动机持续适航文件内容规范可参见附件 A。

1.5　条款验证需求

1.5.1　建立持续适航文件管理规范（整机级）

航空发动机制造厂家应建立持续适航文件的管理规范，建立规范的工作流程和标准，对持续适航文件的分发、控制和修订进行管理并作为单位内部体系文件正式发布。

要求如下。

（a）持续适航文件的分发控制应满足以下要求：

（1）持续适航文件在编制完成后（包括草稿和初稿阶段）应当及时分发给公司内部相关部门，以便在相关的工作中参考并实施验证；

（2）持续适航文件应当在发动机交付时一同提供给发动机的所有人（或运营人），并进行客户化或单机化出版编辑，同时还应当建立出版编辑规范以实施有效控制，保证内容的适用性；

（3）持续适航文件可以用纸质、电子文档（光盘、网络）或者其组合的方式分发，但以电子文档方式提供时应当保证任何人在有意或者无意的情况下都不能修改其内容；

（4）为保证申请人单位内部相关部门和发动机的所有人（或运营人）及时获得和使用最新有效的持续适航文件，应当建立一个持续适航文件分发清单，并以合适的方式提供查询现行有效版本的渠道，包括定期提供持续适航文件有效版次清单或通过网络更新通知等方式。

（b）持续适航文件的持续修订应满足以下要求。

（1）发动机投入使用后，应当对持续适航文件的准确性、可用性和与设计的符合性进行全寿命的持续跟踪，并在发现或者出现下述情况反馈时及时修订涉及的持续适航文件内容：

（i）存在错误或不准确的情况；

（ii）存在缺乏内容的情况；

（iii）存在不可操作的情况；

（iv）对发动机进行了设计更改后。

注：也可以根据使用经验对持续适航文件进行改进。

（2）为保证持续适航文件的持续跟踪和修订工作的有效进行，航空发动机制造厂家应当建立有效的信息收集方式和渠道，并制定符合以下原则的修订工作规范：

（i）对于不影响飞行安全的修订内容,可以结合定期修订计划(如每季度、每半年、每年等)一并进行修订；

（ii）对于可能影响飞行安全的修订内容,应当以临时修订页的方式及时进行修订,并结合下一次定期修订计划完成正式修订。

1.5.2　验证持续适航文件(整机级)

确定和编制持续适航文件的验证范围、验证计划、验证方案、验证记录、符合性说明。

要求如下。

（a）应确认手册中所列的所有数据来源,数据来源可能包括以下几方面：

（1）研发过程数据；

（2）制造过程数据；

（3）供应商数据；

（4）取证过程数据。

（b）对手册数据的验证通常采用以下两种方式进行：

（1）书面验证。对手册中叙述内容的完整性和准确性进行检查,验证持续适航文件中描述信息所含内容与源数据是否一致,描述是否清晰准确。

（2）操作验证。对各类操作程序以及使用方法进行验证。通过实际操作等方法进行验证,以保证维修操作程序以及使用方法的正确性和可操作性。

（c）手册的内容应涵盖条款要求的全部内容。

（d）除局方批准的文件或文件内容外,局方将在评估确认满足下述条件的情况下对发动机型号的持续适航文件及其持续修订予以认可：

（1）制造厂家建立了合适的持续适航文件管理规范；

（2）有记录表明持续适航文件的编制、分发和修订管理符合相应的管理规范；

（3）通过抽查对持续适航文件完成了准确性、可用性和与设计的符合性的评估和验证。

1.5.3　编制符合性报告(整机级)

应针对本条款编制一份符合性报告并提交局方审阅。

要求如下。

符合性报告应至少包含以下内容：

（a）持续适航文件的编制规范；

（b）持续适航文件的内容描述(比如持续适航文件的目录)；

（c）持续适航文件中数据和操作的验证介绍；

（d）符合性结论。

参考文献

航空科学技术名词审定委员会. 2004. 航空科学技术名词[M]. 北京：科学出版社.

中国民用航空局. 2011. 航空发动机适航规定：CCAR33 - R2[S].

中国民用航空局. 2014. 航空器的持续适航文件：AC - 91 - 11 - R1[S].

European Aviation Safety Agency. 2003. Certification specifications for engines[S].

Federal Aviation Administration. 1993. Aircraft engine type certification handbook：AC33 - 2B[S].

Federal Aviation Administration. 1975. Airworthiness review program：Notice No. 75 - 31, aircraft, engine, and propeller airworthiness, and procedural proposals：Notice No. 8[S].

Federal Aviation Administration. Final. 1980. Federal Aviation administration airworthiness review program：Rule 14779/14324; aircraft, engine, and propeller airworthiness, and procedural amendments：Amendment No. 8A[S].

Federal Aviation Administration. 1999. Instructions for continued airworthiness：AC33. 4 - 1[S].

附件 A
建议的发动机持续适航文件内容规范

按照实际的用途,发动机的持续适航文件一般分为维修要求、维修程序和构型控制几类。

A.1 维 修 要 求

(a) 维修要求的主要目的是向使用人或者运营人提供保持持续适航性和飞行安全的维修任务要求,维修要求一般包括但不限于以下内容:

(1) 重要维修项目的计划维修任务和维修间隔;

(2) 特殊检查任务(如闪电和高辐射防护)及其检查间隔;

(3) 审定维修要求(certification maintenance requirement, CMR);

(4) 适航性限制项目(airworthiness limitation instructions, ALI)。

(b) 维修要求应当具体指明维修任务的类别、适用的项目或区域,并以飞行小时、飞行循环、日历时间或者其组合的方式明确维修或检查间隔。

(c) 除经局方特别批准采纳其他行业或国际规范外,维修任务应当采纳 MSG 3 的逻辑分析流程予以确定。

A.2 发动机维修程序

A.2.1 基本要求

维修程序的主要目的是向航空器所有人或者运营人提供一套维护说明书,以保证正常维护和落实具体的维修要求,维修程序的主要内容应当至少包括:

(a) 概述性资料;

(b) 系统和安装说明;

(c) 使用和操作说明;

(d) 故障处理说明;

(e) 维修实施程序;

（f）维修支持信息。

A.2.2　概述性资料

（a）编写原则。发动机概述性资料中涉及设计数据的内容应当源于型号审定的对应文件。为方便使用,在不同的维修程序手册中可能重复编写或者相互参考一些发动机概述性资料,但须保证相关资料的一致性。

（b）内容要求。发动机概述性资料包括但不限于下述内容。

（1）发动机特点和数据,包含但不限于：

（i）各类重量的数据；

（ii）各类尺寸数据；

（iii）地面发动机运转时的危险区域数据；

（iv）必要的产品部件的参数说明。

（2）勤务说明。包括勤务点、油箱和流体容器的容量、所用流体类型、各系统所采用的压力、检查和勤务口盖的位置、润滑点位置、所用的润滑剂、勤务所需的设备、牵引说明和限制、系留、顶起和调水平资料。

A.2.3　系统和安装说明

（a）编写原则。发动机系统和安装说明中涉及的系统组成和设计数据（如拧紧力矩）内容应当源于型号审定的对应文件,涉及的安装程序和图示应当源于生产许可审定的对应文件。

（b）内容要求。系统和安装说明中应至少包括发动机各系统的基本组成部件、各部件的功能和相互逻辑关系、系统显示,以及为了方便说明而提供必需的系统产品部件的性能数据和部件内部的工作原理。

A.2.4　使用和操作说明

（a）编写原则。发动机系统、部件的使用和操作说明中的内容应当源于型号审定的对应文件。

（b）内容要求。使用和操作说明中应至少包括维修人员需要了解的发动机系统、部件在翼使用和操作说明（包括适用的特殊程序和限制）。

A.2.5　故障处理说明

（a）编写原则。发动机可能发生的故障应当源于型号审定过程中的系统安全分析,这是发动机监控系统所能检测到的故障,同时也包括机组和维修人员可能发现的故障,这些故障包括但不局限于以下方面：

（1）发动机产品部件上指示的故障信息；

（2）飞行员飞行中可能报告的故障；

（3）其他机组人员运行中可能报告的故障；

（4）维修人员例行检查时可能发现的故障。

注：一般应当涵盖型号审定过程中系统安全分析得出发生可能性大于 10^{-5} 的故障情况。

（b）内容要求。故障处理说明中应至少包括针对每条故障现象列出的可能原因和失效部件(可能原因的排列一般可以按照先易后难的原则)，以及基于故障可能发生原因进行的隔离、判断和排故程序。

A.2.6　维修实施程序

A.2.6.1　维修任务

（a）编写原则。维修任务应当源于维修要求(计划维修任务)和其他持续适航文件涉及的维修实施要求(非计划任务)，包括但不局限于以下方面：

（1）故障处理涉及的排故程序；

（2）可预计的意外损伤的处理(包括但不限于鸟击、雷击、水银泄漏、海鲜泄漏、重着陆、飞越火山灰、空中机动过载等)；

（3）部件拆卸安装后必要的维修任务；

（4）数据统计分析产生的维修任务。

（b）内容要求。每项维修任务的内容应当至少包括计划或非计划维修任务所涉及的下述内容：

（1）清洗、检查、调整、试验和润滑的具体实施程序，并提供适用的允差(如磨损、渗漏等)及推荐的补充工作内容；

（2）拆卸与更换零部件的顺序和方法，以及应采取的必要防范措施(包括保证航空器和人员安全的必要措施)；

（3）上述任务所涉及的工具设备、航材、材料等必要信息。

注：维修任务中涉及的维修可达性、通用工艺和操作和专业性工作(如无损探伤、结构修理等)可通过与其他文件建立关联的方式说明。

A.2.6.2　维修可接近性说明

（a）编写原则。维修可接近性说明应当源于维修任务的可达性要求。

（b）内容要求。维修可接近性说明中应包括完成所有维修任务需用的接近口盖的图示和说明，如果没有接近口盖，应该提供接近的具体方法和程序。

A.2.6.3　标准工艺和操作

（a）编写原则。标准工艺和操作应当源于维修任务中的通用工艺和操作，包括但不限于：

（1）结构紧固件的标识、报废建议和拧紧力矩；

（2）各类结构、部件的静电接地的检查、安装、清洁；

（3）各类管路的标识、安装、固定、检查的程序；

（4）可拆卸标牌的清洁、安装；

（5）钢索的检查和安装；

（6）各类紧固件、连接件的保险；

（7）各类勤务点的检查和安装；

（8）各类密封、封胶、封严、封圈、备用封圈的安装、检查；

（9）电气电子设备、线路、跳开关的清洁、检查、修理；

（10）典型结构表面的检查、打磨、处理。

（b）内容要求。标准工艺和操作中应包括具体每项工艺或操作的具体实施程序和标准、保证发动机和人员安全的必要措施，以及提供所涉及的工具设备、航材、材料等必要信息。

A.2.6.4　无损探伤（non-destructive testing，NDT）文件

（a）编写原则。无损探伤文件应当源于维修任务中要求实施无损探伤的项目。

（b）内容要求。应根据发动机的结构特点确定如下内容。

（1）各种 NDT 方法的特点（包括射线成像、涡流、渗透、磁粉、超声、热成像、内窥镜、声音等）和适用范围（位置、材料、损伤）；

（2）维修任务要求的每个项目 NDT 检查的具体程序，包括：

（i）所使用的设备和材料说明；

（ii）检查的标准程序；

（iii）标准试块的校验；

（iv）判断检查结果的程序；

（v）必要的防止人员、发动机和设备伤害的措施。

A.2.7　维修支持信息

A.2.7.1　工具设备手册

（a）编写原则。工具设备应当源于维修任务中涉及的专用的工具、夹具和测试设备。

（b）内容要求。工具设备手册应包括根据工具设备的特点确定的如下适用内容：

（1）标题、件号标设和所在的手册名称与位置（章/节/题目/页号组）；

（2）可以简单、直接地了解这些工具和设备的用途的详细说明资料；

（3）每个工具和设备单元的图解示意图与使用位置的示意图；

（4）每个可修理和可更换件的图解零件清单；

（5）如可以由用户自制，应提供完整的制造图纸；

（6）维护说明；

（7）对于庞大和笨重的工具设备,应当提供便于包装和运输的尺寸以及质量说明。

A.2.7.2　供应商信息

（a）编写原则。航材供应商信息应当源于维修任务中涉及的可更换零部件、原材料和专用工具设备。

（b）内容要求。供应商信息应包括便于发动机所有人或运营人采购的如下内容：

（1）索引部分,包括按照采购项目(如件号/型号、名称)索引和按供应商索引；

（2）供应商信息(可按字母顺序排列),包括联系人、地址以及产品保障体系。

A.3　机载设备和零部件维修程序

A.3.1　基本要求

机载设备和零部件维修程序的主要目的是向发动机所有人或者运营人提供一套机载设备和零部件的维护说明书,以确保落实具体的维修要求。机载设备和零部件维修程序的编制责任属于航空发动机制造厂家。

注：机载设备和零部件维修程序一般以部件维修手册(component maintenance manual, CMM)的形式编制。

A.3.2　部件维修手册

航空发动机制造厂家可以选择直接使用机载设备和零部件制造厂家分别编制的手册或结合发动机维修程序一同编制。

（a）编写原则。对于维修要求中涉及执行离位维修任务的机载设备和零部件,航空发动机制造厂家应当编写机载设备和零部件的维修程序。

（b）内容要求。机载设备和零部件维修程序应当至少包括下述适用内容：

（1）原理、功能和操作说明；

（2）测试和校验程序；

（3）修理和翻修(如适用)程序；

（4）图解零件目录和线路图；

（5）材料和工艺规程。

A.4　构型控制文件

A.4.1　基本要求

产品构型控制文件用于规定发动机的构型设计标准,以保证在发动机维修过

程中,符合经批准的设计规范。产品构型控制的主要内容包括:

(a) 图解零件目录;

(b) 线路图册。

A. 4. 2　图解零件目录

图解零件目录用于提供发动机部件装配、更换的上一级下一级装配件(零件)关系,并提供零部件识别、供应、储备和领取的索引。

(a) 编写原则。图解零件目录应当源于型号审定过程中制造符合性检查确立的装配图解。

注:如果采用客户化的图解零件目录,可只包含适用特定客户或客户群的详细零件清单和数字索引信息,并需在每页注明客户代码。

(b) 内容要求。图解零件目录应当至少包括航线可更换件的下述内容。

(1) 详细零件图解。详细零件图解中应包括每一部件项目组件图,及进一步表明与高一级组件之间关系的分组件和具体零件级别的图解,并应当列至每一个可以分解、修理、重新装配或替换的具体零件。每一图解都应标明图号,并且分解项目应当注明项目号。

(2) 详细零件目录。详细零件目录应当列出和图解对应的所有焊接和铆接件外的连接零件,但是如果制造商考虑到这些零件的正常更换时,那么目录中也应包含焊接和铆接零件。详细零件目录页中应当以表格的形式标明如下内容:

(i) 图和项目号;

(ii) 件号;

(iii) 航空公司库存号(如需要);

(iv) 名称;

(v) 每组件数量;

(vi) 原始制造厂家或销售商(销售商代码应以大写字母 V 打头)。

注:任何情况下,都不能将零件目录放在图解的前面或将零件目录与图解图分开。

(3) 其他必要说明。图解零件目录包括但不限于下述内容。

(i) 当通过贯彻服务通告对现有零件进行更改、返修或者安装附加的零件时,应在说明栏示出包括"SB"字样的服务通告号。在件号栏中应保留更改以前的件号。

(ii) 如果两个或两个以上的组件大部分是由相同的零件组成,或组件是包含左件和右件的对称(反向)组件,那么应在说明栏进行标识并依次列出。每组件栏中只应注明一个组件所需的数量。

(iii) 对于涉及延程运行批准的敏感项目,应当注明延程运行的批准状态。

(iv) 对于标准件,应在件号栏列出标准号(包括对应的等效标准),并在说明栏中列出可通过商业渠道采购的全部项目说明(如材料、钉头的类型、螺纹类型、尺寸和长度等)。

A. 4. 3　线路图册

线路图册用于提供发动机电子电气线路的图解,并对相应的电路进行详细的描述,供维修过程中对相关系统进行排故和维修时使用。

(a) 编写原则。线路图册应当源于型号审定过程中制造符合性检查确定的布线图。

(b) 内容要求。线路图册中应包括发动机所有电子电气线路构成的线路图、系统原理图、清单(包括电子电气设备和导线)和位置图(包括必要部件内部线路),具体要求如下。

(1) 设备图表。设备图表中应包括所有主要的电子和电气设备的位置图表(可参照主要面板、站位线、水线、纵剖线和等效的位置系统等目标进行标设);所有主要接线盒的图表(包括接线片、接地点、断开点,同时应标出它们相互之间正确的物理连接关系);线束布线和端接图表(包括线束标设、走向和物理位置的图示)。

(2) 配电线路。配电线路中应包括所有的主汇流条和备用汇流条,以及这些汇流条给电子电气项目供电的断路器线路。

(3) 线路图和原理图。线路图和原理图中应包括所有按 ATA 章/节/标题号编排的线路图和原理图,所有系统、子系统、项目的功能均应线路图上表示出来,必要时使用系统原理图、方框图、简化原理图、逻辑原理图和系统逻辑原理图进行补充说明。

注:系统原理图用于描述系统所有的设备、相关线路以及子系统或子子系统的所有功能接口。方框图和简化原理图用于在手册上对复杂系统进行简单描述。逻辑图和系统逻辑图分别用于描述设备和系统内部的逻辑电路。

(4) 电子和电气设备清单。电子和电气设备清单包括按字母-数字顺序列出所有航线可更换的电子和电气设备组件与子组件清单,并注明设备位置、说明(名称和主要改型)、采用技术标准编号或其他等效编号(如适用)或者制造厂的件号和有效性。

(5) 导线清单。导线清单包括所有的连接导线、备用导线、导线套管、接线端、接头和接地块。

(6) 标准线路操作工艺。包括但不限于:

(i) 导线的端接、连接器和接头的安装、用于屏蔽的抽头和端接点的预加工、接地线和地线接线柱、导线和导线束的维修操作工艺;

(ii) 必要的用于电子电气线路连接、断开、端接的特殊的维修操作工艺;

(iii) 导线标记方法的详细说明。

第2章
第33.5条 发动机安装和使用说明手册

2.1 条款内容

第33.5条 发动机安装和使用说明手册

每一个申请人必须备有在型号合格证颁发之前可供中国民用航空局应用,在发动机交付时可供用户使用的经批准的发动机安装和使用说明手册。该说明手册必须至少包括下列内容:

(a)安装说明

(1)发动机安装构件的位置,将发动机装接到航空器上的方法及安装构件和相关结构的最大允许载荷;

(2)发动机与附件、管件、导线和电缆、钢索、导管及整流罩连接的位置和说明;

(3)包括总体尺寸的发动机轮廓图;

(4)定义发动机与航空器和航空器设备,包括螺旋桨(如适用)的物理和功能界面;

(5)如果发动机系统所依靠的部件不是发动机型号设计的组成部分,而发动机型号合格审定又要基于这些部件,则其界面条件和可靠性要求必须在发动机安装说明手册中直接规定,或者规定参考适当的文件;

(6)必须给出发动机控制所需的仪表清单,包括控制发动机工作的仪表精度和瞬态响应的所有限制值,以评估在装机条件下该仪表的适用性。

(b)使用说明

(1)中国民用航空局认定的使用限制;

(2)功率或推力的额定值及在非标准大气条件下的修正程序;

(3)在一般和极端环境条件下,对下列情况的荐用程序:

(i)起动;

(ii)地面运转;

(iii)飞行中的运转;

（4）对于有一个或多个一台发动机不工作（OEI）额定功率的旋翼航空器发动机，申请人必须提供发动机性能特性和变化的数据，以使飞机制造商能够建立飞机功率保证程序；

（5）发动机控制系统的主模式、所有可选模式和任何备份系统及其相关限制的描述，以及发动机控制系统及其与飞机系统、螺旋桨（如适用）之间的界面描述。

（c）安全分析假设。针对第 33.75（d）条中描述的不在发动机制造商控制之内关于安全装置、仪表、早期警告装置、维修检查和类似设备或程序的可靠性做出安全分析假设。

2.2　条款演变历程

条款修订历史如表 2-1 所示。

表 2-1　条款修订历史

序号	修正案	生效日期	Final Rule 名称	NPRM
1	33-0	1965.02.01	Miscellaneous Amendments	63-47
2	33-6	1974.10.31	Aircraft and Aircraft Engines Certification Procedures and Type Certification Standards	71-12
3	33-9	1980.10.14	Airworthiness Review Program；Amendment No. 8A：Aircraft, Engine, and Propeller Airworthiness, and Procedural Amendments	75-31
4	33-24	2007.11.05	Airworthiness Standards：Safety Analysis	06-10
5	33-25	2008.10.17	Airworthiness Standards：Rotorcraft Turbine Engines One-Engine-Inoperative（OEI）Ratings, Type Certification Standards	07-05
6	33-26	2008.10.20	Airworthiness Standards；Engine Control System Requirements	07-03

CCAR-33R2 版中的第 33.5 条与 FAR-33 部的第 26 修正案中的第 33.5 条内容一致。FAR-33 部中的第 33.5 条有 6 次修订。主要内容修订包括以下几条。2007 年第 24 修正案，增加第 33.5 条（c）：安全分析假设。针对第 33.75 条（d）中描述的不在发动机制造商控制之内关于安全装置、仪表、早期警告装置、维修检查和类似设备或程序的可靠性做出安全分析假设。2008 年第 25 修正案，增加了第 33.5 条（b）（4），该款内容与涡扇发动机不相关。

2.3　条款实质性要求

由申请人编写发动机安装和使用说明手册，手册内容应包括发动机安装说明

部分和发动机使用说明部分,其中:

(a)发动机安装说明部分应包含所有与动力装置安装相关的数据,保证发动机安全可靠的装机。安装手册中应包含发动机(动力装置)的安装设计数据、限制值(如尺寸、重心、安装位置及安装节构型等)、发动机及其子系统的概述、发动机功能特性、物理特性、安装图纸、接口信息、发动机控制系统使用的仪表的精度等。

(b)发动机使用说明部分应包含使用限制、推力的额定值及在非标准大气条件下的修正程序(若适用)、一般和极端环境条件下的操作程序说明以及其他为发动机安全运行所必需的资料。

2.4　条款设计需求

2.4.1　编制安装和使用说明手册编制规定(整机级)

发动机制造商应综合考虑所有利益相关方的需求,确定发动机安装和使用说明手册的编制规定。为保证发动机在交付使用后,安装和使用说明手册的准确性、可用性和与型号设计的符合性,应确定安装和使用说明手册的更改及发布要求。

该编制规定至少应包含如下方面内容:

(1)安装和使用说明手册的分类;

(2)安装和使用说明手册的编排格式;

(3)安装和使用说明手册编写使用的语言;

(4)安装和使用说明手册编制采用的技术标准规范;

(5)安装和使用说明手册交付后的更改规定;

(6)安装和使用说明手册交付介质的类型;

(7)安装和使用说明手册的分发数量和发布责任。

2.4.2　编制安装和使用说明手册(整机级)

根据目前工业界的实践经验,发动机安装和使用说明手册一般以两部分进行编制:安装说明对应——动力装置总成手册;使用说明对应——发动机运行手册。

(1)安装和使用说明手册可以使用中文或者英文编写,但应当明确呈交局方评估的每本手册所使用的语言(不同手册可以使用不同语言)。经批准或认可手册的其他语言版本的准确性审核责任由制造厂家承担。

(2)必须在手册编写之前与局方进行沟通,在考虑发动机使用方的需求下,明确呈交局方审查的安装和使用说明手册所使用的语言要求和文件编写规范。

(3)发动机安装和使用说明手册是指导用户使用的重要资料,发动机制造商应与飞机方确认安装和使用说明手册内容的完整性及可操作性,保证飞机方能够根据提供的发动机安装和使用说明手册对发动机进行正确的安装与操作。

（4）安装和使用说明手册在内容编写完成后应当经过工程设计部门的审核，确定所编写内容符合相关的设计和分析、验证报告。

（5）对于经过审核的手册内容，应当以草稿的形式予以内部出版编辑，并提供预期使用人员（如试车人员、教员、运行支持人员等）进行必要的验证，确认运行文件的内容准确、可正确理解和具备可操作性。

（6）咨询通告（Advisory Circular，AC）33 - 2B 指出，虽然 SAE 航空实践案例（Aerospace Recommended Practice，ARP）1507"直升机飞/发接口文档和检查清单"文件是针对直升机的，但作为一项通用标准可为发动机安装和使用说明手册内容提供较为详细的指导。

2.5　条款验证需求

2.5.1　建立手册管理规范（整机级）

1）目的

对手册的分发、控制和修订进行管理。

2）内容

航空发动机制造厂家应建立手册的管理规范，建立规范的工作流程和标准，对手册的分发、控制和修订进行管理，并作为单位内部体系文件正式发布。

3）要求

（a）手册的分发控制应满足以下要求。

（1）手册在编制完成后（包括草稿和初稿阶段）应当及时分发给公司内部相关部门，以便在相关的工作中参考并实施验证。

（2）手册应当在发动机交付时将适用的文件一同提供发动机的所有人（或运营人），并进行客户化或单机化出版编辑，同时还应当建立出版编辑规范以实施有效控制，保证内容的适用性。

（3）手册可以用纸质、电子文档（光盘、网络）或者其组合的方式分发，但以电子文档方式提供时应当保证任何人在无意或者有意的情况下都不能修改其内容。

（4）为保证公司内部相关部门和发动机的所有人（或运营人）及时获得和使用最新有效的手册文件，应当建立一个手册分发清单，并以合适的方式提供查询现行有效版本的渠道，包括定期提供手册有效版次清单或通过网络更新通知等方式。

（b）手册的持续修订应满足以下要求。

（1）发动机投入使用后，应当对手册的准确性、可用性和与设计的符合性进行全寿命的持续跟踪，并在发现或者得到下述情况反馈时及时修订涉及的手册内容：

（i）存在错误或不准确的情况；

（ii）存在缺乏内容的情况；

（iii）存在不可操作的情况；

（iv）对发动机进行了设计更改后。

注：也可以根据使用经验对手册进行改进。

（2）为保证手册持续跟踪和修订工作的有效进行，航空发动机制造厂家应当建立有效的信息收集方式和渠道，并制定符合以下原则的修订工作规范：

（i）对于不影响飞行安全的修订内容，可以结合定期修订计划（如每季度、每半年、每年等）一并进行修订；

（ii）对于可能影响飞行安全的修订内容，应当以临时修订页的方式及时进行修订，并结合下一次定期修订计划完成正式修订。

（3）手册修订内容的编制流程和分发控制与初始编制的要求相同，但每次修订的内容都应当清晰记录摘要并突出显示或标记。

（c）手册管理规范

为保证上述手册编制、分发和修订责任的落实，航空发动机制造厂家应当通过管理体系文件的方式建立满足下述要求的手册管理规范：

（1）明确手册管理的责任部门和人员，并明确相关部门的支持和配合要求；

（2）建立规范的工作流程和标准。

2.5.2 验证手册内容（整机级）

1）目的

对手册内容进行验证，确保满足局方要求和用户需求。

2）内容

确定和编制安装和说明手册的验证范围、验证计划、验证方案、验证记录、符合性说明。

3）要求

（a）应确认手册中所列的所有数据来源，数据来源可能包括以下几方面。

（1）研发过程数据；

（2）制造过程数据；

（3）供应商数据；

（4）取证过程数据。

（b）对手册数据的验证通常采用以下两种方式进行。

书面验证：对手册中叙述的内容的完整性和准确性进行验证，验证内容通常包括但不限于概述性资料、系统和安装说明、使用和操作说明等描述信息所含内容与源数据是否一致，描述是否清晰准确。

操作验证：对安装操作程序以及使用方法进行验证。通过实际操作等方法进行验证，以保证安装操作程序以及使用方法的正确性和可操作性。

（c）手册的内容应涵盖条款要求的全部内容。

2.5.3　编制符合性报告（整机级）

1）目的

对条款进行关闭。

2）内容

应针对本条款编制一份符合性报告，并提交局方审阅。

3）要求

符合性报告应至少包含以下内容：

（a）手册编制规范；

（b）手册内容描述（比如手册的目录）；

（c）手册中数据和操作验证的介绍；

（d）符合性结论。

参考文献

航空科学技术名词审定委员会.2004.航空科学技术名词[M].北京：科学出版社.

中国民用航空局.2011.航空发动机适航规定：CCAR33 - R2[S].

中国民用航空局.2014.航空器的运行文件：AC - 91 - 24[S].

European Aviation Safety Agency. 2003. Certification specifications for engines[S].

Federal Aviation Administration. 1974. Aircraft and aircraft engines, certification procedures and type certification standards：Final Rule 11010[S].

Federal Aviation Administration. 1971. Aircraft and aircraft engines；proposed certification procedures and type certification standards：Notice No. 71 - 12[S].

Federal Aviation Administration. 1984. Aircraft engine regulatory review program；aircraft engine and related powerplant installation amendments：Final Rule 16919[S].

Federal Aviation Administration. 1980. Aircraft engine regulatory review program；aircraft engine and related powerplant installation proposals：Notice No. 80 - 21[S].

Federal Aviation Administration. 1964. Aircraft engines：Notice No. 63 - 47[S].

Federal Aviation Administration. 1993. Aircraft engine type certification handbook：AC33 - 2B[S].

Federal Aviation Administration. 2008. Airworthiness standards；engine control system requirements：Final Rule FAA - 2007 - 27311[S].

Federal Aviation Administration. 2007. Airworthiness standards；engine control system requirements：Notice No. 07 - 03[S].

Federal Aviation Administration. 1964. Miscellaneous amendments：Final Rule 3025[S].

Society of Automotive Engineers. 1997. Helicopter engine/airframe interface document and checklist：SAE ARP1507A[S].

第 3 章
第 33.7 条 发动机额定值和使用限制

3.1 条 款 内 容

本章主要陈述第 33.7 条(a)、(c)、(d)的条款内容。

第 33.7 条 发动机额定值和使用限制

(a)发动机额定值和使用限制由中国民用航空局认定,并包含在中国民用航空规章《民用航空产品和零部件合格审定规定》(CCAR - 21)规定的发动机型号合格证数据单中,其中包括按本条规定的各种适用的使用条件和资料确定的额定值和限制以及为发动机安全使用所必需的任何其他资料。

(c)对于涡轮发动机,额定值和使用限制的确定与下列因素有关。

(1)下列状态的功率、扭矩或推力、转速(转/分)、燃气温度和时间:

(i)额定最大连续功率或推力(加力的);

(ii)额定最大连续功率或推力(不加力的);

(iii)额定起飞功率或推力(加力的);

(iv)额定起飞功率或推力(不加力的);

(v)额定 30 分钟一台发动机不工作(OEI)功率;

(vi)额定 2 ½ 分钟一台发动机不工作(OEI)功率;

(vii)额定连续一台发动机不工作(OEI)功率;

(viii)额定 2 分钟一台发动机不工作(OEI)功率;

(ix)额定 30 秒钟一台发动机不工作(OEI)功率;

(x)辅助动力装置(APU)的工作方式。

(2)燃油牌号或规格。

(3)滑油品级或规格。

(4)液压油规格。

(5)下列各项温度:

(i)在申请人规定部位上的滑油温度;

(ii)超音速发动机进口截面上的进气温度,包括稳态工作时的温度和瞬时超温温度及其允许超温的时间；

（iii）超音速发动机的液压油温度；

（iv）在申请人规定部位上的燃油温度；

（v）申请人如有规定的发动机的外表面温度。

（6）下列各项压力：

（i）燃油进口压力；

（ii）在申请人规定部位上的滑油压力；

（iii）超音速发动机进口截面上的进气压力，包括稳态工作时的压力和瞬时超压压力及其允许超压的时间；

（iv）液压油压力。

（7）附件传动的扭矩和悬臂力矩。

（8）部件寿命。

（9）燃油过滤。

（10）滑油过滤。

（11）引气。

（12）每一转子盘和隔圈被批准的起动-停车应力循环次数。

（13）发动机进气畸变。

（14）转子轴的瞬时超转转速（转/分）和超转出现的次数。

（15）燃气的瞬时超温温度和超温出现的次数。

（16）发动机瞬态超扭及其发生次数。

（17）带有自由动力涡轮的涡轴发动机和涡桨发动机的最大超扭。

（18）超音速航空器发动机的转子风车转速（转/分）。

（d）在确定发动机性能和使用限制时，必须考虑发动机控制系统和第 33.5 条（a）（6）中定义的所需仪表的所有精度限制要求。

3.2　条款演变历程

条款修订历史如表 3-1 所示。

表 3-1　条款修订历史

序号	修正案	生效日期	Final Rule 名称	NPRM
1	33-0	1965.02.01	Miscellaneous Amendments	63-47
2	33-3	1967.04.03	Powerplant Design Requirements for Aircraft Engines and Propellers	66-3
3	33-6	1974.10.31	Aircraft and Aircraft Engines, Certification Procedures and Type Certification Standards	71-12

续　表

序号	修正案	生效日期	Final Rule 名称	NPRM
4	33-10	1984.03.26	Aircraft Engine Regulatory Review Program；Aircraft Engine and Related Powerplant Installation Amendments	80-21
5	33-11	1986.04.24	Airworthiness Standards；Aircraft Engines；Turboprop Engine Propeller Brake	84-23
6	33-12	1988.10.03	Rotorcraft Regulatory Review Program	84-19
7	33-18	1996.08.19	Airworthiness Standards；Aircraft Engines New One-Engine-Inoperative（OEI）Ratings，Definitions and Type Certification Standards	89-27A
8	33-26	2008.10.20	Airworthiness Standards；Engine Control System Requirements	89-27A
9	33-30	2009.11.02	Airworthiness Standards；Aircraft Engine Standards Overtorque Limits	89-27A

CCAR-33R2 版中的第 33.7 条与 FAR-33 部的第 30 修正案中的第 33.7 条内容一致。FAR-33 部中的第 33.7 条有 9 次修订。主要内容修订包括以下几条：1967 年第 3 修正案，对功率和推力专业术语进行修改。1974 年第 6 修正案，将原通用描述修改为更为具体的一系列使用限制，将使用限制写入发动机型号合格证数据单中，以便发动机用户熟知。1984 年第 10 修正案，修改第 33.7 条（c）（5）（i）、（c）（5）（iv）、（c）（6）（ii）：对于滑油压力、滑油温度、燃油温度限制，申请人可以根据特定的设计，选择特定的测量位置，而不再在条款中指定测量位置；修改第 33.7 条（c）（16）：仅对超音速飞机的发动机要求列出其转子风车转速，而不再要求所有发动机都列出其转速；删除第 33.7 条（c）（17）：删除首次大修的时间。1996 年第 18 修正案，增加新的内容，"额定 2 分钟一台发动机不工作功率；额定 30 秒钟一台发动机不工作功率"。2008 年第 26 修正案，增加第 33.7 条（b）：在确定发动机性能和使用限制时，必须考虑发动机控制系统和第 33.5 条（a）（6）中定义的所需仪表的所有精度限制要求。

3.3　条款实质性要求

（a）申请人应确定并验证本条款所规定的发动机额定值和使用限制，并由中国民用航空局认定。

（b）发动机的额定值和使用限制应包含在中国民用航空规章《民用航空产品和零部件合格审定规定》规定的型号合格证数据单（type certificate date sheet，TCDS）中。

3.4　条款设计与验证需求

第 33.7 条有其自身特殊性，其验证部分只需给出在哪个条款中验证其使用限制即可。因此,为保证内容表述的整体性,本章节将设计与验证需求合在一个章节中进行编写。其内容如下文所示。

3.4.1　整机级

3.4.1.1　推力或功率额定值

(a) 应按照第 33.8 条给出同型号发动机在声明环境条件下预计能产生的最低功率或推力。

(b) 应保证声明的推力或功率是在本书关联的术语所定义的环境条件下所得到的额定值。

(c) 应确定额定起飞推力或功率的使用时间限制:

(1) 正常起飞过程中的额定起飞推力或功率状态的使用时间限制为 5 分钟;

(2) 如果在飞机起飞时,出现一台发动机不工作的情况,使用时间可从 5 分钟延长到 10 分钟。

3.4.1.2　燃气温度限制

(a) 燃气稳态温度限制。

(1) 可通过分析和经验相结合的方式初步确定燃气的稳态温度限制;

(2) 可通过第 33.87 条的符合性验证确定的温度限制的合理性。

(b) 燃气瞬时超温限制。

(1) 燃气瞬时超温限制,通常是指发动机在加速过程中,在达到稳态目标值之前,超过了限制温度。必须确定超温的确切值、持续时间限制、出现次数限制。

(2) 对于涡轴发动机的 30 s、2 min 和 2.5 min 这三种 OEI 状态,单次瞬态温度超限的持续时间不得超过 10 s,对于涡轴其他状态以及涡扇的所有状态,单次瞬态温度超限的持续时间不得超过 30 s。

(3) 燃气瞬时超温的限制通过第 33.87 条相关条目进行验证。

3.4.1.3　发动机外表面温度限制

(a) 温度限制的类型可能包括最高温度和最低温度。TCDS 中除给出上述温度限制数据外,还需一并给出该温度限制值的测量位置以及相关的发动机工作状态(如起动、再点火、起飞状态);

(b) 可以通过第 33.87 条中相关条目的符合性来验证在上述选定的发动机外表面限制温度下,发动机是否可以正常工作,并同时验证这些温度限制值的有效性。

3.4.1.4　型别描述

列出新型别与基础型别的不同点、相似点,以及特殊特征。

3.4.1.5　特殊安装要求(如适用)

特殊安装要求可能包括:进气道外物防护、闪电防护、电磁干扰(electromagnetic

compatibility，EMI）、反推安装、结冰防护、软件安全性等级、双发延程资格（extended-range twin-engine operational performance standards，ETOPS）、限时派遣（time limited dispatch，TLD）等。

3.4.1.6 特殊的工作程序和限制

特殊的工作程序和限制包括：结冰条件下进行周期性加速和最小慢车状态以脱冰；负 g 载荷工作的时间限制；单发失效情况下的 10 分钟额定起飞等。

3.4.1.7 部件寿命

可以通过以下方式之一给出部件寿命信息：

（a）列出包含限寿件信息的相关文档；

（b）直接在 TCDS 中给出具有寿命限制的零部件及其寿命。

应对上述给出的部件寿命信息进行审查确认，可通过第 33.70 条的符合性来完成此工作。

3.4.1.8 转速限制

（a）稳态转速限制。

（1）可通过分析和经验相结合的方式初步确定其转速限制；

（2）可通过第 33.87 条的符合性来验证所确定的转速限制的合理性。

（b）瞬时超速限制。

（1）转子轴瞬时超速，通常是发动机在加速过程中，在达到稳态目标值之前，超过了限制转速。必须确定超速的确切值、持续时间限制、出现次数限制；

（2）对于涡轴发动机的 30 s、2 min 和 2.5 min 这三种 OEI 状态，单次瞬态转速超限的持续时间不得超过 10 s，对于涡轴其他状态以及涡扇的所有状态，单次瞬态转速超限的持续时间不得超过 30 s；

（3）转子轴瞬时超速的限制通过第 33.87 条相关条目进行验证。

3.4.1.9 进气畸变限制

（a）应按照第 33.65 条确定进气畸变信息；

（b）应通过第 33.65 条的符合性对选定的进气畸变信息进行验证。

3.4.1.10 最大超转

见第 33.89 条。

3.4.2 系统级

3.4.2.1 润滑系统

（a）指定位置的滑油温度限制。

（1）需确定滑油温度限制，温度限制的类型可能包括最高温度和最低温度。TCDS 中除给出上述温度限制数据外，还需一并给出该温度限制值的测量位置以及相关的发动机工作状态（如起动、再点火、起飞状态）；

（2）测量位置必须非常明确,如"滑油泵出口处的滑油温度",而类似于"滑油进口"这样的描述是不够明确的;

（3）可以通过第 33.87 和 33.89 条中相关条目的符合性来验证在上述选定的滑油限制温度下,发动机是否可以正常工作,并同时验证这些温度限制值的有效性。

（b）指定位置的滑油压力限制。

（1）滑油限制压力包括最小压力和最大压力,应写入 TCDS 中;

（2）滑油压力的测量位置必须在 TCDS 中列出。测量位置必须非常明确,如"滑油泵出口处最小压力",而类似于"滑油进口"这样的位置描述是不够明确的;

（3）可以通过第 33.87 条（a）（7）和第 33.89 条（a）（1）等相关条目的符合性来验证这些压力限制值的准确性和合理性。

（c）滑油的牌号或者规格。

（1）滑油牌号或者规格应该是工业标准、军用标准或相当的其他标准;

（2）可以通过第 33.87 和 33.89 条等涉及整机试验的条款验证滑油牌号或者规格对于发动机的适用性。

（d）滑油滤使用限制。

（1）应按照第 33.71 条确定滑油滤的类型和过滤度;

（2）应通过与滑油系统相关的试验,如第 33.71、33.87 条等符合性试验中对选定的滑油滤使用限制进行验证。

3.4.2.2　燃油系统

（a）指定位置的燃油温度限制。

（1）需确定燃油温度限制,温度限制的类型可能包括最高温度和最低温度。TCDS 中除给出上述温度限制数据外,还需一并给出该温度限制值的测量位置以及相关的发动机工作状态（如起动、再点火、起飞状态）;

（2）测量位置必须非常明确,如"低压燃油泵入口处最高燃油温度",而类似于"燃油进口"这样的描述是不够明确的;

（3）当为了防冰或其他原因而使用燃油添加剂时,必须确切说明需要使用该添加剂的最高燃油温度;

（4）可以通过第 33.87 条中相关条目的符合性来验证在上述选定的燃油限制温度下,发动机是否可以正常工作,并同时验证这些温度限制值的有效性。

（b）指定位置的燃油进口压力限制。

（1）燃油进口压力包括最小压力和最大压力,这些压力的确定可能依赖于相关的环境条件、油气比例,这些信息均应写入 TCDS 中;

（2）对于地面起动、空中起动等发动机运行状态,可能存在有别于发动机正常工况下的燃油进口压力限制要求,此时应在 TCDS 中确定这些限制值;

（3）燃油压力的测量位置必须在 TCDS 中列出。燃油进口压力的测量位置必须非常明确,如"燃油泵进口处最大燃油压力",而类似于"燃油进口"这样的描述是不够明确的;

（4）可以通过第 33.87 条（a）（7）等相关条目的符合性来验证这些压力限制值的准确性和合理性。

（c）燃油的牌号或者规格。

（1）燃油牌号或者规格应该是工业标准、军用标准或相当的其他标准。像防冰添加剂、防腐蚀添加剂、防静电添加剂、燃油添加剂也必须获得适航当局的批准。

（2）可以通过第 33.87 条和 33.67 条（b）（4）（ii）验证燃油的牌号或者规格对于发动机的适用性。

（d）燃油滤使用限制。

（1）应按照第 33.67 条确定燃油滤的类型和过滤度;

（2）应通过与燃油系统相关的试验,如第 33.67、33.87 条等符合性试验中对选定的燃油滤使用限制进行验证。

3.4.2.3　液压作动系统中指定位置的液压油压力限制（如适用）

（1）液压油限制压力包括最小压力和最大压力,应写入 TCDS 中。

（2）液压油压力的测量位置必须在 TCDS 中列出。测量位置必须非常明确,如"液压油油泵出口处最大液压油压力",而类似于"液压油进口"这样的位置描述是不够明确的。

（3）可以通过第 33.87 条（a）（7）等相关条目的符合性来验证这些压力限制值的准确性和合理性。

3.4.2.4　附件传动的扭矩和悬臂力矩

（1）这项规定适用于发动机的附件传动,如起动机、发电机、燃油泵等。对于每个传动附件,必须在 TCDS 中写明相关附件的扭矩和悬臂力矩大小,也可能包括附件传动装置的旋转方向和转速。

（2）可通过第 33.25、33.87、33.91 条的符合性试验对附件传动的扭矩和悬臂力矩进行验证。

3.4.2.5　引气系统中引气限制

（1）必须确定与引气使用相关的限制条件,并将所有这些限制条件在 TCDS 中列出。

（2）必须在 TCDS 中明确引气端口的位置。

（3）对于每个引气端口,要指定最大允许引气量及其对应的发动机工作状态和环境条件等引气限制条件。

（4）在第 33.66、33.87、33.89 条的试验中验证上述引气限制条件的合理性。

参考文献

Federal Aviation Administration. 1974. Aircraft and aircraft engines, certification procedures and type certification standards: Final Rule 11010[S].

Federal Aviation Administration. 1971. Aircraft and aircraft engines; proposed certification procedures and type certification standards: Notice No. 71 - 12[S].

Federal Aviation Administration. 1984. Aircraft engine regulatory review program; aircraft engine and related powerplant installation amendments: Final Rule 16919[S].

Federal Aviation Administration. 1980. Aircraft engine regulatory review program; aircraft engine and related powerplant installation proposals: Notice No. 80 - 21[S].

Federal Aviation Administration. 1964. Aircraft engines: Notice No. 63 - 47[S].

Federal Aviation Administration. 1996. Airworthiness standards: Aircraft engines new one-engine-inoperative (OEI) ratings, definitions and type certification standards: Final Rule 26019 [S].

Federal Aviation Administration. 1995. Airworthiness standards: Aircraft engines; new one-engine-inoperative ratings, definitions, and type certification standards: Notice No. 89 - 27A [S].

Federal Aviation Administration. 1964. Miscellaneous amendments: Final Rule 3025[S].

Federal Aviation Administration. 2010. Ratings and operating limitations for turbine engines (Sections 33. 7 and 33. 8): AC33. 7 - 1[S].

第 4 章

第 33.8 条 发动机功率和
推力额定值的选定

4.1 条 款 内 容

第 33.8 条 发动机功率和推力额定值的选定

（a）必须由申请人选定所申请的发动机功率和推力额定值。

（b）选定的每种额定值必须是所有同型号发动机在用来确定此额定值的条件下预计能产生的最低功率或推力。

4.2 条款演变历程

条款修订历史如表 4-1 所示。

表 4-1 条款修订历史

序号	修正案	生效日期	Final Rule 名称	NPRM
1	33-3	1967.04.03	Powerplant Design Requirements for Aircraft Engines and Propellers	66-03

CCAR-33R2 版中的第 33.8 条与 FAR-33 部的第 3 修正案中的第 33.8 条内容一致。FAR-33 部中的第 33.8 条有 1 次修订。第 3 修正案中增加了第 33.8 条发动机功率和推力额定值的选定。新增内容"必须由申请人选定所申请的发动机功率和推力额定值。选定的每种额定值必须是所有同型号发动机在用来确定此额定值的条件下预计能产生的最低功率或推力。"

4.3 条款实质性要求

（a）发动机功率和推力额定值都应由申请人选定；

（b）每种功率或推力额定值都应是所有同型号发动机在声明条件下能够产生

的最低功率或推力。

4.4　条款设计需求

第 33.8 条有其自身特殊性,其验证部分只需给出在哪个条款中验证其使用限制即可。因此,为保证内容表述的整体性,本章节将设计与验证需求合在一个章节中进行编写。其整机级的推力或功率额定值内容如下所示。

(a) 首先应通过第 33.87 条持久试验确定额定值的试验推力或功率值。

(b) 持久试验所获得的试验推力或功率值应经过换算和修正,以得到额定值,并将其写入 TCDS 中。

(c) 换算是指将试验值折算到标准大气条件下。

(d) 修正是指将前述换算得到的值经过至少以下因素的修正后,得到最终的额定值。

(1) 湿度的影响;

(2) 产品质量控制精度;

(3) 发动机性能衰退的影响;

(4) 试验发动机构型与标准定义的差异。

参考文献

Federal Aviation Administration. 1967. Powerplant design requirements for aircraft engines and propellers:Final Rule 7139[S].

第 5 章

第 33.15 条 材料

5.1 条款内容

第 33.15 条 材料

发动机所用材料的适用性和耐久性必须满足下列要求：

（a）建立在经验或试验的基础上；

（b）符合经批准的规范（如工业或军用规范），保证这些材料具有设计资料中采用的强度和其他性能。

5.2 条款演变历程

条款修订历史如表 5‑1 所示。

表 5‑1　条款修订历史

序号	修正案	生效日期	Final Rule 名称	NPRM
1	33‑0	1965.02.01	Miscellaneous Amendments	63‑47
2	33‑8	1977.05.02	Airworthiness Review Program	75‑19
3	33‑10	1984.03.26	Aircraft Engine Regulatory Review Program；Aircraft Engine and Related Powerplant Installation Amendments	80‑21

CCAR‑33R2 版中的第 33.15 条与 FAR‑33 部的第 10 修正案中的第 33.15 条内容一致。FAR‑33 部中的第 33.15 条有 3 次修订。主要内容修订包括以下几条：1965 年第 0 修正案，FAA 基于 CAR‑13 部"民用航空规章"，颁布了最新的适航规章 FAR‑33 部"航空发动机适航标准"作为民用航空发动机适航审定标准。1984 年第 10 修正案中删除了技术标准规定。

5.3 条款实质性要求

本条款是针对发动机材料适用性和耐久性的一般要求，确保发动机所选用的材料符合零件的预期目的,材料性能稳定一致,使因材料偏差而引起结构破坏的概率降至最小。

　　(a) 材料符合经批准的规范;

　　(b) 材料具有设计资料中采用的强度和其他性能;

　　(c) 材料的适用性和耐久性根据经验或试验确定。

5.4　条款设计需求

5.4.1　材料级

5.4.1.1　建立材料规范

材料规范需要规定供应商生产、试验、运输材料、以及材料详细的性能要求,还需要对每种材料的合格鉴定及验收要求进行规定,保证采购过程中材料的可控性、一致性和可重复性。并且材料规范要基于统计数据建立,只有基于统计数据建立的材料规范,才能保证材料具有设计资料所采用的满足一定概率要求的材料强度和其他性能。

根据设计部门设计的零件对材料工艺和性能等方面的需求进行分析,制定或选用材料规范。若零件所用材料有成熟的材料规范,则直接选用该规范;若零件所用材料没有成熟的材料规范,则制定材料规范。

5.4.1.2　制备性能稳定和一致的材料

根据材料规范要求和供应商的管控要求,对材料进行制备并通过统计分析保证材料性能稳定可控、批次材料性能一致。材料生产商需建立生产过程控制体系,实现材料的稳定生产。

推荐在材料生产过程控制中采用统计过程控制(statistical process control, SPC)方法,即利用材料生产过程中的检验数据和最终的检验数据对生产趋势进行监控和实时过程校正。ARP9013/3 给出了使用统计过程控制方法的产品验收要求。

5.4.1.3　建立设计用值

　　(a) 制定材料的数据测试方案,方案中需包括范围、试验项目和试验方法、取样方案、样本量、试样图、试验装置、操作人员要求、试验步骤、数据处理判据和试验数据处理方法、数据记录要求以及试验异常情况的处理程序等信息;

　　(b) 按照数据测试方案,进行数据测试;

　　(c) 通过对测试所得数据进行统计分析,得到设计用值。

5.4.1.4　建立工艺规范及实现工艺

　　(a) 分析整理出采用的制造方法,并确定新的制造方法;

　　(b) 根据确定的新制造方法识别工艺关键参数,固化工艺参数和工艺要求,编制工艺规范(或工艺规程)；

（c）按照工艺规范(或工艺规程)的要求,制造工艺验证试样,编写试验大纲,开展试验,完成试验报告。

5.5　条款验证需求

5.5.1　材料级

5.5.1.1　材料规范的符合性验证

（a）成熟材料规范。

成熟材料规范通常是指国际通用的行业规范,局方认可的,该类规范采用符合性声明即可。

（b）新编材料规范。

新编材料规范采用试验验证的方法进行符合性验证。新编材料规范的符合性验证和材料规范的建立过程相对应,在建立规范的同时进行规范的符合性验证。按如下步骤进行：

（1）此类材料规范参考同类材料规范的相关内容编制,初稿中的各项性能指标参考供应商提供的历史性能数据制定；

（2）材料供应商根据申请方制定的材料规范初稿编制工艺控制文件,并得到申请方预批准；

（3）供应商按批准的工艺控制文件生产材料并提供至少3个批次材料,申请方在局方的监控下进行3个批次材料的符合性验证试验；

（4）根据材料符合性验证试验的结果,建立S基值,修订材料规范初稿中的性能指标,形成正式的材料规范,并提交局方批准；

（5）申请方正式批准供应商的工艺控制文件。

5.5.1.2　材料的符合性验证

（a）采用成熟材料规范的材料。

采用成熟材料规范的材料,此类材料在国外民机成熟应用并且由国外成熟机型的供应商供应,采用文件说明的方法对第33.15条的符合性进行说明,申请方提供证据[如合格产品目录(qualified product list, QPL)等]表明此类材料已经在获得中国民航认可的民机上得到应用,且随民机通过型号合格审定。如果此类材料由非成熟机型的供应商供应,则按照公司新编规范材料的流程进行符合性验证。

（b）采用公司新编材料规范的材料。

采用公司新编规范的材料采用试验验证的方法进行符合性验证。采用试验验证时,材料的验证和材料规范的验证同步进行。

（1）供应商以多个批次材料的性能数据向申请方表明材料制备工艺的稳

定性；

（2）供应商编制工艺控制文件并得到申请方预批准,按照预批准工艺控制文件生产 3 个批次材料提供给申请方；

（3）申请方制定符合性验证试验大纲,提交局方批准；

（4）申请方进行 3 个批次材料符合性验证试验,证明材料符合相关材料规范要求；

（5）申请方正式批准供应商的工艺控制文件。

5.5.1.3　设计用值的验证

（a）采用成熟材料规范的材料的设计用值。

如果设计用值来源于《金属材料性能研发和标准化》(Metallic Materials Properties Development and Standardization, MMPDS)手册,并且材料由国外成熟机型的供应商供应,此类材料的设计用值满足设计时,设计用值不需要进行验证,直接采用符合性声明即可。如果设计用值来源于 MMPDS 手册,但是材料由非成熟机型的供应商供应,则需要通过试验获得数据并进行数据统计分析验证设计用值。

（b）采用公司新编材料规范的材料的设计用值。

采用公司新编材料规范的此类材料设计用值需通过试验进行符合性验证。采用试验验证时,建立设计用值和验证设计用值同步开展,具体步骤如下：

（1）按照结构设计提出的设计用值要求和已确定的材料规范,生产多批次材料,若材料规范和材料已通过了符合性验证,材料规范和材料符合性验证用的材料性能值可以用于建立设计用值；

（2）对多批次材料性能值进行统计分析；

（3）为设计提供设计用值。

5.5.1.4　工艺符合性验证

（a）采用成熟工艺。

工艺成熟、稳定,通过已有民用发动机型号研制过程的验证,且规范内容无任何改动时,采用符合性声明来表明工艺的符合性。

（b）采用新工艺。

每种新工艺必须通过试验证明其稳定性和适用性。通过试片/元件级试验验证前期研发试验获得的工艺参数及相关要求的有效性和稳定性,而工艺规范适用性将通过元件级以上的试验件的制造过程和性能测试结果加以验证。结构试验件的制造过程应符合相应工艺规范要求并做好相应质量记录和保存。试验验证中相关工艺参数和要求需要经过至少 3 个工艺循环验证其稳定性。

具体验证思路如下：

（1）选择一家制造商,其设备、环境及人员的控制满足工艺规范的相关要求；

（2）选用一批经复验合格的原材料,按照批准的工艺规范要求制备试验件；

（3）为了证明工艺的稳定性,对试验件进行性能测试,工艺参数的验证至少需要经过 3 个工艺循环;

（4）所有试验通过后,提交试验报告给局方批准。

5.5.2 部件级

（a）确认材料提供了满足设计需求的设计用值;

（b）通过对第 33.17 条"防火",第 33.23 条"发动机的安装构件和结构",第 33.25 条"附件连接装置",第 33.27 条"涡轮、压气机、风扇和涡轮增压器转子",第 33.62 条"应力分析",第 33.63 条"振动",第 33.64 条"发动机静承压件",第 33.70 条"发动机限寿件",第 33.71 条"润滑系统",第 33.76 条"吸鸟",第 33.83 条"振动试验",第 33.87 条"持久试验",第 33.88 条"发动机超温试验",第 33.91 条"发动机系统和部件试验",第 33.94 条"叶片包容性和转子不平衡试验"的符合性验证的试验结果来间接验证所提供材料的强度和其他性能满足设计资料中的强度和其他性能要求,并且能够制造出满足要求的部件。

参考文献

杨建忠. 2013. 运输类飞机适航要求解读：第 3 卷 设计与构造[M]. 北京：航空工业出版社.

中国民用航空局. 2011. 航空发动机适航规定：CCAR33 - R2[S].

Federal Aviation Administration. 1998. Manufacturing process of premium quality titanium alloy rotating engine components：AC33.15 - 1[S].

Federal Aviation Administration. 2011. Manufacturing process of premium quality nickel alloy rotating engine components：AC33.15 - 2[S].

Federal Aviation Administration. 2007. Guidelines and recommended criteria for the development of a material specification for carbon fiber/epoxy fabric prepregs[R]. USA：FAA.

Federal Aviation Administration. 2007. Preliminary guidelines and recommendations for the development of material and process specifications for carbon fiber-reinforced liquid resin molded materials[R]. USA：FAA.

第6章
第33.17条 防火

6.1 条款内容

第33.17条 防火

（a）发动机的设计和构造及所用的材料必须使着火和火焰蔓延的可能性减至最小。此外,涡轮发动机的设计和构造必须使出现导致结构失效、过热或其他危险状态的内部着火的可能性减至最小。

（b）除（c）条规定外,在发动机正常工作期间存留或输送易燃液体的每一外部管路、接头和其他部件,必须由中国民用航空局确认是耐火的或是防火的。上述部件必须有防护或正确安装以防止点燃泄漏的易燃液体。

（c）属于发动机部分并与发动机相连的易燃液体箱和支架必须是防火的或用防火罩防护,任一非防火的零部件被火烧坏后不会引起易燃液体泄漏或溅出则除外,活塞式发动机上容量小于23.7升（25夸脱）的整体湿油池,既不必是防火的,也不需用防火罩防护。

（d）用于防火墙的发动机零件,其设计、构造和安装必须是:

（1）防火的;

（2）构造上不会使任何危险量的空气、液体或火焰绕过或穿过防火墙;

（3）防腐蚀的。

（e）除（a）和（b）条要求外,位于指定火区内的发动机控制系统部件必须由中国民用航空局确定是防火的或者耐火的。

（f）必须通过排放和通风的方法防止发动机内易燃液体非故意的积聚达到危险量。

（g）任何容易或者具有潜在产生静电放电或电气故障电流的部件、单元或设备,必须设计和构造成与发动机基准点等电位接地,以使可能出现易燃液体或蒸汽的外部区域点燃的风险减至最小。

6.2 条款演变历程

条款修订历史如表 6-1 所示。

表 6-1 条款修订历史

序号	修正案	生效日期	Final Rule 名称	NPRM
1	33-0	1965.02.01	Miscellaneous Amendments	63-47
2	33-3	1967.04.03	Powerplant Design Requirements for Aircraft Engines and Propellers	66-3
3	33-6	1974.10.31	Aircraft and Aircraft Engines, Certification Procedures and Type Certification Standards	71-12
4	33-8	1977.05.02	Airworthiness Review Program	75-19
5	33-10	1984.03.26	Aircraft Engine Regulatory Review Program; Aircraft Engine and Related Powerplant Installation Proposals	80-21
6	33-29	2009.09.28	Airworthiness Standards; Fire Protection	77-6 80-21

CCAR-33R2 版中的第 33.17 条与 FAR-33 部的第 29 修正案中的第 33.17 条内容一致,是条款的最新的内容。FAR-33 部中的第 33.17 条有 6 次修订。主要内容修订包括以下几条:1967 年第 3 修正案,增加"完全杜绝可燃液体喷溅导致的热表面着火";1974 年第 6 修正案,在条(b)中增加"易燃液体输送部件设置防护设置"的要求,以降低由于可燃液体泄漏引发热表面着火的可能性;增加对易燃液体箱的防火等级要求,强调属于发动机部分并与发动机相连的易燃液体箱和支架必须是防火的或用防火罩保护;增加对超音速航空器的涡轮发动机的易燃液体管路的防火等级要求;增加对发动机通风排放的要求;1977 年第 8 修正案,增加发动机内部着火的适航设计要求;1984 年第 10 修正案,提高了活塞发动机整体式油池的滑油限制量,集成油池的最大容量从 20 夸脱升至 25 夸脱,以促进发动机设计;2009 年第 29 修正案,增加对防火墙的防火要求,增加对控制系统部件的防火等级要求,删除对超音速航空器的涡轮发动机的易燃液体管路的防火要求。

6.3 条款实质性要求

(a)发动机应有明确的火区防护等级划分图;

(b)发动机的设计、构造及所用材料必须使着火的可能性减至最小,发动机内

部须避免结构失效、过热或其他危险状态导致的着火;

（c）发动机的设计、构造及所用材料必须使火蔓延的可能性最小;

（d）滑油存留或输送管路、接头和部件应是防火的;

（e）燃油存留或输送管路、接头和部件应是耐火的,但如果在机组发现火情并在 5 分钟内没被切断的仍残留燃油的管段,应是防火的;

（f）滑油箱及其支架、切断装置应是防火的;

（g）火区边界应作为防火墙,是防火且防腐蚀的,防火墙的设计构造及安装不会使任何危险量的空气、液体或火焰绕过或穿过防火墙;

（h）位于指定火区的控制系统部件是耐火的或防火的;

（i）火区内应具备通风设计,防止易燃液体挥发使空气中的油气含量非故意积聚达到危险量;

（j）火区应具备排液系统设计,排出泄漏的易燃液体,防止易燃液体非故意积聚达到危险量;

（k）任何容易或者具有潜在产生静电放电或电气故障电流的部件、单元或设备,必须设计和构造成与发动机基准点等电位接地的状态,防止点燃易燃液体或蒸汽。

6.4　条款设计需求

6.4.1　整机级

（a）进行火区划分,明确发动机的火区及火区边界。

（b）发动机的设计、构造及所用材料必须使着火的可能性最小,发动机内部须避免结构失效、过热或其他危险状态导致的着火。

（c）发动机的设计、构造及所用材料必须使火蔓延的可能性最小,应能控制、隔离、经受住火焰,防止任何易燃材料加剧火情,保证基本安全停车功能,避免危险状况的发生。

6.4.2　系统级

（a）火区内空气流通循环应保证易燃气体不会自燃或聚集成易爆炸的混合物,排出的蒸汽不会因重新被吸入,或与热源再次接触而引起火灾。

（b）排液系统的设计应能排出所有泄漏的易燃液体,排出的易燃液体不会因重新被吸入,或与热源再次接触而引起火灾。

（c）任何容易或者具有潜在产生静电放电或电气故障电流的部件、单元或设备,必须设计和构造成与发动机基准点等电位接地的状态。

6.4.3　组件级

（a）易燃液体存留或输送管路、接头和部件必须采取防护措施并正确安装，避免使泄漏的易燃液体造成火灾。

（b）分析确定存在液体泄漏并可能与点火源相接触的部件，对所泄漏的易燃液体可能与点火源相接触的部分，采取分离或隔离的结构设计，将潜在泄漏源与点火源隔离。

（c）火区边界应作为防火墙，是防火且防腐蚀的，防火墙的设计构造及安装不会使任何危险量的空气、液体或火焰绕过或穿过防火墙，且边界上被部件、管路穿透的连接处、密封处应采用防火材料封严。

（d）轴承腔应采取封严、内部排油和通风措施。

（e）燃烧室的设计、构造应能降低机匣烧穿的可能性，且应该对燃烧室机匣外的部件进行合理布局，避免如果机匣烧穿对关键部件造成破坏。

（f）燃油喷嘴和油路应采取合理的热防护设计，应保证喷嘴的密封件及结构具有足够的强度裕度，防止高温对喷嘴产生损伤而导致燃油泄漏。

（g）高压引气管路应是防火的。

（h）安装节组件应是防火的。

（i）滑油箱及其支架、切断装置应是防火的。

（j）滑油存留或输送管路、接头和部件应是防火的。

（k）燃油存留或输送管路、接头和部件如可在机组发现火情并在 5 分钟内及时切断燃油供应的部分，应是耐火的，否则应是防火的。

（l）指定火区内用于控制燃油关断的部件应是耐火的，用于维持燃油关断的部件应是防火的。

（m）位于指定火区的非输油类控制系统部件，需根据其在 15 分钟火灾紧急处理场景中应实现的功能（前 5 分钟保证发动机能够安全停车、后 10 分钟保证不会增大火情）评估其防火或耐火等级。

6.4.4　材料级

（a）采用钛合金的部件应采取防护措施，避免其因接触热燃气、机械摩擦和划伤等热源而起火。

（b）薄截面、易摩擦以及高冲刷速度的部件使用镁材料时，应在发动机预期使用过程中避免镁火的产生。

（c）复合材料或纤维材料的使用应采取合理的防护措施，降低其着火及火势蔓延的可能性，保证在发动机预期使用过程中不会产生危险状况。

（d）易吸附液体的材料应采取合理的防护措施，防止吸附了达到危险量的易燃液体，且避免与高温热源接触。

（e）可磨损材料应针对磨损情况进行评估,避免与高温热源接触而引起磨损颗粒的着火或爆炸。

6.5　条款验证需求

6.5.1　组件级

部件防火/耐火试验(Componet Test, CT)的要求应参照以下标准:

ISO 2685 - 1998 Aircraft - Environmental test procedure for airborne equipment - Resistance to fire in designated fire zones;

FAA Advisory Circular No 20 - 135 Powerplant Installation and Propulsion System Component Fire Protection Test Methods, Standards, and Criteria。

（a）防火等级确认。

（1）确定部件防火/耐火试验分类,根据部件在5分钟或15分钟中需保持的功能或维护的安全性来评定防火/耐火等级,按以下原则确定:

对于燃油存留或输送部件,在5分钟火情判断完成后会切断燃油,这部分组件为耐火等级,但对于5分钟后没有被切断排空的燃油组件仍需满足防火等级,如对于某些发动机设计,机械液压系统(hydraulic mechanical unit, HMU)切断后上游仍会残留燃油。

（2）对于滑油存留或输送部件,在后10分钟风车运转中仍保持正常的滑油供应,应满足防火等级,防止部件破损泄漏滑油。

（3）对于与燃油切断功能相关的部件,在前5分钟需要保证发动机能正常关断燃油,因此控制燃油关断的部件至少应为耐火的,后10分钟需要保持燃油的关断状态,因此维持燃油关断的部件应是防火的。

（4）对于火区边界,如防火墙、密封件等,为防止15分钟火灾蔓延至其他区域,引起更进一步的危害,应满足防火等级。

（5）对于高压引气管路,由于气体的泄漏对现有火情产生助燃作用,其失效可能会加剧火情或延长火情持续时间,所以高压引气管路应满足防火等级。

（6）对于非存储与输送可燃液体的控制系统部件,应根据其在15分钟保持的功能来确定防/耐火等级,前5分钟应保证发动机能正常切断燃油及安全停车,如电子发动机控制系统(electronic engine control system, EECS)、部分电气线缆等,应至少是耐火的;后10分钟应控制火情的蔓延,如果某些控制系统部件的失效或故障可能导致发动机停车后火情加大,则需要满足防火等级。

（b）试验器确认。

产生的火焰满足以下要求的液体燃料燃烧器:

温度: 1 100±80 ℃;

热流密度：$116\pm10\ kW/m^2$。

试验前及试验后都应对燃烧器进行温度和热流的校准,试验前校准应使燃烧器火焰稳定并预热 5 分钟,相应的热电偶及热流计设备应置于燃烧器出口平面 $102\pm3\ mm$ 处,试验设备、测量设备及方法应满足 ISO 2685 – 1998 对于部件防火/耐火试验的要求。

（c）火焰冲击位置确认。

结合一般方法和安装分析法确认火焰冲击位置。

（1）一般方法：通过分析或试验确定试验件不同位置对着火危害的敏感性特性,选择最不可能经受住试验火焰的位置作为冲击位置;

（2）安装分析法：考虑预期安装下的所有潜在火源,排除那些不受火焰直接冲击的位置或特征,并评估火焰直接冲击位置的关键特征。

（d）确定试验件工况。

（1）对于燃油存留或输送部件,模拟在发动机最低空中慢车工况下的管路流量、压力和温度;

（2）对于滑油存留或输送部件、防火墙类部件,前 5 分钟模拟在发动机最低空中慢车工况下的流量、压力和温度,后 10 分钟模拟在风车状态下的流量、压力和温度;

（3）对于需要保证预期功能的控制系统部件,前 5 分钟模拟在发动机最低空中慢车工况下的电压、电流输入输出信号,后 10 分钟模拟在风车状态下的电压、电流输入输出信号;

（4）对于易燃液体箱,确定初始储蓄量,油箱初始温度应取最大值,内部压力取相应工况下的正常工作压力,滑油流速对应选取发动机在最小空中慢车工况下（前 5 分钟）和风车状态（后 10 分钟）下的工作流速;

（5）对于防火墙,需要确定其所受的压力载荷、静载荷和振动载荷,以及背部的空气流速。

（e）试验通过准则。

试验通过准则符合 AC33.17 – 1A 中 4. d 节要求：

（1）在着火情况下保持预定功能;

（2）没有达到危险量的易燃液体、蒸汽或其他物质泄漏;

（3）试验件材料或泄漏的易燃液体等不会维持现有火情;

（4）没有余火,但快速自熄且无复燃等,通常是可以接受的;

（5）防火墙不失效;

（6）不会导致其他危险状态。

试验过程要求如下：

（a）着火试验的导管、接头等部件,其正常暴露在火区中着火的一侧,应完全

包容在火焰中;

(b)部件应模拟真实的安装方式安装;

(c)如果试验件组件是位于发动机火区中的切断阀,那么阀门应暴露在火焰中历时 5 分钟,阀门不应泄漏并能采用正常的使用方法在 5 分钟暴露结束时关闭。阀门关闭后,再在火焰中暴露 10 分钟,阀门不应泄漏;

(d)防火墙的结构工作环境应考虑结构静力和动载荷,把防火墙和零部件的结构载荷情况都考虑进去;

(e)防火墙的试验样段,建议使用典型的结构平板(0.5 m×0.6 m)。

6.5.2　系统级

6.5.2.1　通风防火计算分析

(a)火区内的通风,主要指风扇舱和核心机舱,通风措施的目的为:

(1)使得泄漏发生时,产生的油气混合物低于危险量(即贫油状态),以此减少点燃、自燃的可能性;

(2)将高温部件(如燃烧室机匣、涡轮机匣等)的表面温度控制在安全范围内;

(3)着重注意有可能形成驻点区域的突起和有可能使泄漏的可燃液体迅速蒸发的热表面。

(b)开展火区内通风传热的计算分析,获取舱内环境温度场、部件、机匣表面温度。

(c)根据获取的温度场信息,对高温危险区域开展着火风险分析,根据几何结构设计、通风流速、防护罩等隔离措施分析该区域的防火安全性。

要求如下:

(a)通过短舱通风流动计算分析,表明火区内无截流、无死区,可以防止易燃液体的非故意积聚;

(b)分析短舱内的通风流动温度场,在温度较高的区域(超过 204℃/400℉),应存在隔离措施(如通风速率、布局措施、特殊的安装保护等)来验证其等效安全,不会导致可燃液体泄漏并自燃。

6.5.2.2　排液验证试验

(a)试验工况。

由于在第 33.87 条持久试验中,试验了发动机从慢车到起飞不同推力工况下的运转能力,因此,整机排液试验通常结合第 33.87 条持久试验开展,用于考核发动机排液系统在不同工况下能否可靠工作。试验主要包含两部分要求:

(1)假起动工况排液:在第 33.87 条(b)(6)中,规定了持久试验中必须包含

10 次假起动；

（2）正常工况排液：除假起动外，在持久试验过程中的正常运行工况下，应对排液系统排出的易燃液体进行收集并测量排液量，并与发动机排液限制值的要求进行比对（该限制值应在发动机安装手册中规定）。

（b）排液限制值。

发动机不同密封接口处的漏液限制值应在验证试验前给出，该限制值可结合设计经验、部件试验或发动机整机试验确定，限制值应获得局方批准，如果太高影响发动机的维修性能，如果太低又过于保守难以达到。

（c）试验装置。

为了验证发动机排液系统是否能在不同工况下可靠地工作，所以试验中在各集液管路下方加装了漏液量杯，实时测量每个排油管的漏油量。

（d）试验通过/失败准则。

（1）假起动试验过程中发动机内无易燃液体或蒸汽积聚，多余的燃油可顺利排出发动机；

（2）正常工况排液试验下排液量满足局方已批准的排液限制值。

要求如下。

（a）包含了正常排液及假起动排液试验工况。

（b）明确了发动机排液限制值。

（c）明确了试验的通过/失败准则。

6.5.2.3　电阻值测定演示

（a）分析并确定需要采取电搭接设计的控制系统组件清单，并通过图纸和结构分析表明发动机采取了搭接和接地设计，能够避免在预期使用过程中产生静电、电火花等火源。

（b）使用万用电表对搭接处进行电阻值测定，表明电阻值满足目标，最终通过记录电阻值，并向局方演示测定过程表明符合性。

要求如下。

（a）梳理部件、单元或设备的电气搭接清单，并提供图纸及电气搭接说明，表明发动机内任何静电源或容易静电放电的部件、单元或设备，都进行了电搭接设计并与基准点电位接地。

（b）进行电气连接电阻值测试及演示，明确每一个电搭接点的电阻值，连接电阻满足要求。

6.5.3　整机级

整机防火分析的符合性清单如表 6-2 所示。

表6-2　防火分析符合性清单

条　款	对应需求	符　合　性　思　路
33.17(a)	6.4.1(a)	依据AC33.17-1A对火区范围的要求,划分发动机火区,明确火区边界
	6.4.3(b)	评估火区内对潜在点火源和泄漏源的分离、隔离设计措施,通过结构设计分析,证明潜在的可燃液体着火风险降低了
	6.4.3(e)	评估燃烧室机匣烧穿的可能性,评估如果机匣烧穿后,外部结构布局的合理性
	6.4.3(g)	通过高压引气管路的防火试验表明符合性
	6.4.3(h)	通过安装节组件的防火试验表明符合性
	6.4.4	评估钛材、复合材料、吸附性材料、可磨损材料等在发动机中的使用,在发动机预期工作过程中不会发生着火
33.17(b)	6.4.3(a)	评估易燃液体输送管路的安装及防护措施,从结构设计上分析说明减少了易燃液体的泄漏,并对可能泄漏的区域采取了隔离或其他保护措施
	6.4.3(f)	燃油喷嘴采用了热防护措施或具备了足够的强度裕度,在发动机预期使用过程中可保持结构完整性;燃油喷嘴组件通过耐火试验或结构材料分析说明表明耐火等级符合性
	6.4.3(j)	通过滑油存留或输送组件的防火试验表明符合性
	6.4.3(k)	通过燃油存留或输送组件的防火试验表明符合性
33.17(c)	6.4.3(i)	通过滑油箱的防火试验表明符合性
33.17(d)	6.4.3(c)	明确火区的边界按防火墙的要求设计,防火墙的构造不会使含有危险量油气的空气、液体或火焰绕过或穿过;防火墙的防火性能通过防火试验表明
33.17(e)	6.4.3(l)、6.4.3(m)	通过控制系统部件的防火试验表明符合性
33.17(f)	6.4.2(a)	通过通风防火计算分析表明符合性
	6.4.2(b)	通过排液验证试验表明符合性
	6.4.3(d)	通过轴承腔的通风结构说明分析,表明轴承腔进行了有效的封严,且在发动机预期使用中可及时吹扫泄漏的滑油,防止了易燃液体或蒸汽的积聚
33.17(g)	6.4.2(c)	通过电阻值测定演示表明符合性

要求如下:

通过对整机防火的分析,提供相应的符合性文件(包括结构图纸、分析报告、试验报告等)表明:发动机的设计和构造及所用的材料已经降低了着火和火蔓延的可能性。

参考文献

中国人民解放军总装备部.1999.航空发动机防火安全设计要求:GJB 3568[S].
航空工业部.1992.民用飞机机载设备环境条件和试验方法-指定火区的防火试验:HB6167.14[S].
中国民用航空局.2011.运输类飞机适航标准:CCAR25-R4[S].

中国民用航空局. 2011. 航空发动机适航规定：CCAR33 - R2[S].

European Aviation Safety Agency. 2015. Fire protection：AMC E 130 [S]. Federal Aviation Administration. 1983. Concerning the use of titanium in aircraft turbine engines：AC33 - 4[S].

Federal Aviation Administration. 2009. Engine fire protection：AC33. 17 - 1A[S].

Federal Aviation Administration. 1990. powerplant installation and propulsion system component fire protection test methods, standards, and criteria：AC20 - 135[S].

International Standard Organization. Aircraft-environmental test procedure for airborne equipment - resistance to fire in designated fire zones：ISO2685[S].

Society of Automotive Engineers. 2000. Fire test equipment for flexible hose and tube assemblies：SAE AIR1377A[S].

Society of Automotive Engineers. 2007. Fire testing of flexible hose, tube assemblies, coils, fittings, and similar system components：SAE AS1055D[S].

Society of Automotive Engineers. 2007. Fire testing of fluid handling components of aircraft engines and aircraft engine installations：SAE AIR4273A[S].

第7章

第33.19条 耐用性

7.1 条款内容

第33.19条 耐用性

（a）发动机的设计与构造必须使得发动机在翻修周期之间不安全状态的发展减至最小。压气机和涡轮转子机匣的设计必须对因转子叶片失效而引起的破坏具有包容性。必须确定由于转子叶片失效，穿透压气机和涡轮转子机匣后的转子叶片碎片的能量水平和轨迹。

（b）属于发动机型号设计部分的螺旋桨桨距调节系统的每一个部件必须满足中国民用航空规章第35部第35.21条、第35.23条、第35.42条和第35.43条的要求。①

7.2 条款演变历程

条款修订历史如表7-1所示。

表7-1 条款修订历史

序号	修正案	生效日期	Final Rule 名称	NPRM
1	33-0	1965.02.01	Miscellaneous Amendments	63-47
2	33-9	1980.10.14	Airworthiness Review Program; Amendment No. 8 A: Aircraft, Engine, and Propeller Airworthiness, and Procedural Amendments	75-31
3	33-10	1984.03.26	Aircraft Engine Regulatory Review Program; Aircraft Engine and Related Powerplant Installation Amendments	80-21
4	33-28	2008.12.23	Airworthiness Standards; Propellers	77-6 80-21

---

① 注：33.19条(b)针对螺旋桨类发动机，对涡轮风扇发动机不适用，故不展开讨论。

CCAR - 33R2 版中的第 33.19 条与 FAR - 33 部的第 10 修正案中的第 33.19 条内容一致。FAR - 33 部中的第 33.19 条有 4 次修订。主要内容修订包括以下几条：1980 年第 9 修正案，增加了螺旋桨桨距控制系统的要求；1984 年第 10 修正案，在条(a)中增加"必须确定由于转子叶片失效，穿透压气机和涡轮转子机匣后的转子叶片碎片的能量水平和轨迹。"；2008 年第 28 修正案，由于 FAR - 35 部要求进行了修订，因此关于螺旋桨桨距控制系统的要求进行了相应的变更。对涡轮风扇发动机不适用，故该部分不展开讨论。

7.3 条款实质性要求

(a) 发动机具备在翻修周期之间安全工作的能力。
(b) 发动机结构具有包容失效转子叶片的能力。
(c) 确定叶片失效后碎片的能量水平和轨迹。

7.4 条款设计需求

7.4.1 整机级

(a) 通用安全性设计，发动机设计成具备在翻修周期之间安全工作的能力，该要求涉及第 33.27 条、第 33.63 条、第 33.64 条、第 33.70 条、第 33.75 条、第 33.83 条、第 33.87 条、第 33.88 条以及第 33.90 条的设计工作。

(b) 包容性设计，发动机结构设计成具备包容失效转子叶片的能力，该要求涉及第 33.94 条的设计工作。

7.4.2 组件级

(a) 各级转子叶片包容裕度分析，确定各级转子叶片所对应的包容结构的包容能力。尽管规章中第 33.94 条技术要求并不显含对每级转子叶片包容裕度的分析要求，但针对第 33.94 条所做的关键转子叶片分析，(获得各级转子叶片包容裕度)，是可以满足第 33.19 条(a)要求的分析工作。

(b) 非"限寿件"的主要静承力构件寿命分析，确定非限寿的主要静承力构件的低周疲劳寿命。

(1) 寿命分析方法。

(i) 采用与"限寿件"相同的寿命分析方法，相关的分析工作依据第 33.70 条开展，本章节对此不再进行具体的要求。

(ii) 分析其他失效模式对寿命的影响。

(2) 确定寿命分析部件清单。

应包含传力路径上所有非限寿的主要静承力构件。

（3）开展寿命分析。

分析方法需要经过验证。

（4）燃烧室失效安全性分析。

表明燃烧室发生失效并导致燃烧室外机匣严重破裂的概率为极小可能；或表明燃烧室外机匣能够承受因燃烧室失效而引发的火焰喷射，不会导致危害性发动机后果。该要求涉及第 33.75 条的设计工作。为了避免设计上的重复工作，燃烧室失效安全性分析在第 33.75 条的设计工作中完成，本章节对此不再进行具体的要求。

7.5　条款验证需求

7.5.1　组件级

开展典型转子叶片包容性部件试验。

（a）验证典型转子叶片失效条件下对应包容结构的包容能力。

（b）验证包容性分析方法。

尽管规章中第 33.94 条验证要求并不显含对于典型转子叶片包容性部件试验要求，但针对第 33.94 条所做的关键转子叶片分析的试验验证工作中包含该试验，该试验是可以满足第 33.19 条（a）要求的试验验证。为了避免试验验证的重复工作，该试验在第 33.94 条的验证工作中完成，本章节对此不再进行具体的要求。

7.5.2　整机级

针对关键转子叶片开展包容性及转子不平衡整机试验。

（a）验证关键转子叶片失效条件下发动机结构的包容能力；

（b）记录关键转子叶片失效后碎片的能量水平和轨迹。

参考文献

中国民用航空局. 2011. 航空发动机适航规定：CCAR33 - R2[S].

中国民用航空局. 2017. 民用航空产品和零部件合格审定规定：CCAR - 21 - R4[S].

Federal Aviation Administration. 1961. Agency regulations, proposed recodification：Notice No. 61 - 25[S].

Federal Aviation Administration. 1964. Aircraft engines：Notice No. 63 - 47[S].

Federal Aviation Administration. 2006. Calibration test, endurance test and teardown inspection for turbine engine certification：AC33. 87 - 1[S].

Federal Aviation Administration. 2015. Engine overtorque test, calibration test, endurance test and teardown inspection for turbine engine certification：AC33. 87 - 1A[S].

Federal Aviation Administration. 2009. Guidance material for aircraft engine life-limited parts requirements: AC33. 70 - 1[S].

Federal Aviation Administration. 1964. Miscellaneous amendments: Final Rule 3025[S].

Federal Aviation Administration. 1990. Turbine engine rotor blade containment/durability: AC33 - 5 [S].

Federal Aviation Administration. 2004. Turbine rotor strength requirements of 14CFR 33. 27: AC 33. 27 - 1[S].

第 8 章

第 33.21 条 发动机冷却

8.1 条 款 内 容

第 33.21 条 发动机冷却

发动机的设计与构造必须在飞机预定工作条件下提供必要的冷却。

8.2 条款演变历程

条款修订历史如表 8-1 所示。

表 8-1 条款修订历史

序号	修正案	生效日期	Final Rule 名称	NPRM
1	33-0	1965.02.01	Miscellaneous Amendments	63-47

CCAR - 33R2 版中的第 33.21 条与 FAR - 33 部的第 0 修正案中的第 33.21 条内容一致。FAR - 33 部中的第 33.21 条只有 1 次修订。1965 年第 0 修正案,FAA 基于 CAR - 13 部"民用航空规章",颁布了最新的适航规章 FAR - 33 部"航空发动机适航标准",作为民用航空发动机适航审定标准。其中,FAR 第 33.21 条是由原 CAR 第 13.113 条和 CAR 第 13.213 条合并而成,在之后的所有修正案中未被修改。

8.3 条款实质性要求

本条款旨在确保发动机的设计和构造能够为介质和部件提供必要的冷却,使它们工作在稳定的温度环境中,且该温度处在温度限制范围内,从而可以使部件在发动机的设计寿命或检修周期内能够正常工作并保持结构的完整性。考虑的对象应至少包括工作流体(滑油)、发动机外表面、成附件、热端部件(如涡轮盘、动叶、静叶、喷嘴、燃烧室、机匣)等需要冷却的介质和部件。

8.4 条款设计需求

8.4.1 整机级

高温运行工况与性能参数确定：

（a）确定正常高温运行工况和极限高温运行工况；

（b）计算上述工况下的总体性能参数；

（c）确定短舱通风引气限制。

8.4.2 系统级

8.4.2.1 限寿件

开展发动机限寿件完整性分析,具体要求见第33.70条设计需求部分的内容。

8.4.2.2 视情维修部件

开展持久试验和发动机超温试验,具体要求见第33.87、33.88条设计需求部分的内容。

8.4.2.3 滑油

开展润滑系统可靠性分析,具体要求见第33.71条设计需求部分的内容。

8.4.2.4 短舱通风冷却设计

根据高温运行工况下发动机性能参数和通风所需引气量限制,开展短舱通风冷却设计。

8.4.2.5 部件工作环境温度场分析

根据短舱在正常高温和极限高温运行工况下的温度场分布及适用部件位置信息,确定短舱内部件工作环境温度。

（a）短舱在正常高温和极限高温运行工况下的温度场分布。

（b）发动机在不同工况下带引气附件的引气温度和带引气附件的工作环境温度。

（c）部件所在工作区域的温度场。

8.4.2.6 部件选型分析

开展部件选型设计：

（a）如果现有货架产品能够满足工作环境温度要求,则可选用现有产品；

（b）如果现有部件产品无法满足工作环境温度要求,则需要对部件进行重新设计,并对新设计的部件开展高温试验验证,获得部件的许用工作环境温度限制范围；

（c）若发现重新设计的部件依然无法满足要求,应通过优化部件性能与结构设计,确保条款涉及部件最终能满足短舱温度场的要求。

8.5　条款验证需求

8.5.1　系统级

8.5.1.1　限寿件

满足第 33.70 条"发动机限寿件"条款验证需求部分的内容。

8.5.1.2　视情维修部件

满足第 33.87 条"持久试验"、第 33.88 条"发动机超温试验"条款验证需求部分的内容。

8.5.1.3　滑油

满足第 33.71 条"润滑系统"条款验证需求部分的内容。

8.5.1.4　短舱通风冷却验证

根据部件的温度限制值,验证短舱通风冷却设计是否合理。

8.5.1.5　部件工作环境温度场验证

根据短舱在正常高温和极限高温运行工况下的温度场分布及适用部件位置信息,验证短舱内部件工作环境温度是否符合要求:

（a）验证短舱在正常高温和极限高温运行工况下的温度场分布;

（b）验证发动机在不同工况下带引气附件的引气温度和带引气附件的工作环境温度;

（c）验证部件所在工作区域的温度场。

8.5.1.6　部件选型验证

（a）对于选用的货架产品,验证现有产品是否满足工作环境温度要求。

（b）对于重新设计的部件产品,需要通过高温试验验证,验证重新设计的产品是否满足部件的许用工作环境温度限制。

（c）对于优化性能与结构设计后的部件产品,验证部件是否满足短舱温度场的要求。

8.5.2　整机级

8.5.2.1　冷却飞行试验任务书

（a）确定短舱内具备工作环境温度要求的部件。

（b）根据总体性能分析并确定试验工况。

（c）确定试验数据采集及处理要求:

（1）试验测点应包含具有工作环境温度限制的部件;

（2）试验全程实时采集并记录待测部件的工作环境温度;

（3）试验后将测得的部件工作环境温度换算为温度包线最右侧大气环境温度

工况下的部件工作环境温度。

8.5.2.2　冷却飞行试验大纲

按照试验任务书提出的试验要求编制试验大纲。

8.5.2.3　冷却飞行试验

按照试验大纲提出的试验要求开展冷却飞行试验。

8.5.2.4　冷却飞行试验分析报告

编制试验分析报告。应该将所测的部件工作环境温度换算成高温运行工况下的工作环境温度。对换算后的部件工作环境温度与部件工作环境温度的要求进行比对和分析。给出明确的试验是否通过的结论。

参考文献

中国民用航空局.2011.航空发动机适航规定：CCAR33 - R2[S].

Federal Aviation Administration. 2013. General type certification guidelines for turbine engines：AC33 - 2C[S].

第9章
第33.23条 发动机的安装构件和结构

9.1 条款内容

第33.23条 发动机的安装构件和结构

（a）必须规定发动机安装构件和相关的发动机结构的最大允许的限制载荷和极限载荷。

（b）该发动机安装构件和相关的发动机结构必须能承受下列载荷：

（1）规定的限制载荷并且没有永久变形；

（2）规定的极限载荷并且没有破坏，但可以出现永久变形。

9.2 条款演变历程

条款修订历史如表9-1所示。

表9-1 条款修订历史

序号	修正案	生效日期	Final Rule 名称	NPRM
1	33-0	1965.02.01	Miscellaneous Amendments	63-47
2	33-3	1967.04.03	Powerplant Design Requirements for Aircraft Engines and Propellers	66-3
3	33-10	1984.03.26	Aircraft Engine Regulatory Review Program; Aircraft Engine and Related Powerplant Installation Amendments	80-21

CCAR-33R2版中的第33.23条与FAR-33部的第10修正案中的第33.23条内容一致。FAR-33部中的第33.23条有3次修订。主要内容修订包括以下几条：1965年第0修正案，FAA基于CAR-13部"民用航空规章"，颁布了最新的适航规章FAR-33部"航空发动机适航标准"，作为民用航空发动机适航审定标准；1967年第3修正案，条款名称中增加了"结构"，要求申请人确定发动机安装构件最大可允许载荷，并且发动机安装构件和相关结构能够承受确定的载荷；1984年

第 10 修正案中,区分限制载荷和极限载荷,发动机安装构件和相关结构要求承受确定的限制载荷不出现永久变形,承受确定的极限载荷不出现失效(允许出现永久变形)。

9.3　条款实质性要求

(a) 确定发动机的安装构件和结构的限制载荷和极限载荷。

(b) 验证发动机的安装构件和结构在限制载荷下不出现永久变形。

(c) 验证发动机的安装构件和结构在极限载荷下不出现失效,允许出现永久变形。

9.4　条款设计需求

9.4.1　整机级

9.4.1.1　安装构件和结构限制载荷分析

(a) 飞机包线内限制载荷分析。

根据飞机制造商提供的限制载荷工况表,确定发动机需要分析的飞机限制机动载荷工况,采用经过验证的整机模型,分析得到整机载荷,形成限制机动载荷表。

具体的模型验证方案需经局方认可。

(b) 压气机喘振载荷分析。

具体的输入尚不明确,需与局方进一步协调确认。

(c) 发动机叶尖碰摩载荷分析。

具体的输入尚不明确,需与局方进一步协调确认。

(d) 发动机最大加减速载荷分析。

发动机加减速载荷分析方法有两种,一种是经验公式法,根据加减速时间、转子的转动惯量等采用经验公式分析该载荷;另一种是有限元分析法,对转子施加扭矩使其在规定时间内达到规定的转速,此载荷即为发动机最大加减速导致的载荷。

上述两种方法均需进行试验验证,具体的验证方案需经局方认可。

(e) 鸟撞导致的限制载荷分析。

鸟撞导致的限制载荷,一般认为是由中/小鸟撞导致的,该事故后发动机仍正常运行。中/小鸟撞载荷分析采用经过验证的整机风扇叶片脱落(fan blade out, FBO)显式动力学模型,按照第 33.76 条要求的吸鸟试验要求,得到鸟撞导致的限制载荷。

(f) 发动机限制载荷确定。

基于本节(a)~(e)分析得到的不同工况下的限制载荷,根据安装构件和结构及相关的部件安装边处的载荷,确定出发动机的限制载荷。

需要说明的是,限制载荷不是一个载荷值,而是不同的载荷工况,在该载荷工况下,安装构件和结构的某个方向的载荷(包括扭矩)最大。

以上分析中所采用的任何假设必须是保守的,同时所采用的载荷分析模型应经过校核,具体的指标需经局方认可。

9.4.1.2　极限载荷分析

(a) 发动机限制机动载荷×安全系数。

基于9.4.1.1确定的发动机限制载荷,将所有载荷值乘上规定的安全系数,作为极限载荷的一个重要输入项。

适航规章要求:除非另有规定,安全系数应取1.5。具体的安全系数应以经局方认可的公司设计要求为准。

(b) 飞机极限工况载荷分析。

本项任务需与飞机制造商协调沟通需要分析的飞机极限载荷工况,确定发动机的载荷输入,使用与9.4.1.1小节一致的发动机载荷分析模型,得到发动机在飞机极限工况下的载荷。

(c) 发动机转子叶片脱落载荷分析。

按照条款要求,需要分析所有转子叶片脱落的载荷。根据已有的分析经验,结合目前涡扇发动机的设计特点,可以确定风扇叶片脱落(FBO)导致的载荷是所有转子级叶片脱落导致的载荷最大的。但是,其他转子级叶片脱落的载荷仍需进行分析,以向局方证明FBO是最严苛的工况。FBO载荷分析需建立整机FBO显式动力学模型来确定,而后续的转子动力学过程需建立整机隐式动力学模型来模拟。

该载荷分析模型的验证需通过整机FBO试验来进行,但是在发动机研制阶段还无法进行该试验,所以需与局方审查代表充分沟通,使局方代表暂时认可分析结果,待完成FBO试验后,再校核分析模型,更新发动机的极限载荷。FBO试验是由第33.94条所要求的。

(d) 轴失效载荷分析。

具体的输入尚不明确,需与局方进一步协调确认。

(e) 轴承/轴承支撑结构失效载荷分析。

具体的输入尚不明确,需与局方进一步协调确认。

(f) 鸟撞导致的极限载荷分析。

本项工作所使用的方法和模型与9.4.1.1小节中(e)类似,需建立经验证的发动机整机模型,进行大鸟撞瞬态动力学分析,得到大鸟撞的载荷。

(g) 发动机极限载荷确定。

基于本节(a)~(f)分析得到的不同工况下的极限载荷,根据安装构件和结构及相关的部件安装边处的载荷,确定发动机的极限载荷。

注:载荷分析工况中的压气机喘振、叶尖碰摩、轴失效和轴承/轴承支撑结构失效等工况的分析输入现阶段尚不明晰,需要开展攻关工作。

以上分析中所采用的任何假设必须是保守的,同时所采用的载荷分析模型应经过校核,具体的指标需经局方认可。

9.5　条款验证需求

9.5.1　安装系统静强度试验(系统级)

9.5.1.1　确定验证试验载荷

(a)根据9.4节内容,确定发动机的限制载荷和极限载荷(不同的工况列表);

(b)按照9.4.1.1小节和9.4.1.2小节对限制载荷和极限载荷进行温度修正、试验误差修正和过载裕度修正。对试验载荷修正时需考虑最不利尺寸的影响。

载荷修正方法如下。

(i)限制载荷温度修正系数:

$$\text{TCF}_L = \frac{\sigma_{0.2\text{RT}}}{\sigma_{0.2\text{OT}}} \tag{9.1}$$

其中,$\sigma_{0.2\text{RT}}$ 为室温下材料的屈服强度;$\sigma_{0.2\text{OT}}$ 为发动机极限高温运行工况部件温度场下材料的屈服强度。

(ii)极限载荷温度修正系数:

$$\text{TCF}_{\text{UT}} = \frac{\sigma_{b\text{RT}}}{\sigma_{b\text{OT}}} \tag{9.2}$$

其中,$\sigma_{b\text{RT}}$ 为室温下材料的极限强度;$\sigma_{b\text{OT}}$ 为发动机极限高温运行工况部件温度场下材料的极限强度。

(iii)极限载荷温度修正系数(推力拉杆受压缩时):

$$\text{TCF}_{\text{UC}} = \frac{E_{\text{RT}}}{E_{\text{OT}}} \tag{9.3}$$

其中,E_{RT} 为室温下材料的弹性模量;E_{OT} 为发动机极限高温运行工况部件温度场下材料的弹性模量。

对载荷进行温度修正时,一般取同一载荷条件下各个部件中最大的温度修正系数对载荷进行修正。

(c)试验仪器误差系数。

考虑到试验测量仪器的误差,需要将计算分析得到的载荷乘以试验仪器误差系数。

（d）过载裕度系数。

发动机研制时,考虑到飞对发动机的推力需求可能会变化,必要时将计算分析得到的载荷乘以某个裕度系数,避免飞机所需推力增大时导致安装系统失效的情况。

9.5.1.2　确定验证试验方案

考虑发动机构型,结合试验室硬件条件,确定验证试验方案,完成试验大纲。

（a）确定第 33.23 条验证试验类型,一般情况下,该试验为部件常温静力试验;

（b）充分考虑发动机安装系统的构型,确定设计合适的试验台架方案,如整个安装系统一起试验,或前节、后节分开试验等。试验台架方案应充分考虑加载载荷的种类和大小以及安装系统的尺寸;

（c）确定试验加载方案和保载时间至少 3 秒。

选用的试验载荷为每个零组件安全裕度最小的载荷工况;试验载荷按要求完成修正;包含载荷稳定后的保载时间要求;包含试验件的尺寸检查要求和无损检测要求。

9.5.1.3　实施试验

按照确定的试验大纲完成试验。

（a）试验前检查:

（1）对试验设备进行校准调试;

（2）测量试验件初始尺寸,并记录;

（3）将试验件安装到试验设备上,并拍照;

（4）试验前制造符合性检查,并记录。

（b）按照试验大纲规定的载荷加载方案进行试验:

（1）限制载荷试验;

（2）极限载荷试验。

（c）试验后检查:

（1）将试验件进行拆解;

（2）测量试验件尺寸,并记录;

（3）对试验件进行无损检测,并记录。

通过/失败准则:

（a）限制载荷试验通过准则。

限制载荷试验前后,零部件尺寸增长不超过规定的限制值。限制载荷试验后没有出现永久变形。没有出现永久变形的判据为:试验前后测量尺寸变化不能超过限制或者在检查的精度范围内。另外,通过无损检测确保零件试验后的损伤不超过图纸上明确定义的限制值。

（b）极限载荷试验通过准则。

极限载荷试验后，发动机安装构件和结构不能发生影响任何安全状态（无法继续承载、发动机脱离飞机或无法完成飞行）的永久变形。不影响安全的永久变形都是可接受的。通过无损检测确保零件试验后的损伤不超过图纸上明确定义的限制值，如果超过了图纸的限制值，则必须进行分析或试验，证明飞机具有回场能力。

9.5.2　中介机匣静强度试验（系统级）

参考9.5.1节开展验证试验。

9.5.3　涡轮后机匣静强度试验（系统级）

参考9.5.1节开展验证试验。

参考文献

中国民用航空局. 2011. 航空发动机适航规定：CCAR33－R2[S].

European Aviation Safety Agency. 2015. Certification specification for engine：CS-E Amdt4[S].

European Aviation Safety Agency. 2007. Engine & auxiliary power unit（APU）failure loads and sustained engine windmilling：NPA 2007－15[S].

Federal Aviation Administration. 2000. AC 25－24SUSTAINED engine imbalance[S].

Federal Aviation Administration. 2014. Engine failure loads：AC25.362－1[S].

Federal Aviation Administration. 2013. General type certification guidelines for turbine engines：AC 33－2C[S].

第 10 章
第 33.25 条 附件连接装置

10.1 条款内容

第33.25条 附件连接装置

发动机在附件传动装置和安装构件受载的情况下,必须能正常地运转。每一个发动机附件传动装置和安装构件必须具有密封措施以防止发动机内部的污染或来自发动机内部的不可接受的泄漏。要求用发动机滑油润滑外部传动花键或联轴节的传动装置和安装构件,必须采用密封措施以防止不可接受的滑油流失和防止来自封闭传动连接件腔室外的污染。发动机的设计必须能对发动机运转所需的每个附件进行检查、调整或更换。

10.2 条款演变历程

条款修订历史如表10-1所示。

表 10-1 条款修订历史

序号	修正案	生效日期	Final Rule 名称	NPRM
1	33-0	1965.02.01	Miscellaneous Amendments	63-47
2	33-6	1974.10.31	Aircraft and Aircraft Engines, Certification Procedures and Type Certification Standards	71-12
3	33-10	1984.03.26	Aircraft Engine Regulatory Review Program; Aircraft Engine and Related Powerplant Installation Amendments	80-21

CCAR-33R2版中的第33.25条与FAR-33部的第10修正案中的第33.25条内容一致。FAR-33部中的第33.25条有3次修订。主要内容修订包括以下几条:1965年第0修正案,FAR-33部发动机适航规定中将原CAR第13.115和第13.215条内容合并,形成FAR第33.25条的初始版本。1974年第6修正案,增加在受载的情况下,附件传动装置和安装构件必须能正常地运转的要求,明确指出对

于仅供飞机使用的附件应施以特定的限制载荷，"施加最大连续功率或推力和更高功率时的限制载荷"；增加"要求用发动机滑油润滑外部传动花键或联轴节的传动装置和安装构件，必须采用密封措施以防止滑油流失和防止来自封闭传动连接件腔室外的污染。"。1984年第10修正案，删除了原文第2句"仅供飞机使用所需的每个附件施加的载荷，必须由申请人确定的在发动机驱动和连接点处，施加最大连续功率或推力和更高功率时的限制载荷"。

10.3　条款实质性要求

（a）附件传动装置和安装构件的设计和制造应保证它们在加载条件下发动机能正常运行，并且这些传动装置和安装构件在受载条件下能通过耐久性考核；

（b）在附件卡滞导致的转轴过扭及传动系统其他失效模式情况下，对飞机或发动机不会产生危害性后果；

（c）阻止滑油污染和滑油的过度损失；

（d）必须允许发动机运转所必需的检查、调整或更换。

10.4　条款设计需求

10.4.1　附件连接装置静扭矩工况载荷分析（系统级）

（a）梳理出任意一个附件功率输入轴承受最大扭矩，且计算出其余附件承受最大连续功率输出下的最大扭矩时的静扭矩载荷矩阵；

（b）根据上述矩阵，确定齿轮轴受载最严苛的若干组工况。

10.4.2　附件连接装置强度分析

附件连接装置强度分析应包括但不限于以下内容：

（a）轴承类零件强度分析；

（b）齿轮类零件强度分析；

（c）传动杆强度分析；

（d）机匣强度分析；

（e）附件传动系统与发动机连接安装结构的强度分析。

强度分析时，除了要考虑10.4.1节中所得出的静扭矩工况载荷，还应考虑其他预期的载荷工况，如机动载荷、压力载荷、FBO载荷、附件过载、地面慢车时低转速大扭矩载荷以及起动机起动过程产生的载荷等；强度分析结果满足相应的强度设计准则，包含但不限于：静强度、振动以及寿命等。

10.4.3　附件连接装置安全性分析（系统级）

（a）确定附件连接装置各零部件的失效模式；

（b）确定附件连接装置失效对发动机的影响。

要求如下：

（1）附件连接装置安全分析的结果表明：发动机附件的传动装置和安装构件的设计能保证附件的失效不会导致危害性发动机后果；飞机附件的传动装置和安装构件的设计能使发动机因为附件故障导致停车的可能性最小；

（2）重点考虑附件连接装置受载情况下的失效情况，包括附件转轴过扭、低能碎片等，在这些情况下不能导致危害性后果；

（3）通过分析表明附件损坏后，不会有结构件进入传动系统；某些附件如果在发电机过热情况下，可脱开发动机以避免损伤发动机；

（4）特别地，对于飞机部件，需至少考虑失效后是否会引起发动机滑油损失或污染、零部件进入发动机内部或驱动飞转而损伤其他发动机结构等。

10.4.4　附件连接装置结构及密封设计与分析（系统级）

（a）附件连接装置结构隔离设计；

（b）附件连接装置各接口处的密封结构设计；

（c）密封性能分析。

要求如下：

（1）密封性能满足相应设计要求；

（2）分析中需确定各安装座可接受的滑油泄漏量。

10.4.5　附件连接装置维修性设计与分析（系统级）

附件连接装置维修性设计与分析。通过分析表明：当前设计可以针对发动机运转所必需的附件进行检查、调整或更换。

10.5　条款验证需求

10.5.1　系统级

10.5.1.1　附件连接装置静扭矩试验

根据静扭矩工况完成附件连接装置静扭矩试验。

（a）试验台和试验设备应能按需对各附件齿轮轴加载扭矩；

（b）按照第 33.93 条要求开展分解检查；

（c）附件连接装置的各部件在静扭矩试验过程中能够保持结构完整性，且磨损或尺寸变化可保持在手册规定的限制范围内。

10.5.1.2　附件连接装置持久试验

（a）制定附件连接装置 150 小时持久试验谱；

（b）根据持久试验谱进行附件连接装置持久试验。

要求如下：

（1）试验设备允许对所有附件传动装置和安装构件施加所要求的载荷；

（2）试验工况满足第 33.87 条的 150 小时持久试验要求；

（3）按照第 33.93 条要求，进行试验后的分解检查；

（4）试验后，各安装座的滑油泄漏量不应超出手册规定的滑油泄漏限制值；

（5）对试验后传动系统中的滑油进行检查，如存在非源于传动系统所使用滑油的污染物或沉淀物，应确保其不影响传动系统的后续使用，即传动系统所有零组件磨损或尺寸变化未超过规定的使用限制；

（6）附件连接装置的磨损或尺寸变化在相关手册规定的使用限制要求范围内。

10.5.2　整机级

10.5.2.1　发动机持久试验

根据发动机持久试验试验谱进行发动机持久试验。要求如下：

（a）参考第 33.87 条要求完成持久试验；

（b）在整个持久试验过程中，发动机在附件连接装置加载的情况下能够正常工作；

（c）按照第 33.93 条要求进行试验后的分解检查；

（d）附件连接装置的磨损或尺寸变化在相关手册规定的使用限制要求范围内；

（e）试验后，由于附件传动装置和安装构件所导致的发动机内部滑油泄漏量，不应超出手册规定的滑油泄漏限制值；

（f）对试验后传动系统中的滑油进行检查，如存在非源于传动系统所使用滑油的污染物或沉淀物，应确保其不影响传动系统的后续使用，即传动系统所有零组件磨损或尺寸变化未超过规定的使用限制；

（g）对于飞机附件，应至少能模拟附件安装的质量和悬臂力矩。

10.5.2.2　附件连接装置维修性演示

要求如下：

（a）发动机处于在翼安装状态；

（b）针对发动机运转所必需的附件，演示其检查、调整或更换的过程。

参考文献

林基恕.2002.航空发动机设计手册：第 12 册——传动与润滑系统［M］.北京：航空工业出

版社.

中国民用航空局. 2011. 航空发动机适航规定：CCAR33 - R2[S].

European Aviation Safety Agency. 2003. Certification specifications for engines[S].

Federal Aviation Administration. 1974. Aircraft and aircraft engines, certification procedures and type certification standards：Final Rule 11010[S].

Federal Aviation Administration. 1971. aircraft and aircraft engines；proposed certification procedures and type certification standards：Notice No. 71 - 12[S].

Federal Aviation Administration. 1984. Aircraft engine regulatory review program；aircraft engine and related powerplant installation amendments：Final Rule 16919[S].

Federal Aviation Administration. 1980. Aircraft engine regulatory review program；aircraft engine and related powerplant installation proposals：Notice No. 80 - 21[S].

Federal Aviation Administration. 1964. Aircraft engines：Notice No. 63 - 47[S].

Federal Aviation Administration. 2013. General type certification guidelines for turbine engines：AC 33 - 2C[S].

Federal Aviation Administration. 1964. Miscellaneous amendments：Final Rule 3025[S].

第 11 章

第 33.27 条 涡轮、压气机、风扇和涡轮增压器转子

11.1 条 款 内 容

第 33.27 条 涡轮、压气机、风扇和涡轮增压器转子

（a）涡轮、压气机、风扇和涡轮增压器转子必须具有足够的强度以便能承受本条(c)款规定的试验条件。

（b）除第 33.28 条要求之外的发动机系统、仪表和其它方法的设计和功能必须给予合理的保证，使影响涡轮、压气机、风扇和涡轮增压器转子结构完整性的发动机使用限制在使用中不会超出。

（c）根据分析或其他可接受的方法确定的每个涡轮、压气机和风扇中经受最关键应力的转子部件（除叶片外），其中包括发动机或涡轮增压器中的整体鼓筒转子和离心式压气机，必须在下列条件下试验 5 分钟：

（1）除了本条(c)(2)(iv)的规定外，以最大工作温度进行；

（2）以下列适用的最高转速进行：

（i）如果在试验台上试验并且转子部件装有叶片或叶片配重块，则以其最大允许转速的 120% 进行；

（ii）如果试验在发动机上进行，则以其最大允许转速的 115% 进行；

（iii）如果试验在涡轮增压器上进行，由一特制燃烧室试验台提供炽热燃气驱动，则以其最大允许转速 115% 进行；

（iv）以 120% 的某个转速进行，冷转时，转子部件承受的工作应力相当于最高工作温度和最大允许转速导致的应力；

（v）以 105% 的最高转速进行，此最高转速是发动机典型安装方式中导致最关键的部件或系统失效时的转速；

（vi）在发动机典型安装方式中，任一部件或系统失效并和飞行前例行检查中或正常飞行使用期间一般不予以检测的部件或系统发生的任一故障相组合时，所导致的最高转速。

试验后,在某种超转情况下的每个转子必须在批准的尺寸限制内,并且不得有裂纹。

11.2　条款演变历程

条款修订历史如表 11 - 1 所示。

表 11 - 1　条款修订历史

序号	修正案	生效日期	Final Rule 名称	NPRM
1	33 - 0	1965.02.01	Miscellaneous Amendments	63 - 47
2	33 - 6	1974.10.31	Aircraft and Aircraft Engines, Certification Procedures and Type Certification Standards	71 - 12
3	33 - 10	1984.03.26	Aircraft Engine Regulatory Review Program; Aircraft Engine and Related Powerplant Installation Amendments	80 - 21
4	33 - 26	2008.10.20	Airworthiness Standards; Engine Control System Requirements	07 - 03
5	33 - 31	2011.09.16	Airworthiness Standards; Rotor Overspeed Requirements	10 - 06

CCAR - 33R2 版中的第 33.27 条与 FAR - 33 部的第 26 修正案中的第 33.27 条内容一致。FAR - 33 部中的第 33.27 条有 5 次修订。主要内容修订包括以下几条:1965 年第 0 修正案,将原 CAR 第 13.116 和第 13.216 条内容合并,形成 FAR 第 33.27 条超转条款的初始版本。1974 年第 6 修正案,增加了(c)条"(c)在最大限制转速下承受最高工作应力的发动机涡轮转子、压气机转子及涡轮增压器转子,必须以下列条件进行试验:",及给出了详细的试验条件要求。1984 年第 10 修正案,(c)条修改为"根据分析或其他可接受的方法确定的每个涡轮、压气机和风扇中经受最关键应力的转子部件(除叶片外),其中包括发动机或涡轮增压器中的整体鼓筒转子和离心式压气机,必须在下列条件下试验 5 分钟:",试验条件中增加"(v)以 105% 的最高转速进行。此最高转速是发动机典型安装方式中导致最关键的部件或系统失效时的转速;(vi)在发动机典型安装方式中,任一部件或系统失效并和飞行前例行检查中或正常飞行使用期间一般不予以检测的部件或系统发生的任一故障相组合时,所导致的最高转速。"2011 年第 31 修正案对第 33.27 条进行了比较大的修改,增加了 OEI 功率的超转要求;将组合失效工作状态下的超转裕度由最高转速的 100% 更改为 105%,修改了超转试验要求;允许从超转试验中排除某些轴系部件;允许采用经验证的结构分析工具来表明符合性,但要求采用相似转子超转试验对经验证的结构分析工具进行校准;允许发动机在失效状态下进行超转试验的持续时间少于 5 分钟,前提是该失效状态下发动机无法保持 5 分钟运转。

11.3　条款实质性要求

（a）发动机在超转条件下，转子结构具有足够的裕度保证完整性要求；

（b）发动机在超转条件下，转子结构尺寸增长不得导致危害性后果；

（c）发动机超转保护设计和功能可以有效地限制转速并不产生其他危害性后果；

（d）轴系的设计应保证发动机安全性的要求。

11.4　条款设计需求

11.4.1　系统级

11.4.1.1　单点失效模式影响分析（failure modes and effects analysis，FMEA）

进行单点失效模式影响分析，具体要求如下。

（a）识别所有能够导致超转的关键部件或者系统失效：该最关键部件不一定在转子上，有可能是发动机其他子系统的部件，包括控制系统的某些重要部件及传感器。

（b）识别包括轴失效的整个风扇或压气机向前运动脱开等特殊故障模式，并且不可以采用概率论据来排除轴上某些可能失效的位置。

（c）当采用工程评估方法表明该轴系元件在发动机整个寿命周期中不会发生失效，满足以下要求的轴系元件可以排除：

（1）识别并考虑所有可能的轴失效，包括（但不限于）以下情况：疲劳［低周疲劳/高周疲劳（low cycle fatigue/high cycle fatigue，LCF/HCF）］、超扭、轴承失效、轴碰磨、超温、轴心失中等。该评估还应包括可能导致轴失效的周围环境部件或组合的失效。环境评估应考虑磨损、腐蚀、着火及与邻近部件或结构接触导致轴部件失效的情况。

（2）表明轴部件满足第33.70条的要求。

（3）表明轴部件采用成熟的材料和设计特征，具有充分的试验和使用经验。

（4）表明采用的应力和失效分析方法均经过充分确认。

（5）识别出所有相关的发动机安装假设（engine installation assumptions）。这些安装假设应在安装手册中注明。

（6）表明轴部件通过类似设计的试验，或具有相似运行经验。

11.4.1.2　发动机单点失效后最高转速分析

确定单点失效导致的最高超转转速，具体要求如下。

（a）考虑所有可能失效的关键部件或者系统故障导致的最高瞬态超转转速。

(b) 采用分析方法确定失效状态最大超转转速时,应考虑包含系统误差在内的最差控制系统响应条件。

(c) 考虑轴失效后涡轮转子完全失去载荷引起的超转转速,并且对于轴失效导致的超转转速的确定,应该满足以下条件:

(1) 在整个飞行包线内确定任意轴系部件失效导致的最大转子飞转转速,不考虑该失效发生的概率;

(2) 在可能的失效位置申请人必须至少考虑系统惯性、可用的燃气能量、转子是否保持在原来的旋转平面上、超转保护装置等因素;

(3) 满足轴系元件排除后,申请人将从剩下的轴系元件中确定转子最大飞转转速。

11.4.1.3　组合失效模式影响分析(FMEA)

梳理可能存在的组合失效模式,支撑最高超转转速确定。进行组合失效模式影响分析。

11.4.1.4　发动机组合失效后最高转速分析

确定组合失效导致的最高超转转速,具体要求如下:

(a) 考虑所有可能失效的关键部件或者系统故障与正常不能检测出来的其他部件或系统故障的组合失效;

(b) 采用分析方法确定失效状态最大超转转速时,应考虑包含系统误差在内的最差控制系统响应条件;

(c) 考虑轴失效后涡轮转子完全失去载荷引起的超转转速,并且对于轴失效导致的超转转速的确定,应该满足以下条件:

(1) 在整个飞行包线内确定任意轴系部件失效导致的最大转子飞转转速,不考虑该失效发生的概率;

(2) 在可能的失效位置申请人必须至少考虑系统惯性、可用的燃气能量、转子是否保持在原来的旋转平面上、超转保护装置等因素;

(3) 排除满足的轴系元件后,申请人将从剩下的轴系元件中确定转子最大飞转转速;

(4) 分析中用到的所有假设条件都应是保守的。

11.4.1.5　轴系元件设计评估

(a) 确定轴系设计的失效概率;

(b) 开展轴系失效后的安全性评估。

要求如下:

(1) 轴系的设计应使预计发生的失效率不超过定义的微小可能概率(概率范围是 10^{-7} 到 10^{-5} 次/发动机飞行小时);

(2) 当声明轴系的失效不会导致危害性发动机影响时,需用试验验证轴失效

后的后果,除非同意后果是容易预测的;

（3）当轴系的失效（不仅仅是尺寸增长）会产生危害性后果,则轴系的设计应使预计发生的失效率不超过定义的极小可能概率（概率范围是 $10^{-9} \sim 10^{-7}$ 次/发动机飞行小时）。

11.4.1.6　超转保护设计和功能评估

（a）确定超转保护的设计和功能的设计方案;

（b）确定超转保护的设计和功能能够有效限制转速;

（c）确定超转保护的设计和功能在正常工况和超转条件下,不会产生危害性后果。

要求如下:

（a）考虑所有可能的失效模式;

（b）考虑发动机飞行包线范围内所有飞行状态。

11.4.2　组件级

11.4.2.1　发动机转子破裂转速分析

（a）确定各转子的破裂转速;

（b）确定关键转子级。

要求如下:

（a）破裂转速分析模型应采用公差范围内的最不利组合;

（b）破裂转速分析应采用发动机衰退状态对应的红线温度及温度梯度;

（c）破裂转速分析应采用红线温度状态对应的流道气动力和盘腔压力;

（d）转子模型材料通用参数（密度、弹性模量、泊松比等）应采用平均值;

（e）转子模型材料强度参数（屈服强度、极限强度等）应采用 -3σ 值;

（f）叶片（或配重块）材料参数应采用平均值;

（g）叶片（或配重块）质量应考虑分散度（工程中采用 5% 的叶片质量或者 $+2\sigma$ 叶片质量）;

（h）破裂转速分析方法应经过验证。

11.4.2.2　发动机转子超转变形分析

（a）确定条款超转条件下转子的尺寸增长限制值;

（b）评估超转条件下转子的变形对发动机的影响;

（c）确定转子单元体内尺寸增长最关键的转子级。

要求如下:

（a）超转变形分析模型应采用公差范围内的最不利组合;

（b）超转变形分析应采用发动机衰退状态对应的红线温度及温度梯度;

（c）超转变形分析应采用红线温度状态对应的流道气动力和盘腔压力;

（d）转子模型材料通用参数（密度、弹性模量、泊松比等）应采用平均值；

（e）转子模型材料强度参数（屈服强度、极限强度等）应采用-3σ值；

（f）叶片（或配重块）材料参数应采用平均值；

（g）叶片（或配重块）重量应考虑分散度（工程中采用5%的叶片质量；或者$+2\sigma$叶片质量）；

（h）为了确定尺寸增长最关键转子级，应考虑每级转子周围的部件。

11.5　条款验证需求

11.5.1　组件级

发动机转子超转分析方法验证试验。

试验参见本章的附件 A。要求如下：

（a）理论试验转速；选择第 33.27 条 c（i）、（ii）、（iii）、（iv）、（v）和（vi）项中的最高值作为理论试验转速；

（b）试验转速应基于温度和温度梯度进行修正；

（c）试验转速应基于材料特性进行修正；

（d）试验转速应基于尺寸容差进行修正；

（e）试验转速应基于附加载荷进行修正；

（f）试验转速应基于系统精度进行修正；

（g）无法确定关键转子级时，必须对各级转子进行重复试验，或对整个转子单元进行试验验证。

11.5.2　系统级

轴失效转子飞转试验：

（a）验证发动机轴失效后转子飞转分析方法；

（b）确定发动机轴失效后的转子最大飞转转速；

（c）验证超转保护设计和功能的有效性。

参考文献

中国民用航空局. 2011. 航空发动机适航规定：CCAR33 – R2[S].

中国人民解放军总装备部. 2010. 航空涡轮喷气和涡轮风扇发动机通用规范：GJB 241A[S].

Department of Defense. 2002. Engine structural integrity program(ENSIP)：MIL – HDBK – 1783B [S].

European Aviation Safety Agency. 2003. Certification specifications for engines[S].

Federal Aviation Administration. 1974. Aircraft and aircraft engines, certification procedures and type certification standards：Final Rule 11010[S].

Federal Aviation Administration. 1971. Aircraft and aircraft engines; proposed certification procedures and type certification standards: Notice No. 71 - 12[S].

Federal Aviation Administration. 1984. Aircraft engine regulatory review program; aircraft engine and related powerplant installation amendments: Final Rule 16919[S].

Federal Aviation Administration. 1980. Aircraft engine regulatory review program; aircraft engine and related powerplant installation proposals: Notice No. 80 - 21[S].

Federal Aviation Administration. 1964. Aircraft Engines: Notice No. 63 - 47[S].

Federal Aviation Administration. 2008. Airworthiness standards; engine control system requirements: Final Rule FAA - 2007 - 27311[S].

Federal Aviation Administration. 2007. Airworthiness standards; engine control system requirements: Notice No. 07 - 03[S].

Federal Aviation Administration. 2011. Airworthiness standards; rotor overspeed requirements: final rule FAA - 2010 - 0398[S].

Federal Aviation Administration. 2010. Airworthiness standards; rotor overspeed requirements: Notice No. 10 - 06[S].

Federal Aviation Administration. 2004. Engine and turbosupercharger rotor overspeed requirements of 14 CFR33. 27: AC33. 27 - 1A[S].

Federal Aviation Administration. 1964. Miscellaneous amendments: Final Rule 3025[S].

Federal Aviation Administration. 2004. Turbine rotor strength requirements of 14CFR 33. 27: AC33. 27 - 1[S].

附件 A

超转试验方法

A.1 发动机转子超转试验

A.1.1 试验前检查

（a）工作内容。

超转试验前,检查工作主要包含以下内容：

（1）对试验设备进行校准调试。

（2）测量试验件初始尺寸,并记录。

（3）进行试验件动平衡。

（4）将试验件安装到试验设备上,并拍照。

（5）试验前制造符合性检查,并记录。

（6）关闭试验舱门。

（b）一般要求。

（1）试验前应对试验系统进行调试和校准。

（2）试验前应对试验转子进行调平,达到试验大纲要求。

（3）试验件安装过程不应引入额外的载荷。

A.1.2 试验步骤

（a）超转试验操作步骤如下。

（1）试验系统启动。

（2）将超转舱室的压力调节到 500 Pa 以下。

（3）启动数据记录系统。

（4）将转子缓慢加速到目标试验转速。

（5）将试验转速保持 5 分钟。

（6）将转子缓慢减速到零。

（7）关闭数据记录系统。

（8）关闭试验系统。

（b）一般要求。

（1）转子的试验转速不得低于试验大纲中列出的目标转速。

（2）目标转速的保载时间不得少于 5 分钟。

（3）试验过程中应记录转速、温度、腔压、振动等时间历程数据。

A.1.3　试验后检查

（a）工作内容。

超转试验后，开展的工作内容如下：

（1）冷却至常温后，打开试验舱盖，目视检查，并拍照记录。

（2）在试验台上测量并记录转子尺寸变形量。

（3）将试验转子从试验设备上拆卸下来，拍照记录。

（4）如适用，分解试验转子组件，测量并记录试验后转子的关键尺寸。

（5）进行荧光检测，并记录。

（b）一般要求。

（1）试验后每一步工作都应留有记录（拍照或其他形式）。

（2）试验后拆解转子不应造成转子损伤。

（3）荧光检查应遵循工程裂纹尺寸要求。

A.1.4　试验通过准则

超转试验的通过/失败准则为：

（1）试验转子在目标转速以上运行至少 5 分钟。

（2）试验后，转子尺寸增长量在批准的限制值以内。

（3）试验后，荧光检测结果表明试验件转子没有工程可见裂纹。

第12章
第33.28条 发动机控制系统

12.1 条 款 内 容

第33.28条 发动机控制系统

（a）适用性。本条款适用于任何发动机型号设计中控制、限制或监控发动机工作，和发动机持续适航所必需的系统或设备。

（b）验证。

（1）功能方面。申请人必须通过试验、分析或两者结合的方法证明发动机控制系统能以下列方式实现预期的功能：

（i）在声明的飞行包线内变化的大气条件下，保持有关控制参数的选定值，使发动机工作在批准的使用限制之内；

（ii）在所有可能的系统输入和允许的发动机功率或推力需求下，必须符合第33.51条，第33.65条以及第33.73条，如适用的使用要求，除非已证实控制功能故障导致在预定的使用中发动机不能被放行；

（iii）在声明的发动机使用条件范围内，发动机的功率或推力调节应具有足够的灵敏度，和

（iv）不产生不可接受的功率或推力振荡。

（2）环境限制。申请人必须表明，当符合第33.53条和第33.91条时，在声明的环境条件下，包括电磁干扰（EMI）、高强度辐射场（HIRF）和闪电条件，发动机控制系统功能不会受到有害影响。对于已鉴定系统的环境限制必须记录在发动机安装说明手册中。

（c）控制转换。

（1）申请人必须表明，当故障或失效导致控制模式、通道或者从主系统到备份系统的转换时，

（i）发动机不会超出任何使用限制；

（ii）发动机不会喘振、失速或出现不可接受的推力或功率改变、振荡及其他不可接受的特性；和

（iii）如果要求飞行机组人员行动、反应或者意识到控制模式的转换，则必须有方式警示机组。该方式必须在发动机安装说明手册中描述，并且要在发动机使用手册中描述机组的操作。

（2）任何推力或功率改变的幅度和相应的转换时间必须在发动机安装和使用说明手册中有明确描述。

（d）发动机控制系统失效。申请人必须将发动机控制系统设计和构造成：

（1）失去推力（或功率）控制（LOTC/LOPC）事件的发生率与预期应用的安全目标一致；

（2）在全勤构型中，经中国民用航空局确定，对于 LOTC/LOPC 事件相关的电子和电气的失效，系统能容忍"单点故障"；

（3）发动机控制系统部件的单点失效不会导致危害性发动机后果；

（4）与预期装机相关的可预见失效或故障，会导致着火、过热或失效等造成发动机控制系统部件损伤的局部事件，该失效或故障不应导致发动机控制系统失效或故障，从而引起危害性发动机后果。

（e）系统安全评估。当符合本条和第 33.75 条要求时，申请人必须完成发动机控制系统的系统安全评估。该项评估必须确定可能导致推力或功率改变、错误数据传输，或影响发动机工作特性从而产生喘振或失速的故障或失效，以及这些故障或失效预期的发生频率。

（f）保护系统。

（1）发动机控制设备、系统和发动机仪表的设计和功能，以及发动机使用和维护说明，必须合理保证，影响涡轮、压气机、风扇、涡轮增压器转子结构完整性的发动机使用限制在工作中不会被超出。

（2）当提供电子式超转保护系统时，设计必须包括系统的检测方法，以确定保护功能的可用性，并且至少每个发动机起动/停车循环检测一次。该方法必须能以最少的循环数完成系统的全面测试。如果这种测试不是完全自动的，则必须在发动机使用说明手册中包含手动测试的规定。

（3）如果超转保护是液压机械式或机械式的，必须通过试验或其他可接受的方法验证，超转保护功能在检查和维修周期内可用。

（g）软件。申请人必须通过经中国民用航空局批准的方法设计、实现和验证所有相关软件，将软件错误存在的可能性减至最小，并符合其实施功能的关键性要求。

（h）飞机提供的数据。单点失效引起的飞机提供的数据（而不是来自飞机的推力或功率指令信号），或发动机之间共享的数据丢失、中断或损坏，必须：

（1）不得导致任何发动机的危害性发动机后果；

（2）被检测和调节。调节规律不得导致推力或功率，或者发动机操作和起动特性不可接受的改变。申请人必须评估并在发动机安装说明手册中说明这些失效在整个飞行包线内对发动机功率或推力、工作性能和起动特性的影响。

（i）飞机提供的电源。

（1）申请人必须将发动机控制系统设计成当飞机提供给发动机控制系统的电源失去、故障或中断时,不会：

（ⅰ）导致危害性发动机后果；

（ⅱ）引起不可接受的错误数据传递。

（2）当依据（i）（1）条要求使用发动机专用电源时,其容量应有足够的裕度解决发动机在慢车以下的运转,发动机控制系统的设计预期在这种情况下能够使发动机自动恢复运行。

（3）申请人必须确定飞机提供给发动机控制系统起动和运转发动机所需任何电源的需求和特性,包括瞬态和稳态电压限制值,并在发动机安装说明手册中声明。

（4）超出本条（i）（3）中声明的电源电压限制值的瞬态低电压,必须满足本条（i）（1）的要求。当飞机提供的电源回到极限值以内时,发动机控制系统必须恢复正常工作。

（j）空气压力信号。申请人必须考虑空气压力信号管线堵塞或泄漏对发动机控制系统的影响,作为本条（e）系统安全评估的组成部分,并在设计上采用适当的预防措施。

（k）30 秒一台发动机不工作（OEI）额定功率控制和自动可用性。具有 30 秒一台发动机不工作（OEI）额定功率的发动机,必须具备其使用限制内 30 秒一台发动机不工作（OEI）功率自动获得并自动控制的方法或措施。

（l）发动机停车方法。必须提供发动机迅速停车的方法。

（m）可编程逻辑装置。使用数字逻辑或其它复合设计技术开发可编程逻辑装置时,必须确保编码器逻辑已经考虑到,安装可编程逻辑装置的系统失效或故障的风险。申请人必须证实这些设备是采用中国民用航空局已批准的方法来设计开发的、且与设计履行的功能的关键性相一致。

12.2　条款演变历程

条款修订历史如表 12 - 1 所示。

表 12 - 1　修订历史

序号	修正案	生效日期	Final Rule 名称	NPRM
1	33 - 15	1993.08.16	Airworthiness Standards；Aircraft Engines Electrical and Electronic Engine Control Systems	85 - 6
2	33 - 26	2008.10.20	Airworthiness Standards；Engine Control System Requirements	07 - 03

CCAR-33-R2 版中的第 33.28 条与 FAR-33 部的第 26 修正案中的第 33.28 条内容一致。FAR-33 部中的第 33.28 条款有 2 次修订。主要内容修订包括以下几条：1993 年第 15 修正案，增加 FAR-33.28 条电气和电子控制系统条款。2008 年第 26 修正案，FAR 第 33.28 条名称由"电气和电子控制系统"改为"发动机控制系统"，条(a)为适用性；条(b)验证增加了验证内容，分为功能方面和环境限制两方面，功能方面又分 3 条；条(c)为控制转换并分为若干条；条(d)发动机控制系统失效；条(e)系统安全评估；增加条(f)、条(g)、条(h)、条(i)、条(j)、条(k)、条(l)、条(m)，具体内容见条款原文。

12.3　条款实质性要求

(a) 第 33.28 条(a)"适用性"。

本条款定义了需要符合 CCAR33.28 条款要求的控制系统或设备。

(b) 第 33.28 条(b)(1)"功能方面证"。

本条款要求申请人通过试验、分析或者两者相结合的方式验证发动机控制系统集成，控制系统能够实现预期的控制，限制和监控功能。控制系统功能来自飞机和发动机的需求，并没有固定的分类方式，按照条款的定义，可以将发动机控制系统功能分为以下四类(仅用于示意说明)。

(1) 控制功能：

(i) 发动机稳态控制，如闭环转速控制；

(ii) 发动机加减速控制；

(iii) 涡轮主动间隙控制；

(iv) 变几何控制，如可变静子叶片(variable stator vane，VSV)控制等；

(v) 点火起动控制；

(vi) 停车控制。

(2) 限制保护功能：

(i) 发动机使用限制，如转速限制，温度限制；

(ii) 超转保护。

(3) 监视功能：

(i) 关键参数指示；

(ii) 切换指示。

(4) 集成功能：

(i) 推力管理功能，根据油门提供额定推力设置，并且具备足够的灵敏度；

(ii) 反推控制功能；

(iii) 顺桨控制功能。

（c）第 33.28 条（b）（2）"环境限制"。

本条款要求控制系统在规定的环境条件下能够保证发动机安全运行,通过在安装说明手册中声明这种环境条件,确保控制系统安装以及持续适航中不会超出规定的环境限制。

（d）第 33.28 条（c）"控制转换"。

本条款要求控制系统因故障或失效发生控制转换时以及转换后（包括控制模式转换,通道转换和备份系统转换）,以下控制系统功能不会受到影响:

（1）发动机使用限制,这些使用限制在第 33.7 条中进行了规定;

（2）发动机可操作性限制,如喘振、失速、熄火等;

（3）功率和推力控制功能,如发动机功率和推力出现不可接受的变化或振荡。

如果发动机控制模式转换时需要飞行机组人员介入,则必须给出合理的警示方式。该方式必须在发动机安装手册中进行描述,且要在发动机使用手册中描述机组的操作以保证机组人员能够正确处理转换。

发动机控制系统控制模式转换所导致的推力变化幅度以及转换时间（包含机组人员反应延时时间）必须在发动机安装和使用手册中明确描述以保证安装者能够正确评估控制模式转换是否可接受,机组人员能够了解控制模式转换的特点。

（e）第 33.28 条（d）"发动机控制系统失效"。

本条款提出了发动机控制系统完整性要求,电子发动机控制系统应与液压机械控制系统（含保护系统）以及磁电机系统具备同等的安全性和可靠性。

发动机全勤构型中,与失去推力控制/失去功率控制（loss of thrust control/loss of power control,LOTC/LOPC）事件相关的电气和电子单点失效必须能够被容错,如果 LOTC/LOPC 分析存在无法满足单点容错的电气和电子失效,必须与局方针对该问题逐项具体分析,直至局方认可。

发动机控制系统部件单点失效不会导致第 33.75 条中定义的危害性发动机后果。

分析控制系统安装环境事件的影响,包括着火,过热,维修失误,液体泄漏,机械破坏事件,并且在这些事件下发动机控制系统即使发生失效或故障,也不会引起第 33.75 条中定义的危害性发动机后果。

（f）第 33.28 条（e）"系统安全评估"。

本条款要求控制系统必须进行安全性分析,分析内容可作为第 33.75 条的一部分。在安全性分析中包括但不限于确定导致以下事件的故障或失效以及预期的发生频率:

（1）发动机推力或功率改变;

（2）错误数据传输;

（3）影响发动机工作特性从而产生喘振或失速。

（g）第 33.28 条（f）"保护系统"。

本条款要求确定影响发动机转子完整性的限制参数，并且验证控制系统能够将参数限制在规定的范围内。本条款不包括集成在发动机控制系统中属于飞机功能或者螺旋桨功能的保护系统。本条款提到的发动机控制设备、系统和仪表，在现代飞机发动机控制系统设计中，通常为独立的超转保护系统，保证发动机不会发生超转，某些功能如超温限制，超压限制通常属于控制系统限制功能，不作为保护系统进行考虑。本条款要求必须提供超转保护系统的可用性检测方法。

（h）第 33.28 条（g）"软件"。

本条款要求申请人必须建立软件研制方法，且该方法需经局方批准。

（i）第 33.28 条（h）"飞机提供的数据"。

本条款要求飞机提供数据必须满足如下要求：

（1）飞机提供数据单点失效情况下发动机不会导致第 33.75 条中定义的危害性发动机后果。

（2）对飞机提供数据单点失效必须提供检测和调节功能，并且整个飞行包线内飞机数据单点失效调节后对发动机推力或功率，可操作性以及起动特性的影响能够接受。

（3）发动机安装说明手册中必须明确说明飞机数据单点失效调节后对发动机推力或功率，可操作性和起动特性的影响。

（j）第 33.28 条（i）"飞机提供的电源"。

本条款对飞机提供电源和专用电源提出了要求：

（1）飞机提供电源要求。

（i）飞机提供给发动机控制系统的电源丧失，故障或者中断时，不会导致第 33.75 条中定义的危害性发动机后果，并且不会导致不可接受的错误数据传递。

（ii）申请人必须确定飞机提供给控制系统起动和运转发动机所需的任何电源的需求和特性，包括瞬态和稳态电压限制值，并在发动机安装说明手册中声明。

（iii）当发动机控制系统工作在飞机提供电源下，如果飞机电源电压低于正常工作所需的电压，发动机控制系统允许不能正常运行，但在该期间，发动机电子控制系统操作不能导致第 33.75 条要求的危害性发动机后果。

（iv）当飞机电源电压恢复正常后，发动机控制系统也必须恢复正常工作。

（2）控制系统专用电源要求。

如果发动机控制系统使用专用电源，必须考虑在发动机能够提供足够裕度的电量保证发动机电子控制系统能够正常工作，使得发动机自动恢复运行。

（k）第 33.28 条（j）"空气压力信号"。

本条款要求申请人在安全性分析中必须考虑压力信号堵塞和气体泄漏两种失效模式对发动机控制系统的影响，同时在设计上采取防护措施。

（1）第 33.28 条（k）"30 秒一台发动机不工作（OEI）额定功率控制和自动可用性。"

该条款要求 30 秒 OEI 额定功率是自动控制的，不需要飞行员输入，且控制系统应能防止发动机超限。

（m）第 33.28 条（l）"发动机停车方法"。

该条款要求申请人必须提供一种迅速停车的方法在任何情况下都可以安全停车。EEC 在紧急情况下可以自动停车，机组人员也可以超控停车，这两种停车功能均应包含在该条款中。

（n）第 33.28 条（m）"可编程逻辑装置"。

本条款要求申请人必须建立硬件研制方法，且该方法需经局方批准。

12.4 条款设计需求

12.4.1 系统级

12.4.1.1 控制系统功能设计

控制系统功能设计包括以下内容：

（a）推力控制功能设计；

（b）电源供电功能设计；

（c）超转保护功能设计；

（d）故障容错功能设计；

（e）停车控制功能设计。

要求如下。

（a）推力控制功能设计：

推力控制功能应包含慢车控制，慢车以上控制，反推控制，加减速控制和参数限制（具体功能按照飞机和发动机需求确定）。

（b）电源供电功能设计：

电源供电功能应考虑控制系统空中起动电源供电要求。

（c）超转保护功能设计：

（1）发动机超转保护系统应与控制系统相互独立；

（2）应规定超转保护功能的可用性检测要求。

（d）故障容错功能设计：

（1）故障容错功能应包括 EEC（含数据塞）、执行机构回路、控制用传感器的故障容错功能；

（2）故障容错功能应包括飞机提供数据和飞机提供电源的容错功能；

（3）故障容错功能应包括机组人员警告和指示功能（若有）。

(e) 停车控制功能设计。

控制系统能够在紧急状态下控制发动机至停车。

12.4.1.2　控制系统架构设计

控制系统架构设计包括以下内容：

(a) 控制系统切换方式设计；

(b) 控制系统指示与警告方式设计；

(c) 单点容错架构设计；

(d) 超转保护系统架构设计；

(e) 飞机提供数据架构设计；

(f) 电源供电架构设计；

(g) 空气压力信号管路设计；

(h) 发动机停车架构设计。

要求如下。

(a) 控制系统切换方式设计：

(1) 明确人工切换和自动切换的方式；

(2) 明确切换模式(通道切换,切换至备用模式或切换至备份系统)；

(3) 明确备份切换模式可检测方法。

(b) 控制系统指示与警告方式设计：

(1) 明确不同控制模式的指示方法和机组人员操作；

(2) 控制模式的安全性等级应与飞机指示类型相匹配。

(c) 单点容错架构设计：通过安全性分析和 LOTC 分析结果对导致 LOTC 事件的电气电子部件单点故障进行容错架构设计,对导致危害性发动机后果的单点故障进行容错架构设计,并通过架构设计减轻局部事件影响,确保控制系统设计架构能够满足安全性要求。

(d) 超转保护系统架构设计：超转保护系统独立性设计特征和可用性检测方法应描述清晰。

(e) 飞机提供数据架构设计：

(1) 明确飞机提供数据接口；

(2) 明确飞机提供数据的故障容错方法。

(f) 电源供电架构设计：

(1) 明确飞机提供电源的接口；

(2) 明确飞机提供电源的故障容错方法。

(g) 空气压力信号管路设计。

(1) 描述采用了哪些设计特征防止空气压力信号管路堵塞,可借鉴的设计方法：

(ⅰ) 使用受保护的开口;

(ⅱ) 安装过滤器;

(ⅲ) 设置排水方式;

(ⅳ) 有效的几何管路布置,有助于排水;

(ⅴ) 合理的内部管路尺寸,有助于排水;

(ⅵ) 合理的放气/排液孔尺寸;

(ⅶ) 对管路进行加热,防止进入的水结冰;

(ⅷ) 防腐蚀特征设计。

(2) 描述采用了哪些设计特征防止空气压力信号管路泄漏,可借鉴的设计方法:

(ⅰ) 增强管路的支撑,防止因振动或维修损坏导致松动或断裂;

(ⅱ) 特定设计防止固定装置松动;

(ⅲ) 合理的管路尺寸,保证耐久性。

(h) 发动机停车架构设计:

(1) 明确控制系统紧急切油的方法;

(2) 燃油计量活门不能作为紧急停车的关断活门。

12.4.1.3　控制系统控制律设计

控制系统控制律设计包括以下内容:

(a) 控制系统主回路稳态控制律设计;

(b) 控制系统主回路过渡态控制律设计;

(c) 控制系统伺服回路控制律设计;

(d) 控制系统参数限制控制律设计;

(e) 控制系统控制律综合逻辑设计;

(f) 控制系统停车逻辑设计;

(g) 控制回路精度分析。

要求如下:

满足发动机总体性能要求。

12.4.1.4　控制系统故障容错设计

控制系统故障容错设计包括以下内容:

(a) 控制系统 EEC(含数据塞)故障诊断和容错策略设计;

(b) 控制系统伺服回路故障诊断和容错策略设计;

(c) 控制系统电源供电切换容错策略设计;

(d) 飞机提供数据容错策略设计;

(e) 压力信号容错策略设计。

要求如下。

（a）控制系统 EEC（含数据塞）故障诊断和容错设计中应考虑单粒子效应的单点故障容错。

（b）因故障容错而导致控制系统主控模式切换至备用控制模式时，应确定：

（1）不同控制模式下发动机的操作特性和使用限制；

（2）转换逻辑，转换方式以及转换时和转换后对推力和可操作性的影响；

（3）控制模式的安全性等级与飞机指示类型是相匹配的；

（4）转换时间。

（c）安全性分析中识别的可能会导致 LOTC 事件的电气电子单点故障应被容错。

12.4.1.5 控制系统高强度辐射场（high intensity radiated field，HIRF）/闪电间接影响防护设计

控制系统 HIRF/闪电间接影响防护设计包括以下内容：

（a）控制系统 HIRF 电磁防护设计或分析；

（b）控制系统闪电间接影响设计或分析；

（c）制定控制系统电磁防护设计规范。

要求如下：

确定控制系统 HIRF/闪电间接影响防护设计要点。

12.4.1.6 控制系统安全性分析（含 LOTC 分析）

控制系统安全性分析应包括以下内容：

（a）控制系统初步安全性评估；

（b）控制系统安全性评估；

（c）控制系统故障模式及影响分析；

（d）控制系统共模分析；

（e）控制系统局部事件分析；

（f）制定可靠性安全性评估计划；

（g）制定电子元器件管理计划（electronic components management plan，ECMP）；

（h）控制系统单粒子效应分析；

（i）控制系统安全性分析总结列表。

要求如下。

（a）控制系统安全性评估流程和方法满足第 33.75 条指南的要求。

（b）控制系统安全性评估中使用的安全性数据满足第 33.75 条指南的要求。

（c）控制系统安全性评估至少应包含以下内容：

（1）控制系统所有部件和集成部件（如油门杆）；

（2）控制系统使用的所有信号，包括发动机与发动机之间交换的信号；

（3）包含在控制系统中实现的飞机级功能，飞机申请人需要定义出飞机级功

能的关键等级；

（4）所有故障，包括覆盖和未覆盖的故障，以及相应的维修周期；

（5）控制系统所有控制模式；

（6）所有使用限制、使用假设和安装需求；

（7）控制系统安全性通过/失败准则。

（d）控制系统安全性评估中故障对推力的影响通过准则应满足以下要求。

（1）多发飞机上，导致推力变化小于10%起飞推力/功率的故障可能无法引起飞行人员察觉。这个等级是基于飞行员使用经验评估的，并且使用了很多年。飞行员已经观察到只有在推力差距大于10%后，机组人员才会注意到发动机运行差异。在安装者同意后，推力变化大于10%的起飞推力或功率也是可以接受的。

（2）对于其他的安装，发动机申请人应与安装者在可检测的发动机差异等级上达成一致。这在安装中很重要，它对飞行员检测发动机之间运行差异能力有着重大影响。

（3）当在起飞包线内操作时，发动机控制系统未覆盖的故障导致推力变化小于3%一般认为是可以接受的。但在全勤系统下必须能够提供声明的最小额定推力。

（4）在起飞包线内运行时，发动机控制系统可检测故障导致推力变化达到10%（活塞发动机为15%）是可接受的，只要这类故障发生的总频率相当低。只要安装者同意，推力变化大于10%（活塞发动机大于15%）也是可接受的。这类故障预计的发生概率应包含在系统安全评估（system safety assessment，SSA）文档中。这类故障发生的频率要求以及需要机舱指示这些状态的需求在飞机审定期间需要进行评审。这类故障发生的总频率小于 10^{-5} 次每飞行小时通常是可以接受的，这在多发飞机上就是极小可能的事件。

（5）如果导致推力变化大于3%的起飞推力但小于 LOTC/LOPC 定义的推力变化的故障，SSA 文档应包含这些故障的发生频率。在发动机审定中，不存在与该类故障相关的特定条款。但是，这类故障的发生率应相当小，局方建议至少保持在 10^{-5} 次/每飞行小时的量级上或者比这个量级更低。这些故障需要编成文档用在飞机审定分析中。

（6）发动机控制系统之间交换的信号可检测故障应被容错，确保发动机在使用交互信号时推力或功率变化不超过当前推力或功率的3%。

（7）从一台发动机控制系统发送信号给另一台发动机控制系统，如用于起飞推力自动控制系统（automatic take-off thrust control system，ATTCS），自动功率储备（antomatic performance reserve，APR）或者同步定相的信号，这些发动机交叉信号应通过接受方的发动机控制系统使其限制在权限之内，保证发动机不会因为使用了这些未检测到的故障而导致不可接受的推力变化。由于使用发动机交叉信号而导致的最大推力丧失一般限制在当前工作状态的 3% 推力变化内。ATTC 或者 APR 一旦被激活，可能命令剩余的发动机推力增加 10% 或更多，这些推力丧失不认为属于 LOTC/LOPC 事件。

（e）控制系统单粒子效应分析可参考 DOT/FAA/TC－15/62 Single Event Effects Mitigation Techniques Report 开展。

（f）电子零部件管理计划（ECMP）可参考 IEC/TS 62239－1。

（g）控制系统安全性分析中应考虑不可控高推力故障模式及其缓解措施，并提交给飞机进行审定。

（h）控制系统可靠性安全性评估计划模板可参考 ARP5890A。

12.4.1.7　控制系统 TLD 分析（若需）

控制系统 TLD 分析包括以下内容：

（a）建立状态转移图，获得所有可能的故障状态；

（b）定义故障结构函数；

（c）计算瞬时 LOTC 率；

（d）定义故障类型；

（e）计算系统平均 LOTC 率；

（f）定义故障放行时间。

要求如下。

（a）TLD 的分析流程和方法满足 SAE ARP5107B 的要求。

（b）TLD 分析可采用马尔科夫分析模型或者时间加权平均分析模型。

（c）需考虑双故障的 TLD 分析结果。

（d）TLD 分析结果应包括不可派遣故障，短时派遣故障和长时派遣故障。

（e）根据以下规则确定不可派遣故障：

（1）若系统在带有此类故障进行派遣时，控制系统的瞬时 LOTC 率大于 100×10^{-6}/小时，则该故障属于非派遣故障；

（2）导致控制系统完全丧失关键资源或关键功能的故障，不计该故障引起的瞬时 LOTC 率多少，都定义为不可派遣故障，如 EEC 完全丧失电源供给；

（3）导致发动机丧失超转或其他关键限制保护功能的故障，不计该故障引起的瞬时 LOTC 率多少，都定义为不可派遣故障，如超转、超温保护功能丧失。

（f）根据以下规则确定短时派遣故障：

（1）若系统在带有此类故障进行派遣时，控制系统的瞬时 LOTC 率大于 75×10^{-6}/小时，但小于 100×10^{-6}/小时的故障，可以定义为短时派遣故障；

（2）导致控制系统单通道运行的故障，不计该故障引起的瞬时 LOTC 率多少，都定义为短时派遣故障。例如丧失单通道的 CPU 或电源，都归为短时（ST）派遣，即使剩余通道的 LOTC 率小于 75×10^{-6}/小时。在实际应用中，将长时（LT）派遣的故障归为短时(ST)派遣故障,是可接受的。

(g) 根据以下规则确定长时派遣故障:

若系统在带有此类故障进行派遣时,控制系统的瞬时 LOTC 率小于 75×10^{-6}/ 小时,可以定义为长时派遣故障。

(h) TLD 建模中可靠性数据满足第 33.75 条的要求。

12.4.1.8　控制系统软件研制

(a) 软件计划阶段工作。

(1) 编写软件审定计划(plan for software aspects of certification, PSAC);

(2) 编写软件验证计划(software verification plan, SVP);

(3) 编写软件开发计划(software development plan, SDP);

(4) 编写软件质量保证计划(software quality assurance plan, SQAP);

(5) 编写软件构型管理计划(software configuration management plan, SCMP);

(6) 编写软件需求、设计和编码标准;

(7) 形成工具鉴定相关的数据(如适用);

(8) 形成软件配置管理记录;

(9) 形成软件质量保证记录;

(10) 形成计划评审记录;

(11) 完成阶段介入性评审(stage of involvement, SOI)#1 评审。

(b) 软件设计阶段工作。

(1) 编写软件高层需求;

(2) 编写软件架构设计文档;

(3) 编写软件低层需求;

(4) 设计模型;

(5) 形成源代码和目标码;

(6) 编写软件测试用例和测试规程;

(7) 形成需求、设计、代码和集成评审记录;

(8) 形成软件测试结果;

(9) 形成软件生命周期构型索引;

(10) 形成问题报告;

(11) 形成软件配置管理记录;

(12) 形成软件质量保证记录。

(c) 软件验证阶段工作。

(1) 完善软件高层需求;

(2) 完善软件架构设计;

(3) 完善软件低层需求;

（4）完善源代码和完成 SOI#2 评审；

（5）形成目标码；

（6）编写软件测试用例和测试规程；

（7）形成需求、设计、代码和集成评审记录；

（8）形成软件测试结果；

（9）形成软件生命周期环境索引；

（10）形成软件构型索引；

（11）形成问题报告；

（12）形成软件配置管理记录；

（13）形成软件质量保证记录；

（14）形成软件工具鉴定数据（如果有）；

（15）完成 SOI#3 评审。

（d）软件完成阶段工作。

（1）完善软件生命周期环境构型索引；

（2）完善软件构型索引；

（3）评审所有开口的问题报告；

（4）形成软件完成综述；

（5）形成软件构型管理记录；

（6）形成软件质量保证记录；

（7）完成 SOI#4。

要求如下。

（a）软件计划阶段工作。

完成 DO-178C 的目标包括：DO-178C 表 A-1（所有目标）、表 A-8（目标 1-4）、表 A-9（目标 1）、表 A-10（目标 1-2）。

（b）软件设计阶段工作。

完成 DO-178C 的目标包括：DO-178C 表 A-2（目标 1-6）、表 A-3（所有目标）、表 A-4（所有目标）、表 A-5（目标 1-6）、表 A-8（目标 1-4,6）、表 A-9（目标 1-2）、表 A-10（目标 1-2）。

（c）软件验证阶段工作。

（1）完成 DO-178C 的目标包括：DO-178C 表 A-5（目标 7、8、9）、表 A-6（所有目标）、表 A-7（所有目标）、表 A-8（所有目标）、表 A-9（目标 1-2）、表 A-10（所有目标）。

（2）对前面各个阶段形成的数据分别进行验证，需求数据应重点关注衍生需求的合理性；开发阶段验证应逐级进行。

（3）如使用能够影响测试结论的验证工具进行时，此工具应经过局方鉴定。

（4）测试数据应满足相应软件等级的覆盖率要求，如未能够达到测试覆盖率则应分析说明。

（5）在软件进行测试前应完成软件测试计划。

（d）软件完成阶段工作。

（1）满足 DO - 178C 及适用的补充文件中的所有目标；

（2）如采用双核处理器，还应满足 CAST - 32 Multi-core Processors 的所有要求。

（e）工具鉴定。

应按照 DO - 330 附录 A 中的 T0~T10 满足相应鉴定等级的目标。

12.4.1.9　控制系统复杂硬件研制

（a）硬件计划阶段。

（1）完成认证的硬件合格审定计划（plan for hardware aspects of certification，PHAC）；

（2）完成硬件验证计划（hardware vertification plan，HVP）；

（3）完成硬件开发计划（hardware design plan，HDP）；

（4）完成硬件构型管理计划（hardware configuration management plan，HCMP）；

（5）完成硬件过程保证计划（hardware process assurance plan，HPAP）。

（b）硬件设计阶段。

（1）完成硬件需求、设计、编码、确认和验证标准；

（2）完成硬件需求；

（3）完成硬件设计描述；

（4）完成详细的设计数据；

（5）完成硬件验证与同行评审结果；

（6）完成问题报告；

（7）完成硬件构型（配置）管理记录；

（8）完成硬件过程保证报告；

（9）完成跟踪矩阵/工具。

（c）硬件确认与验证阶段。

（1）完成硬件设计描述；

（2）完成详细设计数据；

（3）完成硬件测试用例和流程；

（4）完成硬件验证结果；

（5）完成问题报告；

（6）完成硬件构型（配置）管理记录；

（7）完成硬件过程保证记录；

（8）完成跟踪矩阵/工具。

要求如下：

应满足 DO-254 标准要求。

12.4.1.10 安装说明手册和使用说明手册编写

安装手册和使用手册中控制系统内容编写要求如下。

（a）发动机安装说明手册中至少应包含以下内容：

（1）控制系统安装与发动机、飞机的连接位置，接口和功能；

（2）发动机控制所需的仪表清单，包括控制发动机的仪表精度和瞬态响应的所有限制值；

（3）发动机控制系统中不需要满足 33 部符合性要求，但需要满足飞机安装符合性要求的功能以及假设；

（4）发动机控制系统的环境限制等级和控制系统所有电磁防护特征；

（5）控制系统转换设计中警示机组的方式（若有）；

（6）控制系统转换中推力或功率改变的幅度和相应的转换时间；

（7）飞机提供数据（油门杆命令除外）单点失效在整个飞行包线内对发动机功率或推力、工作性能和起动特性的影响；

（8）飞机提供给控制系统起动和运转发动机所需的任何电源的需求和特性，包括瞬态和稳态电压限制值；

（9）如果控制系统设计提供了冷却措施，应包含这些措施的安装要求；

（10）飞机提供电源系统最大允许的失效率；

（11）控制系统安全性分析和 LOTC 分析中与飞机安装相关的接口条件和安全假设和要求。

（b）发动机使用手册中至少应包含以下内容：

（1）控制系统转换设计中需要飞行机组人员介入的操作方式；

（2）发动机控制系统在主控模式和备用控制模式下的工作方式；

（3）发动机控制系统在备用控制模式下发动机的操作限制；

（4）控制系统转换中推力或功率改变的幅度和相应的转换时间；

（5）备份控制时转换模式可用性所需的最小检查或测试频率；

（6）当飞机电源从低电压状态下恢复时，写明与该恢复相关的时间间隔；

（7）飞机电气开关瞬态或电源瞬态对控制系统的影响；

（8）发动机空中重起动的电源要求；

（9）控制系统安全性分析和 LOTC 分析中与飞机安装相关的安全性分析假设；

（10）当提供电子式超转保护系统且不是自动进行可用性测试时，应包含手动测试的规定。

12.5　条款验证需求

12.5.1　部件级

控制系统部件验证可采用试验、类比或者分析方法。

（a）针对控制系统部件开展第 33.91 条的部件和系统试验。

（b）专用电源部件试验：

（1）确定专用电源最坏的工作条件；

（2）在最坏的工作条件下进行专用电源试验。

要求如下：

满足第 33.91 条要求。

12.5.2　系统级

12.5.2.1　控制系统功能验证和确认试验

控制系统功能验证和确认试验应根据控制系统需求开展试验，参考 SAE ARP4754A 的要求，确保需求的分解，验证和确认具有可追溯性。本内容列举的试验项可以有所合并或改变，取决于控制系统研制中需求定义，仅用于参考。

（a）发动机额定推力试验：试验表明控制系统能够从数据识别塞中选择正确的推力额定值以及每个推力额定值下都能够保证发动机在工作包线内工作在允许的限制内。

（b）控制通道选择试验：通过大量 EEC 外部和内部故障注入试验用于验证 EEC 通道选择逻辑的完整性和正确性，确保 EEC 能够选择最健康的通道作为主控通道，试验还应包括所有通道失效并确保发动机能够安全停车。

（c）大气数据转换试验：该试验应表明控制系统能够正确执行大气数据选择逻辑，并且确认大气数据源的改变（飞机提供给发动机或者发动机提供给飞机）不会导致不可接受的推力变化。

（d）控制模式平滑转换试验：该试验用于验证发动机在所有工作包线内的不同工作点上，控制系统模式转换（自动转换或者人工转换）是平滑的（不会导致不可接受的推力变化或推力不可接受的振荡）。

（e）推力控制模式选择试验：该试验用于验证机组人员选择的由主控模式向备用控制模式的转换以及所有故障可能导致的自动转换，该试验还用于验证从备用控制模式转为主控模式的转换。

（f）最大限制试验：该试验用于表明控制系统能够在所有飞行包线内预期的最大限制下将发动机控制在稳定的方式，该试验在主控模式、备用控制模式以及反推模式下进行试验。

（g）飞行机组警告试验：该试验用于表明 EEC 能够将正确的信号传送给飞机,该试验还将包括所有与发动机控制模式相关的警告。

（h）正常工作下的推力控制试验：该试验用于验证正常操作下的推力控制。该试验将覆盖所有会影响发动机推力和发动机可操作性相关的调节计划,如燃油调节计划、VSV 以及引放气活门调节计划等。该试验通过调节推力命令,确认燃油、VSV 以及引放气活门均可以调节使得发动机工作在限制范围内并且压气机工作线满足要求。

（i）稳态操作试验：该试验用于验证发动机在飞行包线内能够稳定工作在某个工作状态上,该试验在主控模式、备用控制模式以及反推模式下进行试验。

（j）瞬态操作试验：该试验用于验证控制系统在正常控制模式和备用控制模式下,工作包线内的不同工作点,从慢车加速到最大前向推力以及最大反推力过程中能够正常工作。

（k）反推控制试验：该试验用于验证在反推打开期间控制系统瞬态控制性能。

要求如下。

（a）制定控制系统试验证计划。

（b）定义验证活动相关的分工和职责,包括主机所和供应商应做的验证工作。

（c）定义验证系统或者部件(含软件)构型,包括特定的试验设备、工具,以及软硬件特征。

（d）验证结果以及验证过程中发现的所有问题应进行记录并形成报告制定更改控制程序,确保验证过程中发现的任何问题的所有后续的纠正措施满足规定的更改程序。

（e）控制系统需求验证和确认应完整覆盖。

（f）试验验证交付物不限,但必须包含以下内容:

（1）确定控制系统需求对应的验证方法;

（2）控制系统需求测试用例;

（3）控制系统试验记录问题;

（4）控制系统验证结论和总结。

12.5.2.2　控制系统 HIRF 和闪电间接影响试验

控制系统 HIRF 和闪电间接影响试验是分开进行的,但其试验步骤、试验判据类似,因此这里一起进行叙述。

（a）确定试验件构型;

（b）若试验中使用了模拟件,应分析模拟件的合理性;

（c）确定控制系统 HIRF 和闪电试验等级;

(d) 确定控制系统试验工况;

(e) 确定控制系统试验中使用的软件是否满足要求;

(f) 确定试验安装能够真实代表发动机安装下的电磁耦合特征;

(g) 确定控制系统 HIRF 和闪电试验的判据。

要求如下。

(a) 必须开展控制系统级别 HIRF 和闪电间接影响试验。

(b) 如果在某些情况下无法使用真实产品进行试验,可以使用试验设备模拟件代替试验件,但必须满足以下要求:

(1) 如果所连设备与灾难性失效的功能不相关,并且试验设备能够精确反映其电路阻抗,那么这些设备项可通过试验设备进行模拟。

(2) 无源输入传感器和负载可以通过试验设备模拟,但试验设备必须精确模拟其终端阻抗。

(3) 与发动机控制系统连接的有源设备或接口电路应是实际使用中的设备或电路。如果无法提供真实的设备,试验中用来模拟这些设备时应尽可能反映预期的电路阻抗。例如,对于航空无线电通信公司(Aeronautics Radio Inc. , ARINC)接口,模拟应当使用相同类型的发射器和终端电阻。所有差模和共模终端(信号调节,电流限制,阻抗匹配等)必须包含在试验设备模拟中。如果必须使用远程接口(如用来进行数据下载的接口),建议放置于试验室外部,否则必须放在具有良好屏蔽的壳体内。

(4) 如果满足如下条件,这些设备能够被等同的负载所替代: (i) 输入是简单的机电性质且不存在有源反馈或控制回路的设备;(ii) 输入是电子性质且不存在有源反馈或控制回路,且在相应等级上成功进行了测试的设备。

(5) 在使用试验设备模拟件代替试验设备时,必须在试验前确认其电气特征与被代替试验件是相同的。

(c) 控制系统 HIRF 和闪电试验等级应得到安装者的确认,在无法得到安装者确认的情况下,涡轮发动机最低的 HIRF 试验等级和闪电等级要求可假设如下,但最终必须在飞机级进行验证。

(d) 控制系统 HIRF 试验和闪电试验时发动机控制系统应运行在闭环或者开环控制回路中。控制系统 HIRF 和闪电试验必须能够监视输出驱动信号和输入信号。

(e) 如果使用开环试验,必须能够重复所有观察到的异常输入和输出,并将其放入发动机模型中,判断试验是否成功。

(f) HIRF 和闪电试验应在控制系统的最敏感工作点进行,应详细描述该工作点的选择原则,建议敏感工作点不要选择在控制计划平缓的部分。

(g) 如果在 HIRF 或者闪电试验中使用了特定的发动机控制系统试验软件,必须确保软件的研制和实现至少为 DO‐178A 中的 2 级、DO‐178B 中的 C 级，DO‐178C 中的 C 级或者相同级别。

（h）可以修改应用程序代码以包含需要的试验代码特征，但必须在试验计划中进行说明，而且必须满足以下要求：

（1）用于控制系统试验的电磁滤波器（硬件和软件）或参数必须能代表随发动机取证的控制系统；

（2）主要的软件架构、实时调度、输入/输出处理、底层的错误检测，通讯处理（波特率、数据量、容错控制等）必须与最终控制系统软件相似。

（i）控制系统的搭接和接地、导线尺寸、路径、线缆类型（是平行线还是双绞线）、线缆分支、连接器类型、线缆屏蔽和屏蔽终端、元器件彼此相对位置应与系统实际安装情况匹配。

（j）应充分模拟由于实际使用的电缆长度，连接器以及负载所导致的所有最坏情况下的损耗，如果出现与实际安装有区别的地方，应通过工程判断或者分析方式表明试验等同于实际情况或者比实际情况更恶劣。

（k）搭接条的材料和尺寸应与控制系统安装使用的相同，安装中使用的减震器也应在试验中使用，如果采用试验模拟设备，应能模拟真实的试验件。

（l）所有全权限数字电子控制（full authority digital electronic control，FADEC）系统航线可换单元（line replaceable unit，LRU）安装应与实际发动机安装方式相同，否则应给出说明。

（m）控制系统 HIRF 和闪电试验的判据应满足要求。

（n）如果发动机控制系统具备限时派遣功能，应在单通道情况下进行试验，并且所有控制模式均应满足要求。

12.5.3　整机级

控制系统功能验证和确认试验：对于控制系统功能验证和确认，主要是在系统层级上进行验证，对于系统层级无法验证的情况，可以进行整机的验证。对于新型号，建议首先考虑在整机上进行验证作为符合性，能够提高局方的信任度。对于在整机上无法进行验证的需求，可以在系统层级上进行验证。

在系统层进行验证的情况包括：

（1）需求边界比较明确，无须在整机上进行验证的需求，例如验证飞行机组警告的需求等；

（2）因为成本或者风险原因，无法在整机上进行验证，并且通过系统层级验证加上分析可以表明符合性的需求，比如较为危险的故障注入试验等，但是需要通过整机试验验证模型的准确性。

本内容列举的试验项可以有所合并或改变，取决于控制系统研制中需求定义，仅用于参考。

（a）发动机额定推力试验：试验表明控制系统能够从数据识别塞中选择正确的推力额定值以及每个推力额定值下都能够保证发动机在工作包线内工作在允许的限制内。

（b）大气数据转换试验：该试验应表明控制系统能够正确执行大气数据选择逻辑，并且确认大气数据源的改变（飞机提供给发动机或者发动机提供给飞机）不会导致不可接受的推力变化。

（c）控制模式平滑转换试验：该试验用于验证发动机在所有工作包线内的不同工作点上，控制系统模式转换（自动转换或者人工转换）是平滑的（不会导致不可接受的推力变化或推力不可接受的振荡）。

（d）最大限制试验：该试验用于表明控制系统能够在所有飞行包线内预期的最大限制下将发动机控制在稳定的方式，该试验在主控模式、备用控制模式以及反推模式下进行试验。

（e）正常工作下的推力控制试验：该试验用于验证正常操作下的推力控制。该试验将覆盖所有会影响发动机推力和发动机可操作性相关的调节计划，如燃油调节计划、VSV 以及引放气活门调节计划等。该试验通过调节推力命令，确认燃油、VSV 以及引放气活门均可以调节，使得发动机工作在限制范围内并且压气机工作线满足要求。

（f）稳态操作试验：该试验用于验证发动机在飞行包线内能够稳定工作在某个工作状态上，该试验在主控模式、备用控制模式以及反推模式下进行试验。

（g）瞬态操作试验：该试验用于验证控制系统在正常控制模式和备用控制模式下，工作包线内的不同工作点，从慢车加速到最大前向推力以及最大反推力过程中能够正常工作。

（h）反推控制试验：该试验用于验证在反推打开期间控制系统瞬态控制性能。

要求如下：

满足整机规定的性能要求。

参考文献

中国民用航空局. 2016. 航空发动机适航规定：CCAR - 33 - R2[S].

中国人民解放军总装备部. 2006. 故障模式、影响及危害性分析指南：GJB/Z 1391 - 2006[S].

European Aviation Safety Agency. 2007. Certification of engines equipped with electronic engine control systems：AMC20 - 3[S].

Federal Aviation Administration. 2001. Compliance criteria for 14 CFR §33.28, aircraft engines, electrical and electronic engine control systems：AC33.28 - 1[S].

Federal Aviation Administration. 2016. DOT/FAA/TC - 15/62 Single event effects mitigation techniques report[R]. USA: FAA.

Federal Aviation Administration. 2014. Guidance material for 14 CFR §33. 28 engine control systems: AC33. 28 - 3[S].

Society of Automotive Engineers. 2000. Design assurance guidance for airborne electronic hardware: RTCA/DO - 254[S].

第 13 章
第 33.29 条 仪表连接

13.1 条 款 内 容

第 33.29 条 仪表连接

（a）除非在结构上能防止错接仪表，否则，按航空器适航标准要求的动力装置仪表所设置的每个连接件或者为保证发动机工作符合任何发动机使用限制所必需的每个连接件，都必须作标记，以标明与相应的仪表一致。

（b）每台涡轮发动机必须为指示转子系统不平衡的显示系统提供接头。

（c）具有 30 秒一台发动机不工作（OEI）功率额定值和 2 分钟一台发动机不工作（OEI）功率额定值的旋翼航空器涡轮发动机必须有方法或措施：

（1）当发动机处于 30 秒一台发动机不工作（OEI）和 2 分钟一台发动机不工作（OEI）功率状态及状态开始和该时间间隔结束时，应提示飞行员；

（2）自动记录每次使用 30 秒 OEI 和 2 分钟 OEI 功率水平的次数和持续时间；

（3）使用可靠的方法提示维修人员发动机已经使用 30 秒 OEI 或 2 分钟 OEI 功率水平，并且允许维修人员取回已记录的数据，和

（4）能够针对上述方法的正确操作进行日常检验。

（d）本条（c）（2）和（c）（3）的方法和措施一定不能在飞行中复位。

（e）申请人必须制定保证发动机在其使用限制内工作的仪表的安装规定。按照提出的安全分析或任何其他的规范要求，如果所依赖的仪表在假定飞机的安装中不是强制的，则该仪表必须在发动机安装说明中指定，并在发动机批准文件中声明为强制性的。

（f）作为第 33.28 条（e）中系统安全评估的一部分，申请人必须评估仪表，传感器或接头错误装配的可能性及后果。如需要，申请人必须在系统中采用防错设计。

（g）传感器及相关电线和信号调节器必须在物理上和电气上进行隔离，以确保从仪表的监测功能向控制功能传递故障的概率与该故障的影响一致，反之亦然。

（h）申请人必须提供机组人员监测涡轮冷却系统功能的仪表，除非有证据表明：

（1）其他现有仪表可以给出失效或即将失效的适当警报，或者

（2）在发现冷却系统失效之前不会导致危害性发动机后果，或者

（3）冷却系统失效的概率是极小可能的。

13.2　条款演变历程

条款修订历史如表 13-1 所示。

表 13-1　条款修订历史

序号	修正案	生效日期	Final Rule 名称	NPRM
1	33-5	1974.03.01	Engine Rotor System Unbalance	71-12
2	33-6	1974.10.31	Aircraft and Aircraft Engines, Certification Procedures and Type Certification Standards	71-12
3	33-18	1996.08.19	Airworthiness Standards：Aircraft Engines New One-Engine-Inoperative（OEI）Ratings, Definitions and Type Certification Standards	89-27A
4	33-25	2008.10.17	Airworthiness Standards：Rotorcraft Turbine Engines One-Engine-Inoperative（OEI）Ratings, Type Certification Standards	89-27A
5	33-26	2008.10.20	Airworthiness Standards；Engine Control System Requirements	07-03

CCAR-33R2 版中的第 33.29 条与 FAR-33 部的第 26 修正案中的第 33.29 条内容一致。FAR-33 部中的第 33.29 条有 5 次修订。主要内容修订包括以下几条：1974 年第 5 修正案，在 FAR-33 部增加了第 33.29 条。1974 年第 6 修正案增订第 33.29 条（a），强调了仪表的标记和防错。1996 年第 18 修正案，增加了条（c），"（c）具有 30 秒 OEI 功率状态和 2 分钟 OEI 功率状态的每台旋翼航空器涡轮发动机必须有措施：（1）当发动机处于 30 秒 OEI 和 2 分钟 OEI 功率状态及状态开始和该时间间隔结束时，应提示飞行员；（2）使用可靠的方法确定发动机已经工作在每个功率状态；和（3）自动记录每次使用 30 秒 OEI 和 2 分钟 OEI 功率状态和持续时间。"2008 年第 25 修正案，增加了条（c）（4）"（4）能够针对上述方法的正确操作进行日常检验。"和条（d）"（d）本条（c）（2）和（c）（3）的方法或措施一定不能在飞行中复位。"第 26 条修正案中 FAA 为了与欧州航空安全局（European Aviation Safety Authority, EASA）协调一致，FAR-33.29 条新增加了第 33.29 条（e）、（f）、（g）、（h）四节。第 33.29 条（e）要求申请人提供必要的仪表以保证发动机在发动机使用限制内工作。第 33.29 条（f）要求申请人提供减小仪表、传感器和接头不正确安装的可能性的方法。第 33.29 条（g）要求减少故障从仪表和监测功能传递到控制功能的概率。第 33.29 条（h）增加了能够使机组人员监测涡轮机匣冷却系统

功能的仪表要求。此次修订是针对第 33.29 条的最近一次修订,也是更改幅度最大的一次,使该条款更加完善。

13.3　条款实质性要求

（a）确定仪表连接的项目和内容,对仪表连接件进行防错接设计。

（b）为指示发动机转子系统不平衡的显示系统提供连接方式,且指示系统能准确检测到发动机转子不平衡。

（c）制定仪表的安装规定:

（1）仪表为飞机合格审定要求的动力装置仪表;

（2）发动机安全性分析表明,为预防发生失效或减轻任何相关的后果,需要给机组人员或维修人员提供相关信息,以采取适当行动的专门仪表。

（d）对仪表、传感器或接头可能的错误装配进行安全分析,确定故障模式和容错方式。

（e）传感器、电线和信号调理装置要进行物理上、电气上的隔离,避免控制功能与监控功能共因失效。

（f）对涡轮冷却系统进行安全性分析,根据系统的设计特征,确定是否需要进行涡轮冷却系统的监控及监控方式的设计。

（g）确定涡轮转子在冷气供给失效情况下能达到的最危险的温度条件。

（h）通过发动机或台架持久运行或通过计算表明有足够裕度,则不需要仪表进行监视涡轮冷却系统的功能。如果切实可行,可由增加试验温度作补偿,减少持久运行时间。

13.4　条款设计需求

13.4.1　整机级

13.4.1.1　转子系统不平衡的显示系统的接口设计

（a）根据第 33.63 条和第 33.83 条的要求,分析在高低压转子不平衡量作用下的整机振动响应;

（b）开展整机振动特性试验,根据试验结果,明确最大振动位置的传感器选点,确认转子不平衡传感器安装位置;

（c）在发动机安装图上标出的安装转子系统不平衡指示的传感器位置。

要求如下:

（a）选取机载振动传感器的安装位置时,要考虑该位置能够在整个飞行包线内各种飞行情况下真实准确地反映转子不平衡水平;

（b）不平衡量的解析关系要明确。在一个传感器失效后，单个未失效的传感器也能解析两个转子的不平衡。

13.4.1.2　涡轮冷却系统的监测方法设计（若适用）

（a）开展涡轮冷却系统的故障模式、影响和危害性分析（failure mode、effects and criticality analysis，FMECA），明确失效的后果。

若分析结果不能证明涡轮冷却系统的失效在被探测到之前不会导致危害性后果，或者不能证明失效概率是极小可能的，则需要采用相应的仪表（其他现有的仪表或者设计独立的仪表）来监测涡轮冷却系统的功能。

（b）若通过其他现有仪表装置来监测涡轮冷却系统，则要进行：

（1）根据涡轮冷却系统的故障特征，选择需要监视的参数，确定仪表精度、告警级别及给出机组人员需采取的措施；

（2）涡轮冷却系统的失效或即将失效的告警方案设计。

（c）若需要采用独立的仪表来监测涡轮冷却系统，则要进行：

（1）监测涡轮冷却系统功能的方法设计；

（2）传感器类型、传感器数量、传感器位置的确定；

（3）确定仪表精度、告警级别及给出机组人员需采取的措施。设计相应的控制、容错和指示逻辑。

要求如下：

（a）对涡轮冷却系统进行安全性分析；

（b）若需要设计涡轮冷却指示系统，该指示系统需能正确监控涡轮冷却系统的功能。

13.4.2　系统级

仪表连接的安全分析内容如下。

（a）对仪表、传感器或接头错误装配的概率和产生的后果进行评估，对可能出现的问题设计容错逻辑，采取防止错误装配的预防措施。

（b）对因传感器（及其相关的接线、信号调理装置）故障导致的监测功能和控制功能的相互影响进行安全性分析，包括：

（1）绘制控制功能回路图和监测功能回路图；

（2）对监测功能和控制功能的传感器（及其相关接线、信号调理装置）之间的关联进行安全性分析；

（3）监测功能的传感器（及其相关接线、信号调理装置）故障导致控制功能出现故障的概率和故障影响分析；

（4）控制功能的传感器（及其相关接线、信号调理装置）故障导致监测功能出现故障的概率和故障影响分析；

（c）分析涡轮转子在冷气供给失效情况下能达到的最危险的温度条件，对涡轮冷却系统功能的失效概率及影响进行安全性分析。

要求如下：

（a）传感器（及其相关接线、信号调理装置）故障或失效导致的监测功能和控制功能的故障概率和故障影响应具有一致性；

（b）涡轮冷却系统功能的失效概率是极小可能的，或者涡轮冷却系统功能失效在探测到之前，不会导致危害性发动机后果。

13.4.3 组件级

仪表的安装规定的制定：

（a）与发动机相关的所有仪表连接件的安装必须在发动机安装说明中指出具体安装规定；

（b）除了飞机合格审定所要求的动力装置仪表以外，发动机安全性分析还应说明给飞行员或维修人员为防止失效或降低任何相关后果的发生而采取适当行动提供所需信息的特殊仪表。

要求如下：

（a）根据发动机安全分析第 33.75 条及第 33.7 条的要求确定需要仪表连接的项目。应重点关注选择项目的测量位置。测量位置的选择应能够全面、准确、真实、及时地反映发动机的工作状况；

（b）对于需要仪表连接的项目，确定接口和驾驶舱指示形式及指示等级和对应飞行员应采取的措施。例如，应规定数据总线的通道、数据刷新率、物理连接通道、驾驶舱显示的等级和响应的机组措施等；

（c）为了指示和控制的准确，应考虑系统的各部件的随机误差和系统误差，驾驶舱指示的分辨率，传感器信号至飞机数据总线延迟时间和事件发生到飞机数据总线响应时间延迟等；

（d）具体驾驶舱动力装置指示内容、颜色和警告等级参考 FAA AC20‑88A。

13.4.4 零件级

13.4.4.1 仪表连接件的防错设计

（a）确定跟发动机相关的所有仪表连接件。

（b）设计防止仪表连接件错接的措施，一般有两种：

（1）从结构设计上进行防错，如针对不同的线缆设计不同形状的接口等；

（2）通过做标记以防止仪表错接，如标记不同的颜色或者号码以示区别等。

要求如下：

（a）按航空器适航标准要求的动力装置仪表所设置的每个连接件，应进行清晰、明确的标识，便于安装人员识别对应的接口，接口的设计便于安装人员确认正确安装；

（b）为保证发动机工作符合任何发动机使用限制所必需的仪表，应能防止错误装配。

13.4.4.2　传感器（及相关电线和信号调理）的隔离设计

（a）通过安全性分析，传感器及相关电线和信号调理装置的失效或故障会产生危害性发动机后果的，则控制系统和监控功能的传感器必须完全隔离；例如反推装置，其在飞行中不慎打开是危害性发动机后果，因此反推装置控制器和位置指示系统应完全隔离。

（b）对于传感器及相关电线和信号调理装置的失效或故障不会产生危害性发动机后果的，其隔离程度的要求可适当降低。

根据功能的重要程度，来确定传感器及相关电线和信号调理装置的隔离程度。

13.5　条款验证需求

13.5.1　系统级

仪表容错逻辑的试验验证（若适用）：若通过安全性评估仪表、传感器或接头错误装配产生危害性影响，则需设计容错逻辑，通过开展故障注入试验，验证仪表的容错逻辑。相应的仪表、传感器、接头等故障或失效时具有容错能力。

13.5.2　整机级

13.5.2.1　转子系统不平衡监测的试验验证

（a）指示转子系统不平衡传感器位置的确定；

（b）对转子系统不平衡指示系统的试验验证（第33.63条中受不平衡激励的振动验证工作一并开展）。

要求如下：

至少开展两台发动机试验，验证振动水平。

13.5.2.2　涡轮冷却系统独立监测仪表的试验验证（若适用）

若采用独立监测涡轮冷却系统功能的仪表来表明第33.29条（h）的符合性，则进行：

（a）涡轮冷却系统监测功能的传感器位置确定；

（b）开展空气系统流量特性试验以及整机试验验证监测涡轮冷却系统功能的仪表的性能。

要求如下：

涡轮冷却指示系统能准确监测涡轮冷却系统的故障或失效。

参考文献

航空工业部. 1979. 航空仪表专业技术名词术语：HB/Z19 - 1979[S].

中国民用航空局. 2011. 航空发动机适航规定：CCAR33 - R2[S].

European Aviation Safety Agency. 2007. Certification specification for engine：CS-E Amdt1[S].

Federal Aviation Administration. 1974. Aircraft and aircraft engines, certification procedures and type certification standards：Final Rule 11010[S].

Federal Aviation Administration. 1971. Aircraft and aircraft engines；proposed certification procedures and type certification standards：Notice No. 71 - 12[S].

Federal Aviation Administration. 1996. Airworthiness standards：aircraft engines new one-engine-inoperative (OEI) ratings, definitions and type certification standards：Final Rule 26019[S].

Federal Aviation Administration. 1995. Airworthiness standards：aircraft engines；new one-engine-inoperative ratings, definitions, and type certification standards：Notice No. 89 - 27A[S].

Federal Aviation Administration. 2008. Airworthiness standards；engine control system requirements：Final Rule FAA - 2007 - 27311[S].

Federal Aviation Administration. 2007. Airworthiness standards；engine control system requirements：Notice No. 07 - 03[S].

Federal Aviation Administration. 2008. Airworthiness standards：rotorcraft turbine engines one-engine-inoperative (OEI) ratings, type certification standards：Final Rule FAA - 2007 - 27899[S].

Federal Aviation Administration. 2001. Compliance criteria for 14 CFR §33. 28, aircraft engines, electrical and electronic engine control systems：AC33. 28 - 1[S].

Federal Aviation Administration. 2013. General type certification guidelines for turbine engines：AC33 - 2C[S].

Federal Aviation Administration. 2009. Guidance for 30-Second and 2-minute one-engine-inoperative (OEI) ratings for rotorcraft turbine engines：AC33 - 7A[S].

Federal Aviation Administration. 2007. Turbine engine vibration：AC33. 63 - 1[S].

第14章
第33.62条 应力分析

14.1 条款内容

第33.62条 应力分析

必须对每型涡轮发动机进行应力分析,表明每个涡轮发动机转子、隔圈和转子轴的设计安全裕度。

14.2 条款演变历程

条款修订历史如表14-1所示。

表14-1 条款修订历史

序号	修正案	生效日期	Final Rule 名称	NPRM
1	33-6	1974.10.31	Aircraft and Aircraft Engines, Certification Procedures and Type Certification Standards	71-12

CCAR-33R2 版中的第33.62条与 FAR-33 部的第6修正案中的第33.62条内容一致。FAR-33 部中的第33.62条有1次修订。FAR-33 的第6修正案之前,即1974年之前,FAR-21 部中第21.15条(c)即为"应力分析"条款,有建议认为,对发动机转子进行应力分析的要求放在 FAR-21 部并不合理,应力分析应该是取证工作的一部分,不应该要求在取证之前完成该项工作。因此,将第21.15条(c)删除,在 FAR-33 部中增加第33.62条应力分析。

14.3 条款实质性要求

发动机转子结构件具有充足的强度裕度以经受实际运行中可能出现的超转、低周疲劳载荷以及高周疲劳载荷。

14.4　条款设计需求

本节按照第 33.62 条应力分析条款的要求,开展发动机转子零部件的应力分析,计算发动机转子在超转条件下、低循环载荷条件下以及振动试验条件下的安全裕度,为民用大涵道比涡轮风扇航空发动机转子部件设计提供指南,主要适用于转子强度设计人员,描述了满足各种条件下的强度设计要求、分析方法等内容。

应力分析技术目前常见的有两种方法:有限元分析技术以及经验模型技术。随着计算机技术的发展以及计算机辅助工程(computer aided engineering, CAE)仿真技术的发展,有限元分析技术在工业方面获得了广泛应用;经验模型技术建立在分析经验基础上的,具有简单实用的特点。

14.4.1　有限元分析方法的要求

14.4.1.1　对二维转子的有限元分析

(a) 有限元模型的检查:

(1) 确认分析对象几何模型及文件来源;

(2) 二维轴对称分析模型单元类型分布以及单元类型选取的合理性;

(3) 平面应力单元简化、各向异性单元简化的合理性;

(4) 各零件质量及形心位置检查,对比结构模型和有限元模型的差异性;

(5) 确认模型中各零件材料种类,材料性质,以及材料数据来源;

(6) 有限元网格质量检查(网格密度、单元长宽比等);

(7) 交界面接触条件及接触设置情况(过盈、间隙、接触单元设置);

(8) 特殊连接方式的检查;

(9) 摩擦类型的检查(摩擦或非摩擦),摩擦系数的设置以及数据来源确认。

(b) 载荷和约束条件的检查:

(1) 螺栓预紧力的设置以及依据;

(2) 转速设定是否符合分析条件;

(3) 应力模型温度分布的检查。应力模型的温度场一般是由温度模型的温度场插值获得,应审查应力模型温度场分布与温度模型温度场分布的一致性,有差异的位置应有相应的影响分析说明;

(4) 应力模型压力分布的检查。应力模型的压力边界条件一般是由气动模型的压力场插值获得,应审查应力模型的压力分布与气动模型压力场分布的一致性,有差异的位置应有相应的影响分析说明;

(5) 集中力的检查。检查集中力施加的位置、方向、数值大小的合理性,与实际情况的差异性影响分析;

（6）边界约束和边界力的设置以及依据，与实际情况的有差异性的应进行相应差异影响分析；

（7）分析所用软件、版本以及对应的使用指导文件的检查；

（8）计算收敛准则的确认（收敛准则设定的基本依据以及经验）。

（c）分析结果的检查：

（1）螺栓横断面反力检查（初始点反力与预紧力的对比）；

（2）叶片离心力检查（最大转速离心力与理论值的对比）；

（3）检查受载情况下变形图是否存在异常；

（4）检查受载情况下应力分布图是否存在异常；

（5）安装状态及受载状态各接触交界面检查（接触，滑移，分开）。

14.4.1.2　分析维度的确认

对转子而言，一般进行二维应力分析。而实际中零部件的结构及其所承受的载荷往往具有三维特征，应当关注应力集中部位如过渡圆角、孔、截面改变处、法兰边、焊接位置以及安装榫槽等。对具有三维特征的零件以及部位必须开展三维应力分析。

14.4.1.3　对三维转子的有限元分析

对三维转子有限元分析的过程审查与二维分析审查类似，从模型建立、边界条件和约束以及应力分析结果三个方面开展审查，具体可以参考14.1.1节进行，本节仅列出额外需要关注的要点。

（a）分析结果的验证和检查：

（1）三维 vs 二维结果对比；

（2）其他同14.4.1.1小节中（c）。

（b）子模型分析结果的检查：

三维应力分析过程中由于模型精度和计算资源的约束，往往有可能实施子模型的应力分析，此时应关注：

（1）子模型与整体模型的关系；

（2）子模型关键位置网格质量检查；

（3）子模型边界条件检查（位移边界，力边界）；

（4）子模型载荷检查（转速，温度，压力，集中力等），与整体模型载荷比较；

（5）子模型变形图与整体模型变形图比较；

（6）子模型应力分析结果与整体模型结果比较：

（7）边界反力比较；

（8）变形图比较。

14.4.2　经验模型方法的要求

如果应力分析利用经验模型进行，则要求：

（a）经验模型的由来（具体标准和规范）；

（b）经验模型的应用经验情况；

（c）经验模型的适用性（适用对象范围，包括几何形状、材料种类等）。

14.4.3　整机级

发动机转子部件在第 33.27 条超转条件下，能留有设计安全裕度；发动机转子部件在第 33.70 条低循环载荷条件下，能留有设计安全裕度；发动机转子部件在第 33.83 条振动条件下，能留有设计安全裕度。

（a）开展第 33.27 条超转条件下的应力分析；

（b）开展第 33.27 条超转条件下的应力分析；

（c）超转条件下应力分析过程及结果检查，按照 14.4.1 节和 14.4.2 节开展；

（d）开展第 33.70 条低循环载荷条件下的应力分析；

（e）低循环载荷条件下应力分析过程及结果检查，按照 14.4.1 节和 14.4.2 章节开展；

（f）开展第 33.83 条振动条件下的应力分析；

（g）振动条件下应力分析过程及结果检查，按照 14.4.1 节和 14.4.2 节开展。

要求如下：

（a）应力分析的条件应按照第 33.27 条、第 33.70 条以及第 33.83 条中要求的条件确定；

（b）应力分析模型符合数值仿真通用要求；

（c）应力分析的过程和结果符合 14.4.1 节和 14.4.2 节的要求。

14.4.4　零件级

14.4.4.1　风扇盘及增压级鼓筒应力分析

（a）风扇盘及增压级鼓筒应力分析；

（b）风扇盘及增压级鼓筒应力分析过程及结果检查，按照 14.4.1 节和 14.4.2 节开展。

要求如下：

（a）风扇盘及增压级鼓筒应力分析模型符合数值仿真通用要求；

（b）风扇盘及增压级鼓筒应力分析的过程和结果符合 14.4.1 节和 14.4.2 节的要求。

14.4.4.2　高压压气机各级盘应力分析

（a）高压压气机各级盘应力分析；

（b）高压压气机各级盘应力分析过程及结果检查，按照 14.4.1 节和 14.4.2 节开展；

要求如下：

（a）高压压气机各级盘应力分析模型符合数值仿真通用要求；

（b）高压压气机各级盘应力分析的过程和结果符合 14.4.1 节和 14.4.2 节的要求。

14.4.4.3 高压涡轮盘及封严盘应力分析

（a）高压涡轮盘及封严盘应力分析；

（b）高压涡轮盘及封严盘应力分析过程及结果检查，按照 14.4.1 节和 14.4.2 节开展。

要求如下：

（a）高压涡轮盘及封严盘应力分析模型符合数值仿真通用要求；

（b）高压涡轮盘及封严盘应力分析的过程和结果符合 14.4.1 节和 14.4.2 节的要求。

14.4.4.4 低压涡轮各级盘应力分析

（a）低压涡轮各级盘应力分析；

（b）低压涡轮各级盘应力分析过程及结果检查，按照 14.4.1 节和 14.4.2 节开展。

要求如下：

（a）低压涡轮各级盘应力分析模型符合数值仿真通用要求；

（b）低压涡轮各级盘应力分析的过程和结果符合 14.4.1 节和 14.4.2 节的要求。

14.4.4.5 高、低压轴及锥形支撑臂应力分析

（a）高、低压轴及锥形支撑臂应力分析；

（b）高、低压轴及锥形支撑臂应力分析过程及结果检查，按照 14.4.1 节和 14.4.2 节开展。

要求如下：

（a）高、低压轴及锥形支撑臂应力分析模型符合数值仿真通用要求；

（b）高、低压轴及锥形支撑臂应力分析的过程和结果符合 14.4.1 节和 14.4.2 节的要求。

14.4.5 材料级

材料级应力分析：确认应力分析模型中各零件材料种类、材料性质，以及材料数据来源，并检测材料的密度、屈服强度、弹性模量、强度极限、泊松比、导热系数以及热膨胀系数等参数。

要求如下：

应考虑材料性能数据的分散性，应选择合适的统计值进行分析。

14.5　条款验证需求

14.5.1　材料级

材料力学性能测试在第 33.15 条的验证工作中完成,为了避免试验验证的重复工作,本节对此不再进行具体的要求。

14.5.2　零件级

第 33.62 条的零件级验证试验在第 33.27 条、第 33.70 条以及第 33.83 条的验证工作中完成,为了避免试验验证的重复工作,本节对此不再进行具体的要求。

14.5.3　整机级

对每个涡轮发动机转子、隔圈和转子轴开展应力测试,该试验在第 33.27 条、第 33.70 条以及第 33.83 条的验证工作中完成,为了避免试验验证的重复工作,本节对此不再进行具体的要求。

参考文献

中国民用航空局. 2011. 航空发动机适航规定: CCAR33 - R2[S].

中国人民解放军总装备部. 1997. 航空燃气涡轮动力装置术语和符号: GJB 2106A - 1997[S].

Federal Aviation Administration. 1974. Aircraft and Aircraft Engines, Certification Procedures and Type Certification Standards: Final Rule 11010 [S].

第 15 章
第 33.63 条 振动

15.1 条款内容

第 33.63 条 振动

每型发动机的设计和构造必须使发动机在其声明的整个飞行包线和整个转速和功率或推力的工作范围内正常工作,而不应导致因振动而使发动机的任何零部件应力过大,并且也不应导致将过大的振动力传给航空器结构。

15.2 条款演变历程

条款修订历史如表 15-1 所示。

表 15-1 条款修订历史

序号	修正案	生效日期	Final Rule 名称	NPRM
1	33-0	1965.02.01	Miscellaneous Amendments	63-47
2	33-10	1984.03.26	Aircraft Engine Regulatory Review Program; Aircraft Engine and Related Powerplant Installation Amendments	80-21
3	33-17	1996.07.05	Airworthiness Standards; Continued Rotation and Rotor Locking Tests, and Vibration and Vibration Tests	95-3

CCAR-33R2 版中的第 33.63 条与 FAR-33 部的第 17 修正案中的第 33.63 条内容一致。FAR-33 部中的第 33.63 条有 3 次修订。主要内容修订包括以下几条:1965 年第 0 修正案,FAA 基于 CAR 第 13.203 条内容,形成第 33.63 条振动条款的初始版本。1984 年第 10 修正案中删除了"正常"一词,表示不论转速和功率可能达到多大的临界值,发动机在其整个转速和功率范围内都应正常运行。1996 年第 17 修正案增加了"声明的整个飞行包线(declared flight envelope)"。

15.3　条款实质性要求

发动机的设计和构造必须使其在声明的飞行包线和整个转速和推力的范围内正常工作,并且

（a）不应导致因振动而使发动机的任何零部件应力过大;

（b）发动机传给飞机的振动不能超过飞机要求的限制。

15.4　条款设计需求

15.4.1　整机级

15.4.1.1　振动评估范围的确定

确定发动机的包线和运行条件,考虑下列各种因素的飞行包线和运行条件的范围:

（a）发动机转速——最大允许物理转速及换算转速,包含任何声明的瞬态情况;

（b）发动机功率/推力——最大额定功率/推力值;

（c）发动机运行、机动——起动、停车、加速、减速、慢车、转向等工况;

（d）飞行包线参数——海拔、温度等;

（e）运行条件——发动机结冰、积冰等。

15.4.1.2　整机振动特性分析

开展整机转子动力学分析,确定整机临界转速及振型。

要求如下:

（a）发动机分析模型应能模拟发动机的真实工况;

（b）应使临界转速在工作转速范围之外,并具有一定的裕度,如果不能调整到工作转速之外,则临界转速需避开常用的工作转速,并具有一定的裕度。

15.4.1.3　整机振动传感器安装位置布局

（a）建立整机不平衡响应模型,开展整机不平衡响应分析;

（b）获取高、低压转子不平衡下的整机振动响应,结合结构特点选取对发动机转子不平衡响应较为敏感的位置作为传感器安装预选位置。

要求如下:

（a）考虑将这些振动传感器、加速计、或环境监测单元布置在对转子系统不平衡敏感的发动机位置处,并且如果必要的话,布置在特定的部件上;

（b）预选位置数应多于客户要求的机载振动传感器数量。

15.4.1.4　发动机最大振动等级确定

开展发动机整机动力学分析,结合试验数据、相似机型的外场运行经验,考虑

设计和维护经验确定发动机最大许可不平衡量,确定最大振动等级。

要求如下:

(a)考虑运行环境以及故障状态对不平衡量的影响,包括但不限于结冰、积冰、吸雨、吸雹、叶片缺失对发动机振动的影响;

(b)考虑设计、制造、装配或维修等带来的转子不平衡的影响。

15.4.1.5　计算传给飞机的力的计算

分析发动机传给飞机的振动力,并在发动机安装手册中进行明确,至少说明由于转子不平衡导致的振动。可以与飞机制造商进行协调,以确定可能超出飞机限制的发动机振动力。

要求如下:

设计和分析的结果表明,发动机传给飞机的力没有超过限制。

15.4.2　组件级

15.4.2.1　开展外部件振动分析

考虑转子不平衡对部件的影响,开展部件振动分析。

要求如下:

(a)外部件的设计必须考虑选择具有常规代表性的或典型发动机运行条件下的振动载荷;

(b)从发动机系统层面对部件的振动应力进行评估,同时还应该考虑部件之间的影响;

(c)考虑部件运行对振动的影响,如燃油系统压力对燃油管路固有频率和共振响应的影响;

(d)考虑预期发生的飞行包线中不利的运行条件;

(e)可以利用前期经验表明这些部件符合性,这些部件具有充足的维修历史及可预测的振动特性。

15.4.2.2　开展内部件振动分析

(a)对第33.83条中没有进行验证的内部件进行振动分析;

(b)开展风扇及风扇机匣之间的耦合作用分析,验证转子与机匣之间的相互作用不会导致危害性后果。

要求如下:

(a)考虑转子不平衡对内部件的影响,选择具有常规代表性的或典型发动机运行条件下的振动载荷;

(b)结合第33.83条,考察结冰、雨、冰雹等可预期的运行状况对振动响应的影响;

(c)考虑某些故障引起的不平衡量,如叶片缺损等,不会导致危害性发动机后果。

15.4.2.3　其他部件的振动分析

采用类似外部件、内部件的方式开展振动分析,考察不平衡量对部件振动的影响。

涉及部件:

发动机机匣、构架(支撑结构)及燃烧室,发动机与航空器接口处的部件,如发动机安装节、排气喷嘴及反推力装置等。

15.5　条款验证需求

15.5.1　组件级

15.5.1.1　开展外部件振动试验

开展部件振动试验要求如下:

(a) 可以采用整机试验、部件试验或两者相结合的方法;

(b) 部件试验要能模拟部件的振动环境;

(c) 对于新的型号的发动机,不能确定外部件振动环境的,考虑在整机试验中进行验证。

15.5.1.2　开展内部件振动试验

开展部件振动试验,第 33.83 条中没有进行验证的内部件也应需要进行考察。

要求如下:

(a) 可以采用整机试验、部件试验或两者相结合的方法;

(b) 部件试验要能模拟部件的振动环境。

15.5.1.3　其他部件振动试验

其他部件的振动试验要求参考外部件、内部件。

15.5.2　整机级

15.5.2.1　整机振动特性试验

(a) 在平衡后的发动机上进行缓慢加速、减速试验,记录振动响应;

(b) 确定发动机各阶临界转速;

(c) 分别在风扇、低压转子和高压转子上施加不平衡量,进行缓慢加速、减速试验,记录振动响应;

(d) 对比不同位置处的发动机振动响应敏感性,确定振动传感器的安装位置。

要求如下:

（a）进行测试的发动机及部件,应能代表型号设计;

（b）进行测试的发动机的安装方式应能代表真实安装方式,应考虑安装界面对振动影响,安装的质量、刚度以及机体接口等会影响振动的结构都需具有代表性;

（c）发动机运行范围应覆盖整个飞行包线,达到且包含最大额定功率/推力,达到最大允许物理转速和换算转速,并考虑瞬态状况的影响;

（d）在试验过程中考虑影响振动的发动机运行及操纵的因素,如发动机起动、停车、加速、减速、慢车等;

（e）每个缓慢加速或减速的持续时间至少为 2 分钟;

（f）传感器的安装位置应对转子的不平衡量较为敏感,可以监测到整个转速和功率范围内的转子不平衡;

（g）对于特定的部件和附件,需要额外的装备来辨别振动环境。

15.5.2.2　整机振动持久试验

（a）阶梯步进试验:在高转速范围内（N2）考虑阶梯步进试验,在高、低压转子上施加不平衡量,进行加/减速试验,试验转速按照梯级依次增加/减少,转速的改变步长应足够小且保持足够长的时间。AC 推荐转速的阶梯步长为 120 rpm,每一步应维持足够长的时间,使得对应的循环数为 106。

（b）驻留持久试验:在低转速范围内（N1）考虑驻留持久试验,确定振动较为敏感的典型转速作为驻留持久试验转速,在高、低压转子上施加不平衡量,进行驻留持久试验,试验维持的转速应至少对应于 107 循环数。若驻留持久试验持续时间过长,可以采用合适的补偿方式缩短试验时间。

（c）分解检查:试验后进行试验结果评估,对振动敏感的部件进行拆解检查。

要求如下:

（a）进行测试的发动机及部件,应能代表型号设计;

（b）进行测试的发动机的安装方式应能代表真实安装方式,应考虑安装界面对振动影响,安装的质量、刚度以及机体接口等会影响振动的结构都需具有代表性;

（c）试验振动等级应与最大许可不平衡量对应的振动等级一致,试验转速应能考察整个转速范围;

（d）试验后部件能够实现预期的功能,没有超过限制的损伤或磨损;

（e）应有足够的设备来检测整个试验中的振动,设备应具有一定的灵敏度;

（f）阶梯试验前、后均应获取发动机的振动特性,若发动机振动信号有显著的变化,则应进行分析说明。

参考文献

中国民用航空局. 2011. 航空发动机适航规定：CCAR33 - R2[S].

European Aviation Safety Agency. 2015. Certification specification for engine：CS-E Amdt4[S].

European Aviation Safety Agency. 2003. Certification specifications for engines[S].

Federal Aviation Administration. 1984. Aircraft engine regulatory review program；aircraft engine and related powerplant installation amendments：Final Rule 16919[S].

Federal Aviation Administration. 1980. Aircraft engine regulatory review program；aircraft engine and related powerplant installation proposals：Notice No. 80 - 21[S].

Federal Aviation Administration. 1964. Aircraft engines：Notice No. 63 - 47[S].

Federal Aviation Administration. 1996. Federal aviation administration 14 CFR Parts 33：Final Rule 28107[S].

Federal Aviation Administration. 1995. Federal aviation agency 14 CFR Part 33：Notice No. 95 - 3 [S].

Federal Aviation Administration. 1964. Miscellaneous amendments：Final Rule 3025[S].

第 16 章
第 33.64 条 发动机静承压件

16.1 条款内容

第 33.64 条 发动机静承压件

（a）强度。申请人必须通过试验、已验证的分析或两者结合的方法,确定承受较大气体或液体压力载荷的所有静子零件,可以稳定保持一分钟,不会:

（1）当承受以下较大的压力作用时,出现超过使用限制的永久变形,或者发生可能导致危害性发动机后果的泄漏:

（i）1.1 倍的最大工作压力;

（ii）1.33 倍的正常工作压力;或者

（iii）大于正常工作压力 35 kPa(5 p.s.i.)。

（2）当承受以下较大的压力作用时,发生破裂或爆破:

（i）1.15 倍的最大可能压力;

（ii）1.5 倍的最大工作压力;或者

（iii）大于最大可能压力 35 kPa(5 p.s.i.)。

（b）在满足本条要求时必须考虑:

（1）零件的工作温度;

（2）除压力载荷外的任何其他重要静载荷;

（3）代表零件材料和工艺的最低性能;

（4）型号设计允许的任何不利的几何形状。

16.2 条款演变历程

条款修订历史如表 16-1 所示。

CCAR-33R2 版中的第 33.64 条与 FAR-33 部的第 27 修正案中的第 33.64 条内容一致。FAR-33 部中的第 33.64 条只有 1 次修订,即 2008 年第 27 修正案中增加了第 33.64 条发动机静承压件。

表 16 - 1　条款修订历史

序号	修正案	生效日期	Final Rule 名称	NPRM
1	33 - 27	2008.12.24	Airworthiness Standards；Aircraft Engine Standards for Pressurized Engine Static Parts	07 - 08

16.3　条款实质性要求

（a）验证静承压件在压力载荷下的静强度,包含验证压力及破坏压力条件下的静强度的验证。

（b）静承压件在验证压力下,工作一分钟不会发生超过使用限制的永久变形,或者不会发生可能导致发动机危害性后果的泄漏。

（c）静承压件在破坏压力下,工作一分钟不会发生破裂或爆破。

（d）在验证静承压件在验证压力、破坏压力条件下的静强度时,需同时考虑零件的工作温度、除了压力载荷外的其他重要静载荷、材料和工艺的最低性能、型号设计允许的任何不利的几何形状的影响。

16.4　条款设计需求

16.4.1　零件级

16.4.1.1　确定是否为静承压件

根据正常工作压力、最大工作压力、最大可能压力相应工况,确定静承压件,即

（a）静止零部件；

（b）承受较大气体或液体(燃油、滑油)压力。

要求如下。

（a）正常工作压力、最大工作压力、最大可能压力相应工况的确定方法需已经通过验证或该分析法在类似的设计中有应用并且经过了外场使用经验的证明验证。

（b）确定正常工作压力的工况,应考虑：

（1）标准飞行任务剖面；

（2）标准环境；

（3）发动机性能衰退规律；

（4）正常工作时的一般压力脉动的最不利组合。

（c）确定最大工作压力的工况,应考虑：

（1）非标准飞行任务剖面；

（2）环境包线、飞行包线；

（3）发动机性能衰退规律；

（4）正常工作时的显著压力脉动的最不利组合。

（d）确定最大可能压力的工况，应考虑：

（1）部件或控制系统失效；

（2）非标准飞行任务剖面；

（3）环境包线、飞行包线；

（4）发动机性能衰退规律；

（5）紧急状况使用时的最大压力脉动的最不利组合。

（e）应综合考虑以下因素，判断最严苛工况作为正常工作压力、最大工作压力、最大可能压力相应工况：

（1）零件的压力载荷；

（2）工作温度对材料性能的影响。

为判定最严苛工况，可定义一个载荷因子，为相应工况下的材料强度与相应的压力载荷之比，该载荷因子越低，则安全裕度越低，说明相应工况越严苛。

对于正常工作压力，示例如下式所示。

$$验证压力载荷因子 = \frac{\sigma_{0.2\_NWP}}{\Delta P_{NWP}} \tag{16.1}$$

其中，$\sigma_{0.2\_NWP}$ 为确定正常工作压力所需考虑工况对应温度下的材料屈服强度，ΔP_{NWP} 为则相应工况下相应静承压件所承受的压力差。

对于最大工作压力，示例如下式所示。

$$验证压力载荷因子 = \frac{\sigma_{0.2\_MWP}}{\Delta P_{MWP}} \tag{16.2}$$

$$破坏压力载荷因子 = \frac{\sigma_{b\_MWP}}{\Delta P_{MWP}} \tag{16.3}$$

其中，$\sigma_{0.2\_MWP}$ 为确定最大工作压力所需考虑工况对应温度下的材料屈服强度，ΔP_{MWP} 为则相应工况下相应静承压件所承受的压力差。

对于最大可能压力，示例如下式所示。

$$破坏压力载荷因子 = \frac{\sigma_{b\_MPP}}{\Delta P_{MPP}} \tag{16.4}$$

其中，$\sigma_{0.2\_MPP}$ 为确定最大可能压力所需考虑工况对应温度下的材料屈服极限，σ_{b_MPP} 为相应工况对应温度下的材料极限强度，ΔP_{MPP} 为则相应工况下相应静承压件所承受的压力差。

（f）关于"承受较大的气体压力或液体（燃油、滑油）压力"对各个静承压件无统一的定量参考，SAE ARP 5757 Guidelines for Engine Component Tests 中指出："对于目前零部件的设计、材料以及环境，高压气体可定义为大于环境压力的 3 ~ 5 倍。"

取证思路、确定是否承受较大压力载荷的思路可考虑如下：

对于结构件（如机匣类发动机承力构件），由压力引起的均布周向应力（即假设无应力集中时的应力水平值）大于 25% 的最小屈服强度 $\sigma_{0.2}$；这里的最小屈服强度是指材料的最低性能。

对于非结构件（如外部管路类），所有液体（燃油、滑油）介质构件皆作为静承压件；气体介质构件，则所承受压力高于大气压力 3~5 倍时作为静承压件。

如果所承受的压力载荷被定义为"较大的"，那么应证明该静止承压部件的承压能力的适航符合性。需特别指出的是，对于初次适航取证，若结构件判定并未承受较大的压力载荷，仍需要继续进行第 33.64 条静强度要求分析。

16.4.1.2　确定验证、破坏压力条件

（a）确定验证压力相应工况；

（b）确定破坏压力相应工况。

要求如下：

（a）验证、破坏压力条件为第 33.64 条（a）（1）和第 33.64 条（a）（2）中确定的最临界应力发动机状态，必须考虑第 33.64 条（b）中各个因素的影响。

（b）验证、破坏压力条件中的几何形状应选择公差范围内的最不利尺寸组合。

（c）验证、破坏压力条件中零件材料、工艺应选取最低性能。

（d）验证、破坏压力条件中工作温度和其他重要静载荷分别为第 33.64 条（a）（1）和第 33.64 条（a）（2）中确定的最临界应力发动机状态工况所对应的工作温度和其他重要静载荷；其他重要静载荷为发动机的工作载荷。

16.4.1.3　静承压件强度分析

（a）根据应力分析结果及适航规章要求，进行静强度分析，对结构设计的适航符合性进行判断；

（b）在验证条件下，不会发生超过使用限制的永久变形，或者不会发生可能导致发动机危害性后果的泄漏；

（c）在破坏条件下，不会发生破裂或爆破。

要求如下：

（a）分析模型需已经通过试验验证，或该分析法在类似的设计中有应用并且经过了外场使用经验的证明。

（b）几何形状应选择公差范围内的最不利尺寸组合。

（c）零件材料、工艺应选取最低性能。

（d）应选取16.4.1.2小节验证或破坏压力条件下的压力载荷。

应选取16.4.1.2小节的验证或破坏压力条件下的工作温度以及其他重要载荷，如机动载荷、安装载荷等。

（e）应模拟静承压件在发动机工作状态下的实际安装和约束条件。

（f）使用发动机手册中定义的"可用极限"来确定是否出现了"超过使用限制的永久变形量"。

（g）使用第33.75条安全分析中定义的"危害性发动机后果"来确定是否出现了"危害性发动机后果的泄漏"（是否发生危害性发动机后果的泄漏由试验进行验证）。

16.5   条款验证需求

16.5.1   确定试验工况（零件级静承压件静强度试验）

（a）安装和约束状态。

（1）与安装到发动机上实际运行时一致；

（2）增加试验压力差以模拟试验件实际安装和约束状态与真实运行时的差别，可以通过试验或分析方法来确定增加量。

（b）尺寸。

（1）为型号设计中允许的最不利几何尺寸；

（2）增加试验压力差以模拟试验件实际尺寸与最不利几何尺寸的差别，可通过试验或分析方法来确定增加量。

（c）材料。

（1）为零部件制造的最低材料性能；

（2）或，增加试验压力差以模拟试验件实际材料性能与最低材料性能的差别。

（d）压力差之外的其他重要静载荷。

（1）分别为验证和破坏压力条件下的其他重要静载荷；

（2）如果这些载荷的影响较小，可以通过增大试验压差的形式模拟，可通过试验或分析方法来确定增加量；然而如果额外载荷有显著影响或不能通过增大压差的方式来代表，试验中需要包括这些载荷。

（e）试验温度。

（1）验证和破坏压力条件下的工作温度；

（2）增加试验压力差以模拟试验件实际温度与条款要求的验证、破坏条件下的工作温度的差别，可通过试验或分析方法来确定增加量。

（f）试验压力载荷。

（1）验证或破坏压力下的压力载荷；

（2）或，修正后的压力载荷值。

（g）其他。

（1）如果零部件在发动机的实际使用中包含热应力，则可以调整试验压力以包含这些因素。如果不能通过调整压力达到这一目的，则可以通过分析对试验结果进行修正，或者通过其他试验载荷的设计实现热应力的修正。

（2）如果在使用中某零部件承受的压力随零部件位置（内部或外部压力梯度）而变化，则模拟使用条件的试验压力也可以随位置变化。

16.5.2　试验通过标准（零件级静承压件静强度试验）

（a）时间：试验时，零（部）件稳定保持时间需要大于或等于一分钟。

（b）状态。静承压件所有位置：

（1）验证压力下，试验结束后，不超过使用限制的永久变形或无导致危害性发动机后果的泄漏；

（2）破坏压力下，试验结束后，无破裂或爆裂。

16.5.3　要求如下（零件级静承压件静强度试验）：

（a）使用发动机手册中定义的"可用极限"来确定是否出现了"超过使用限制的永久变形量"；

（b）使用第 33.75 条安全分析中定义的"危害性发动机后果"来确定是否出现了"危害性发动机后果的泄漏"；

（c）"破裂或爆破"为工程可见的破裂或爆破；

（d）对于同类型的静承压件，可选取其中承受最严苛应力状态的零部件开展验证试验，其他允许采用分析的方法表明符合性；若采用分析法表明符合性，分析模型需已经通过试验验证或该分析法在类似的设计中有应用并且经过了外场使用经验的证明。

参考文献

中国民用航空局. 2011. 航空发动机适航规定：CCAR33 - R2[S].

European Aviation Safety Agency. 2003. Certification specifications for engines[S].

European Aviation Safety Agency. 2015. Certification specification for engine：CS-E Amdt4[S].

Federal Aviation Administration. 2015. Airworthiness standards：Aircraft engines：14CFR Part 33 Amdt34[S].

Federal Aviation Administration. 2008. Airworthiness standards：Aircraft engines：14CFR Part 33 Amdt27[S].

Federal Aviation Administration. 2008. Airworthiness standards; aircraft engine standards for pressurized engine static parts: Final Rule FAA - 2007 - 28501[S].

Federal Aviation Administration. 2010. Guidance for pressurized engine static parts: AC33. 64 - 1 [S].

Society of Automotive Engineers. 2008. Guidelines for engine component: SAE ARP5757[S].

第 17 章
第 33.65 条 喘振和失速特性

17.1 条款内容

第 33.65 条 喘振和失速特性

发动机按第 33.5 条(b)规定的使用说明运转时,即在发动机工作包线内的任何一点上,起动、功率或推力的变化、功率的增大或推力的加力,极限的进气畸变或进气温度,不得引起喘振或失速达到出现熄火、结构失效、超温或发动机功率或推力不能恢复的程度。

17.2 条款演变历程

条款修订历史如表 17-1 所示。

表 17-1 条款修订历史

序号	修正案	生效日期	Final Rule 名称	NPRM
1	33-0	1965.02.01	Miscellaneous Amendments	63-47
2	33-6	1974.10.31	Aircraft and Aircraft Engines, Certification Procedures and Type Certification Standards	71-12

CCAR-33R2 版中的第 33.65 条与 FAR-33 部的第 6 修正案中的第 33.65 条内容一致。FAR-33 部中的第 33.65 条有 2 次修订。主要内容修订包括以下几条:1965 年第 0 修正案,基于原 CAR 第 13.205 条内容,形成了发动机喘振特性条款的初始版本。1974 年第 6 修正案进行以下方面修改:明确了不能发生危害性后果的发动机的使用条件,如起动、功率变化等;对危害性后果进行了描述,如熄火、结构失效等;将要求从原来的喘振扩展为喘振和失速。

17.3 条款实质性要求

在全寿命周期内,在工作包线内任意一点具有充足的喘振裕度。

如果在起飞推力下发生喘振，发动机能够承受喘振，且不会发生条款所规定的熄火、结构失效、超温或发动机功率或推力不能恢复的程度等情况。

17.4 条款设计需求

17.4.1 整机级

17.4.1.1 发动机运行限制条件分析

将利益攸关方对发动机运行条件的需求转化为发动机运行限制条件，包括但不限于发动机工作包线、发动机攻角包线、发动机侧风包线、发动机加减速性能要求和发动机起动性能要求。

（a）攻角包线。

飞机方会根据飞机控制规律制定飞机的攻角包线，即飞机飞行过程中临近失速预警的最大飞行攻角，该值会随着马赫数而变化。在确定发动机攻角包线时，通常会在飞机攻角包线上再加10%以留有更大的操控裕度，还需要考虑进气道中轴线和发动机中轴线的攻角差异，通常在4°~6°的范围。

（b）侧风包线。

CCAR-25部对飞机应满足的侧风需求提出了要求：飞机在地面运行可预期的任何速度，在风速直到20节或0.2VSRO（取数值大的，但不必高于25节）的90°侧风中，不得有不可控制的地面打转倾向。通常，飞机作为客户方也会针对发动机提出更直接的侧风需求。

要求如下：

发动机运行限制条件满足利益攸关方对发动机运行条件的所有需求，如发动机工作包线、发动机攻角包线、发动机侧风包线、发动机加减速性能要求和发动机起动性能要求等。

17.4.1.2 整机气动稳定性需求分析

在确定发动机运行限制条件之后，需要向相关利益攸关者确认该需求是否满足利益攸关者的需求。如果确认满足，则可以确定发动机整机气动稳定性需求，通常包括发动机攻角包线、侧风包线、加减速性能要求和起动性能要求。

要求如下：

整机气动稳定性需求需包括发动机攻角包线、侧风包线、加减速性能要求和起动性能要求。

17.4.1.3 进气畸变评定工况性能参数分析

飞机遭遇侧风（含地面效应）或大攻角飞行会造成的发动机进气道进口流场紊乱且而不均匀的现象，即进气畸变。对于民用大涵道比涡扇发动机，通常只考虑稳态总压径向畸变，且其产生原因通常来源于侧风和飞行攻角。因此，根据发动机飞行包线、攻角包线和侧风包线,可以初步筛选出进气畸变较大且发动机可用稳定裕度较低的工况点,这些工况点通常包括 35 节侧风下滑跑起飞,爬升阶段攻角最大点等。需要特别说明的是,目前可参考的其他机型的取证资料,侧风和飞行攻角是分开考虑的,即不会出现侧风和攻角同时造成进气畸变的情况,故而本文先基于这个前提进行符合性设计与验证工作。

要求如下:

(a) 应考虑发动机飞行包线、攻角包线和侧风包线;

(b) 需筛选出包线内进气畸变较大且发动机可用喘振裕度较低的工况点。

17.4.1.4　各压缩部件降稳后的可用喘振裕度分析

(a) 计算进气畸变消耗的各压缩部件稳定裕度。

根据风扇进口畸变度计算结果,以整机为计算对象,采用数值计算的方法得到风扇外涵、风扇内涵/增压级、高压压气机在该畸变度下喘振裕度的变化值。

(b) 计算性能衰退消耗的各压缩部件稳定裕度。

性能衰退会造成发动机稳定边界线的下移和共同工作线上移,从而导致稳定裕度减少,因此在评估阶段需要对性能衰退造成的稳定裕度影响进行评定。

该工作需基于发动机使用数据,建立性能衰退模型。基于该模型,可以得到性能衰退对风扇外涵、风扇内涵/增压级和高压压气机喘振边界和工作线的影响,由此计算得到性能衰退消耗的稳定裕度损失。

(c) 计算生产装配误差消耗的各压缩部件稳定裕度。

生产装配公差会造成发动机稳定边界线的下移和共同工作线上移,从而导致稳定裕度减少,因此在评估阶段需要对生产装配公差造成的稳定裕度影响进行评定。

该工作需要基于发动机生产装配公差数据的积累,以及相应造成的各部件效率和特性的变化值。根据积累的特性变化数据,可以得到生产装配公差造成的风扇外涵、风扇内涵/增压级和高压压气机的喘振裕度损失。在采用蒙特卡洛法计算该稳定裕度变化值时,建议采用 2σ 原则。

(d) 计算控制误差消耗的各压缩部件稳定裕度。

在发动机实际运行过程中,VSV、可变引气活门(variable bleed valve, VBV)和瞬态放气活门(transient bleed valve, TBV)等作动部件不可避免地存在控制误差。例如,VSV 的实际调节角度会与控制系统设定的调节角度之间存在误差,该误差会导致高压压气机的稳定边界和工作线均发生变化,从而影响稳定裕度。VBV 或 TBV 放气装置会由于蝶阀的实际开度与控制系统设定的开度之间存在误差,该误差会导致增压级或高压压气机放气量与设计值发生偏离,造成增压级或高压压气机工作线发生变化,从而影响稳定裕度。因此,一方面要将作动部件的控制精度控制在合理的范围内;另一方面要根据做动部件的控制误差所消耗的稳定裕度进行评定。

（e）建议使用的分析方法如下：

（1）VSV 作动部件控制误差：基于发动机性能模型和 VSV 的角度控制精度，调节 VSV 角度计算风扇外涵、风扇/增压级和高压压气机的稳定裕度损失。

（2）VBV/TBV 作动部件控制误差：基于发动机性能模型和 VBV/TBV 的开度控制精度，计算该开度偏差导致的放气量偏差，以及由该放气量偏差导致的稳定裕度损失。

（f）计算发动机降稳后的可用稳定裕度。

对降稳因子消耗的稳定裕度进行求和时，需要根据降稳因子的类型确定是直接相加（direct sum，DS），或加和的平方根（root sum square，RSS）。

表 17 – 2　降稳因子的影响机制分析

降稳因子	影响方式	风扇外涵	风扇内涵/增压级	高压压气机
进气畸变	喘振边界线	DS+RSS	DS+RSS	DS+RSS
性能衰退	工作线	—	DS	DS
	喘振边界线	DS	DS	DS
生产装配误差	工作线	RSS	RSS	RSS
	喘振边界线	RSS	RSS	RSS
作动部件控制误差	工作线	DS	DS	DS
	喘振边界线	DS	DS	DS

根据上述加和原则计算所有降稳因子会消耗的稳定裕度，结合各压缩部件特性图给出的稳定裕度，可以得到不同发动机工况下降稳后风扇外涵、风扇内涵/增压级和高压压气机的可用稳定裕度。

要求如下：

（a）需给出进气畸变情况下各压缩部件喘振裕度的变化值；

（b）需给出性能衰退情况下各压缩部件喘振裕度的变化值；

（c）需给出生产装配误差情况下各压缩部件喘振裕度的变化值；

（d）需给出控制误差情况下各压缩部件喘振裕度的变化值。

17.4.1.5　稳态放气规律及扩稳评定分析

根据风扇外涵、风扇内涵/增压级、高压压气机降稳后的可用稳定裕度、不同 VSV 角度调节角的高压压气机特性图、VSV 的 β 角打开裕度分析结果、VBV 相关设计经验，需制定 VBV 稳态控制规律和 VSV 稳态控制规律，并计算扩稳后风扇增压级和高压压气机可用稳定裕度。此外，为确保最佳的扩稳效果，还需评估性能退化、跟随误差等因素对稳定裕度的影响，并在 VBV 放气规律上进行相应的修正。

要求如下：

（a）需制定 VBV 稳态控制规律和 VSV 稳态控制规律,并计算扩稳后风扇增压级和高压压气机可用喘振裕度;

（b）需评估性能退化、跟随误差等因素对喘振裕度的影响,并在 VBV 放气规律上进行相应的修正。

17.4.1.6　降稳和扩稳后各压缩部件可用喘振裕度分析

根据 VBV 稳态控制规律、VSV 稳态控制规律、降稳后的风扇外涵、风扇+增压级和高压压气机可用稳定裕度,综合考虑降稳和扩稳后的可用稳定裕度,初步确定风扇外涵、风扇+增压级和高压压气机的稳定裕度需求。

要求如下:

需要给出考虑降稳和扩稳后的压缩部件喘振裕度需求。

17.4.1.7　加减速供油规律分析

经过风扇增压级和高压压气机对稳定裕度指标的评估确认后,则降稳后的可用稳定裕度可以作为制定加减速供油规律的输入之一。加减速过程会消耗一部分稳定裕度,因此必须通过加减速极限供油规律来约束加减速过程中工作点不会进入喘振边界线且发生喘振。在制定加减速极限供油规律和主控供油规律时,除了考虑发动机降稳后的可用稳定裕度,还应考虑燃油控制器公差、过渡态热效应、过渡态叶尖间隙效应和放气等因素对工作线的影响,并对规律做出相应的修正。

要求如下:

制定加减速极限供油规律和主控供油规律时,需考虑发动机降稳后的可用喘振裕度、燃油控制器公差、过渡态热效应、过渡态叶尖间隙效应和放气等因素对工作线的影响。

17.4.1.8　起动供油规律分析

经过风扇增压级和高压压气机对稳定裕度指标的评估确认后,则降稳后的可用稳定裕度可以作为制定起动供油规律的输入之一。在起动过程中,发动机点火后涡轮前温度 T4 会急剧升高从而引起工作点上移,很容易导致压气机出现喘振或失速现象。因此,起动供油规律的制定应考虑高压压气机降稳后的可用稳定裕度。在制定起动极限供油规律和主控供油规律时,除了考虑发动机降稳后的可用稳定裕度,还应考虑燃油控制器公差、过渡态热效应、过渡态叶尖间隙效应和放气等因素对工作线的影响,并对规律做出相应的修正。

要求如下:

起动极限供油规律和主控供油规律需考虑发动机降稳后的可用喘振裕度、燃油控制器公差、过渡态热效应、过渡态叶尖间隙效应和放气等因素对工作线的影响。

17.4.1.9　起动供油规律分析

瞬态扩稳通常包括高压压气机级间放气（TBV）或/和可调静子叶片系统

（VSV）以保证加减速和起动过程中具有足够的稳定裕度。对于 TBV 控制规律的制定,应该在加减速和起动控制规律制定之初,先输入一个放气量的经验值,再计算得到加减速和起动供油规律之后,根据加速/起动时间以及供油线,进一步优化瞬态放气规律。在制定该规律时,需评估性能退化、跟随误差等因素对稳定裕度的影响,并在放气规律上进行相应的修正,以确保最佳的扩稳效果。其中,瞬态跟随误差中需考虑发动机吸水造成的影响。考虑到 VSV 瞬态跟随误差、瞬态间隙变化等对扩稳效果的影响,需要在 VSV 稳态控制规律的基础上进行优化,制定 VSV 瞬态控制规律。在完成 VSV 瞬态控制规律的制定后,需要与加减速和起动控制规律进行迭代优化。

要求如下:

（a）需制定 TBV 控制规律和 VSV 控制规律;

（b）需保证加减速和起动过程中具有足够的喘振裕度。

17.4.1.10 部件/系统气动稳定性相关需求分析

在完成降稳后的压缩部件可用稳定裕度分析、加减速供油规律、起动供油规律、稳态和瞬态扩稳控制规律,且经由各部件/系统迭代和确认后,可以得到对各部件/系统的气动稳定性相关需求。

要求如下:

（a）需包含进气道总压恢复系数设计要求;

（b）需包含风扇外涵在均匀流场和进气畸变条件下不同工况点的喘振裕度要求;

（c）需包含风扇内涵/增压级在均匀流场和进气畸变条件下不同工况点的喘振裕度要求;

（d）需包含高压压气机在均匀流场和进气畸变条件下不同工况点的喘振裕度要求;

（e）需包含控制系统设计要求;

（f）需包含 VBV、TBV、VSV 等作动部件控制规律要求。

17.4.2 系统级

17.4.2.1 短舱系统性能分析

根据进气畸变评定工况点及相应的性能参数,短舱系统可以开展风扇进口畸变度的计算,在计算时需要考虑飞行马赫数、侧风、攻角、地面效应和风扇抽吸能力等因素对畸变图谱的影响。该工作的输出结果需包括风扇进口畸变图谱和畸变度,提供给总体性能和风扇增压级开展气动稳定性相关评估工作。

要求如下:

（a）在计算时需要考虑飞行马赫数、侧风、攻角、地面效应和风扇抽吸能力等因素对畸变图谱的影响；

（b）输出结果需包括风扇进口畸变图谱和畸变度；

（c）需要计算发动机运行限制条件下的最大风扇进口畸变度和极限风扇进气畸变度；

（d）需证明极限风扇进口畸变度高于最大风扇进口畸变度，且留有一定的安全裕度；

（e）需评估工作包线内风扇入口温度畸变。

17.4.2.2　风扇增压级系统裕度分析

风扇增压级需开展计算分析确认总体性能分配的风扇增压级稳定裕度指标是否可以满足，因此需计算进气畸变、性能衰退和生产装配公差造成的风扇增压级稳定裕度损失以确认是否满足总体指标。

（a）计算进气畸变消耗的风扇增压级稳定裕度。

根据风扇进口畸变度的计算结果，基于数值模拟计算得到风扇外涵、风扇内涵/增压级在不同风扇进口畸变度下喘振裕度的变化和增压级出口的畸变图谱，以及确定在发动机最大进气畸变度条件下风扇外涵、风扇内涵/增压级是否会发生喘振。

（b）计算性能衰退消耗的风扇增压级稳定裕度。

基于发动机外场使用数据，建立风扇增压级部件性能衰退模型，至少包括叶片表面粗糙度、工作叶片和导流叶片上厚度及前缘形状、可调导叶的角度偏差、根部密封间隙和尖部间隙等数据的变化情况，以及衰退后风扇增压级效率和流通能力的变化情况。根据风扇增压级性能衰退模型，计算性能衰退造成的风扇外涵、风扇内涵/增压级的喘振裕度损失。

（c）计算生产装配公差消耗的风扇增压级稳定裕度。

基于发动机批生产数据，建立风扇增压级生产装配公差模型，至少包括叶片型面的制造精度、流道径向尺寸的制造精度、工作轮叶片与机匣之间的径向间隙、导向器与转子之间沿篦齿的径向间隙、压气机流道中的凸台、放气装置的密封性等，以及生产制造公差引起的风扇增压级效率的变化情况。根据风扇增压级生产装配公差模型，计算生产装配公差造成的风扇外涵、风扇内涵/增压级的喘振裕度损失。

要求如下：

（a）计算风扇增压级可用喘振裕度时需考虑进气畸变、性能衰退、生产装配公差等降稳因素的影响；

（b）需确认风扇增压级喘振裕度是否满足总体指标。

17.4.2.3　高压压气机系统裕度分析

（a）分析 VSV 控制特性。

高压压气机需开展计算分析确认总体性能分配的高压压气机稳定裕度指标是

否可以满足,因此需计算进气畸变、性能衰退和生产装配公差造成的高压压气机稳定裕度损失以确认是否满足总体指标。

(b) 计算进气畸变消耗的高压压气机稳定裕度。

根据增压级出口畸变度的计算结果,基于数值模拟计算得到高压压气机的喘振裕度损失,以及确定在发动机最大进气畸变度条件下高压压气机是否会发生喘振。如果增压级出口畸变度的数值非常小,近乎均匀流场,则此项工作可以无须开展。

(c) 计算性能衰退消耗的高压压气机稳定裕度。

基于发动机外场使用数据,建立高压压气机部件性能衰退模型,至少包括叶片表面粗糙度、工作叶片和导流叶片上厚度及前缘形状、可调导叶的角度偏差、根部密封间隙和尖部间隙等数据的变化情况,以及衰退后高压压气机效率和流通能力的变化情况。根据高压压气机性能衰退模型,计算性能衰退造成的高压压气机喘振裕度损失。

(d) 计算生产装配公差消耗的高压压气机稳定裕度。

基于发动机批生产数据,建立高压压气机生产装配公差模型,至少包括叶片型面的制造精度、流道径向尺寸的制造精度、工作轮叶片与机匣之间的径向间隙、导向器与转子之间沿篦齿的径向间隙、压气机流道中的凸台、放气装置的密封性等,以及生产制造公差引起的高压压气机效率的变化情况。根据高压压气机生产装配公差模型,计算生产装配公差造成的高压压气机喘振裕度损失。

要求如下:

(a) 需提供不同 VSV 角度调节角的高压压气机特性图和 VSV 的 β 角打开裕度分析结果;

(b) 计算高压压气机可用喘振裕度时需考虑进气畸变、性能衰退、生产装配公差等降稳因素的影响;

(c) 需确认高压压气机喘振裕度是否满足总体指标。

17.4.2.4　控制系统性能分析

确定 VSV、VBV、TBV 等作动部件控制误差、瞬态跟随误差,需包含稳态和瞬态控制误差。

17.5　条款验证需求

17.5.1　系统级

17.5.1.1　短舱性能试验

(a) 进气道气动特性试验;

(b) 侧风和地面效应组合试验。

要求如下：

（a）测量并获取在不同马赫数、风扇进口换算流量、攻角条件下风扇进口畸变图谱；

（b）测量并获取不同马赫数、风扇进口换算流量下气流分离时的最大进气攻角，以及相应的畸变图谱；

（c）考虑有地面效应的情况下，测量并获取在不同的马赫数、风扇进口换算流量、侧风条件下风扇进口畸变图谱；

（d）确定在起飞滑跑时，侧风条件下产生风扇进口气流分离时的侧风速度；

（e）试验通过准则：满足风扇进口畸变度要求。

17.5.1.2　风扇增压级性能试验

（a）风扇增压级特性试验；

（b）风扇增压级进气畸变试验。

要求如下：

（a）在均匀流场试验条件下，配合 VBV 控制规律，测量不同相对换算转速下的风扇外涵、风扇内涵/增压级工作特性，包括工作点和喘振点；

（b）在侧风范围从 0 逐步增加到最大侧风条件，以及极限侧风条件下，配合 VBV 控制规律，测量不同相对换算转速下的风扇外涵和风扇内涵/增压级的喘振裕度变化情况，以及风扇内涵/增压级出口的压力分布，即稳态畸变图谱；

（c）如果无法开展侧风条件下的风扇增压级进气畸变试验，可以根据风扇进口畸变度评定结果，在风扇进口安装畸变网/插板，该畸变网/插板所对应的畸变度应等效于风扇进口畸变度计算和短舱吹风试验结果得到的畸变度；

（d）试验通过准则：风扇增压级喘振裕度满足要求。

17.5.1.3　高压压气机性能试验

（a）高压压气机特性试验；

（b）高压压气机进气畸变试验。

要求如下：

（a）逐级调节可调节的静子叶片，优化 VSV 控制规律；

（b）在均匀流场条件下，按照优化后的 VSV 控制规律进行 VSV 控制，并配合 TBV 控制规律，测量不同相对换算转速下高压压气机工作特性，包括工作点和喘振点；

（c）在高压压气机进口安装畸变网/插板，每一个畸变网/插板所对应的畸变度应分别等效于风扇增压级气动稳定性试验测定的增压级出口畸变图谱。在上述畸变条件下测定高压压气机在稳态工作时是否进喘，以及相应的喘振裕度变化；

（d）如果缺乏增压级出口畸变图谱的试验数据，可参照表 17-3 所建议的畸变度开展本试验，该数据是基于其他机型资料计算得到的最大侧风条件下高压压气机进口畸变度。

表 17 - 3　建议的高压压气机进气畸变试验畸变度

N_{2R}	0.79	0.83	0.87	0.91	0.95	0.99
$IDCMAX_{25}$	0.008	0.01	0.013	0.018	0.024	0.031

（e）试验通过准则：高压压气机喘振裕度满足要求。

17.5.1.4　发动机控制系统性能试验：

（a）VBV\VSV\TBV 作动部件性能验证；

（b）稳态控制和过渡态控制性能验证；

试验通过准则：控制响应、控制误差满足要求。

17.5.2　整机级

17.5.2.1　整机气动稳定性分析

（a）采用发动机性能计算模型计算发动机在工作包线、侧风包线、攻角包线范围内进行稳态、加减速和起动操作时的剩余喘振裕度，以验证发动机满足整机气动稳定性需求。

（b）确定整机气动稳定性试验关键点。根据工作包线、侧风包线、攻角包线范围内整机气动稳定性的分析结果，并结合整机试验条件所能达到的工况，确定整机气动稳定性试验的工况点。

要求如下：

（a）需确定整机气动稳定性试验关键点；

（b）需结合整机试验条件确定整机气动稳定性试验工况点。

17.5.2.2　整机气动稳定性试验

（a）稳态特性试验；

（b）瞬态特性试验。

要求如下：

（a）试验需至少包括在试验关键点进行一系列加减速和起动操作以确认发动机不会发生喘振和失速。除了达到试验关键点要求的温度、高度、飞行马赫数、侧风，还必须通过改装手段模拟衰退后的最小发动机，即通过改装减小一定喘振裕度，该喘振裕度要不低于生产装配公差和性能衰退消耗的喘振裕度；

（b）在均匀进气和侧风条件下测量不同相对换算转速下的风扇外涵、风扇内涵/增压级、高压压气机的工作特性。通过调节外涵喷管出口面积、内涵喷管出口面积、VSV 角度瞬时开关变化、高压压气机末级注气或给定燃油阶跃等逼喘方式测定风扇外涵、风扇内涵/增压级和高压压气机的喘振边界和可用喘振裕度；

（c）调节优化 VSV 调节规律。在干空气或吸雨的条件下，进行燃油阶跃等逼喘操作，测定优化后 VSV 调节规律下高压压气机的喘振裕度；

（d）在均匀进气和最大侧风条件下（含尾风），进行冷机和热机的起动试验，测定该条件下发动机是否可以起动成功，且不发生喘振；

（e）在最大侧风条件下，在 1 秒内将油门杆从最小位置推到最大位置，即发动机状态从地面慢车到额定起飞，测量风扇外涵、风扇内涵/增压级、高压压气机是否发生喘振，以及喘振裕度的变化；

（f）在最大侧风条件下，将油门杆从地面慢车到 95% 额定起飞推力，测量风扇外涵、风扇内涵/增压级、高压压气机是否发生喘振，以及喘振裕度的变化；

（g）通过调整风扇外涵喷管等方法抬高工作线，来模拟性能衰退和生产制造公差造成的风扇外涵喘振裕度损失；

（h）在最大侧风条件下，进行高压压气机节流喘振裕度测量；

（i）进行飞行试验，需包括攻角试验、空中起动、瞬态操作等，以确认发动机具有足够的喘振裕度；

（j）试验通过准则：整机不发生喘振或者失速。

参考文献

中国民用航空局. 2011. 航空发动机适航规定：CCAR33 - R2[S].

Federal Aviation Administration. 1985. Surge and stall characteristics of aircraft turbine engines：AC 3365 - 1[S].

Federal Aviation Administration. 1985. Water ingestion testing for turbine powered airplanes：AC 20 - 124[S].

Society of Automotive. 2017. Gas turbine engine inlet flow distortion guidelines：SAE ARP1420C[S].

Society of Automotive. 2017. Inlet total-pressure-distortion considerations for gas-turbine engines：SAE AIR1419C[S].

第18章
第33.66条 引气系统

18.1 条款内容

第33.66条 引气系统

在第33.7条(c)(11)中规定的极限引气状态的所有条件下,发动机必须提供引气而不会对发动机产生除推力或功率输出降低外的不利影响。如果能控制发动机防冰的引气,则必须设置指示发动机防冰系统功能的装置。

18.2 条款演变历程

条款修订历史如表18-1所示。

表 18-1 条款修订历史

序号	修正案	生效日期	Final Rule 名称	NPRM
1	33-6	1974.10.31	Aircraft and Aircraft Engines, Certification Procedures and Type Certification Standards	71-12
2	33-10	1984.03.26	Aircraft Engine Regulatory Review Program; Aircraft Engine and Related Powerplant Installation Amendments	80-21

CCAR-33R2 版中的第 33.66 条与 FAR-33 部的第 10 修正案中的第 33.66 条内容一致。FAR-33 部中的第 33.66 条有 2 次修订。主要内容修订包括以下几条:1974 年第 6 修正案,首次增加关于引气系统的第 33.66 条,要求申请人必须在颁发型号合格证之前,根据本规定进行发动机引气系统的验证。

18.3 条款实质性要求

(a) 发动机在工作包线内达到极限引气状态时,不会产生除了推力减小或输出功率降低外的不利影响,不利影响包括但不限于喘振、失速、加速时间超出限制

值、涡轮部件超温等;

（b）如果可以控制发动机防冰引气,则必须设置有指示防冰系统功能的装置,以供机组监视和判断防冰引气的使用情况。

18.4　条款设计需求

18.4.1　整机级

18.4.1.1　引气需求的确定

首先,发动机的引气需要同时考虑发动机本体的引气需求和飞机的引气需求,并确保飞机与发动机之间的协调性。

（a）应与飞机设计单位等客户进行沟通协调,明确飞机引气需求;

（b）明确用于发动机自身结构防冰等的引气需求。

其次,明确发动机基于第 33.7 条（c）（11）中限定的不同工况下的极限引气状态及发动机的极限引气量。

（a）对标第 33.7 条（c）（11）中规定的引气状态,该条目中要求考虑引气条件约束造成的最低的、可以稳定实现的、有保障发动机额定值和使用限制;

（b）重点分析整个飞行包线内,各种工况和使用要求下(如除冰用气、舱内供压等),对发动机引气量的需求;

（c）分析和验证该极限引气量。

要求如下:

协调飞机与发动机之间的引气,确定发动机极限引气状态下的极限引气量。

18.4.1.2　引气方案的确定

应根据设计需求开展引气方案设计工作,工作内容主要包括:

（a）合理设置引气位置,并分配各引气口的极限引气量;

（b）确定引气控制规律,包括引气口的切换规律和压力控制规律等。

要求如下:

（a）确定引气口位置设计及相应的极限引气量;

（b）确定引气控制规律,包括引气口的切换规律和压力控制规律等。

18.4.1.3　极限引气工况性能评估

（a）稳态性能评估。

（1）需对极限引气条件下,发动机在全工作包线以及全温度包线内运行时的稳态性能进行评估;

（2）考虑引气口进行非正常切换时对发动机性能带来的影响;评估各个引气口在各工况下单独提供极限引气时的发动机性能。

（b）瞬态性能评估。

（1）瞬态性能评估主要用于评估在极限引气条件下发动机在瞬态工作下的性能表现；

（2）结合第33.73条(a)对极限引气条件下的发动机的瞬态特性的要求开展设计；尤其对发动机在极限引气条件下加速时的性能开展评估，并根据评估结果完善供油规律，以满足条款要求。

该项工作的检查要求如下：

（a）确定发动机所有的极限引气工况点；

（b）对极限引气工况点进行了稳态和瞬态性能评估，表明极限引气不会对性能产生喘振、失速、超温、引气成分污染物超标等不利影响；

（c）（如采用计算分析开展评估）总体性能的分析计算工具应是经过验证的。

18.4.1.4　防冰系统功能的指示

若用于发动机防冰系统的引气可控，则设置可指示防冰系统功能的装置。设置的指示防冰系统功能的装置，可帮助机组监视和判断防冰引气的使用情况。

18.4.2　系统级

（a）识别发动机防冰引气是否可控；

（b）如果发动机防冰引气可控，则需设置发动机防冰系统工作状态的指示装置或为指示装置预留接口。

要求如下。

能够指示发动机防冰系统工作状态，包括两种状态：

（a）发动机防冰功能工作正常；

（b）发动机防冰功能失效。

18.4.3　组件级

引气管路组件分析：

（a）梳理在极限引气条件下，引气管路中受到高压、高温气体影响的关键组件；

（b）开展在极限引气条件下，对引气管路关键组件的强度分析；

（c）提供在极限引气条件下，对引气管路关键组件失效后的预防措施。

要求如下：

发动机引气管路的高能量（尤其来自高压压气机的引气）要求对引气管路组件开展特殊的设计和安装。引气管路的关键组件应该充分考虑引气管路的各种工作环境，例如振动、冲击、加速载荷、湿度、温度和压力。此外，失效模式、泄漏及引气被污染、抗压和焊接等问题也需要在设计中关注，以保障其可靠性，并满足第33.64条对发动机静承压件的要求。

18.5　条款验证需求

18.5.1　组件级

引气系统组件静强度性能验证：开展各种极限引气条件下，引气系统组件的结构强度验证试验。

要求如下：

引气系统组件的结构强度分析与试验结果一致，满足第 33.64 条对发动机静承压件的要求。

18.5.2　系统级

验证可控制发动机防冰引气的供应以及防冰指示功能。

要求如下：

验证指示装置在发动机防冰系统工作时能指示其工作状态。

18.5.3　整机级

申请人可通过整机试验的方法，向局方表明发动机在工作包线内处于极限引气条件下时，不会产生除推力或功率输出降低外的不利影响，如喘振、失速、加速时间超出限制值、涡轮部件超温等。

18.5.3.1　整机的引气符合性试验

（a）整机引气符合性试验包括：进行发动机引气试验，提供引气试验报告（包含引气成分的分析）。通过发动机整机引气试验，记录发动机推力等一系列指标性能数值，确认除推力损失以外，没有其他的不利影响，以向局方表明本条款的符合性；

（b）由于极限引气试验也是第 33.87 条所要求的持久试验中的一部分，因此，第 33.66 条引气系统符合性试验通常结合第 33.87 条持久试验开展，用于同时满足第 33.66 条与第 33.87 条（a）（5）要求。

通过整机引气符合性试验，向局方表明发动机在工作包线内处于极限引气条件下时，不会产生除推力或功率输出降低外的不利影响；试验可结合第 33.87 条持久试验开展。

18.5.3.2　防冰系统功能指示装置检查试验

如果发动机采用引气防冰方法，并且可以控制调节引气来防冰，则通过检查试验的方式，确认飞机驾驶舱内有可以指示发动机防冰系统功能的装置。

通过资料审查检查是否设置了指示发动机防冰系统功能的装置；或已为指示装置预留了接口（当指示方式由飞机方确定时），通过试验验证防冰指示功能；同时,在发动机安装和使用说明中应对指示发动机防冰功能的装置进行说明。

参考文献

安德瑞·林克·迪辛格(德). 2015. 民用涡扇发动机系统[M]. 中航工业商发,译. 北京:航空工业出版社.

中国民用航空局. 2011. 航空发动机适航规定:CCAR33 - R2[S].

Society of Automotive Engineers. 2007. Engine bleed air systems for aircraft:SAE ARP 1796A[S].

Society of Automotive Engineers. 2008. Procedure for sampling and measurement of engine and APU generated contaminants in bleed air supplies from aircraft engines:SAE ARP 4418A[S].

第 19 章
第 33.67 条 燃油系统

19.1 条 款 内 容

第 33.67 条 燃油系统

（a）在按申请人规定的流量和压力对发动机供给燃油的情况下,该发动机必须在本规定规定的各种工作状态下都能正常地工作。不可再调整的每个燃油控制调节装置装于发动机上时必须用锁紧装置固定并且必须是铅封的,否则应是不可达的。所有其他的燃油控制调节装置必须是可达的,并且作标记以指明调节功能,除非该功能是显而易见的。

（b）在发动机燃油进口与燃油计量装置进口,或与发动机传动的正排量泵进口(两种进口中取距发动机燃油进口较近者)之间,必须设置燃油滤或滤网。此外下列规定适用于本款(b)要求的每个燃油滤或滤网:

（1）必须是便于放泄和清洗,并必须采用易于拆卸的网件或滤芯;

（2）除非滤网或油滤易于拆卸进行放油,而不需设置放油装置,否则必须具有沉淀槽和放油嘴;

（3）除非导管或接头在所有载荷情况下均具有足够的强度裕量,否则,油滤或滤网的重量不能由相连的导管或其入口或出口的接头支承。

（4）必须规定为防止燃油中外来颗粒进入发动机燃油系统所必需的燃油滤的类型和过滤度。申请人必须表明符合下列要求:

（i）通过规定过滤装置的外来颗粒不会损害发动机燃油系统的功能;

（ii）在 27℃（80℉）的含水的初始饱和燃油中每升加进 0.2 毫升游离水（每加仑含 0.025 液英两）,并冷却到工作中可能遇到的最危险的结冰条件下,燃油系统在其整个流量和压力范围内能持续工作。然而,这一要求可以通过验证特定的经批准的燃油防冰添加剂的有效性来满足;或者燃油系统带有燃油加热器,它能在最危险结冰条件下将燃油滤或燃油进口处的燃油温度保持在 0℃（32℉）以上。

（5）申请人必须验证在燃油被污染到工作中可能遇到的最大程度的颗粒尺寸和密度时,过滤装置具有保证发动机在其批准的极限内继续运转的能力(与发动机使用限制相对应）。必须验证发动机在这些条件下，按中国民用航空局可接受的一段时间内工作，这段时间由下列装置开始指示过滤器临近阻塞时算起：

（i）现有的发动机仪表；

（ii）装在发动机燃油系统的附加装置。

（6）任何滤网或油滤旁路装置的设计与构造，必须通过其适当设置使积聚的污物逸出最少，以确保积聚的污物不致进入旁通油路。

（c）对于每个流体喷射（除燃油）系统和其控制装置，如果作为发动机的一部分，申请人必须表明喷射流体量是充分可控的。

（d）删除。

19.2   条款演变历程

条款修订历史如表 19-1 所示。

表 19-1   条款修订历史

序号	修正案	生效日期	Final Rule 名称	NPRM
1	33-0	1965.02.01	Miscellaneous Amendments	63-47
2	33-2	1966.07.06	Miscellaneous Amendments to Chapter	/
3	33-6	1974.10.31	Aircraft and Aircraft Engines, Certification Procedures and Type Certification Standards	71-12
4	33-10	1984.03.26	Aircraft Engine Regulatory Review Program; Aircraft Engine and Related Powerplant Installation Amendments	80-21
5	33-18	1996.08.19	Airworthiness Standards: Aircraft Engines New One-Engine-Inoperative (OEI) Ratings, Definitions and Type Certification Standards	89-27A
6	33-25	2008.10.17	Airworthiness Standards: Rotorcraft Turbine Engines One-Engine-Inoperative (OEI) Ratings, Type Certification Standards	89-27A
7	33-26	2008.10.20	Engine Control System Requirements	07-03

CCAR-33R2 版中的第 33.67 条跟 FAR-33 部的第 26 修正案中的第 33.67 条内容一致。FAR-33 部中的第 33.65 条有 7 次修订。主要内容修订包括以下几条：1965 年第 0 修正案，基于原 CAR 第 13.210 条的内容，形成了燃油系统条款的初始版本。1974 年第 6 修正案，将进气系统防冰方面的要求提取出来形成单独的第 33.68 条"进气系统结冰"条款；充实原有的燃油系统要求，形成专门的第 33.67 条"燃油系统"条款；发动机厂商应该在型号设计中考虑燃油滤或滤网，以便在各种情况下都能保证燃油计量装置和正排量泵的安全可靠工作；增加燃油污染指示装置的要求；增加燃油结冰试验验证要求。1984 年第 10 修正案，保留第 33.67 条（a）第一句话，删除第 33.67 条（a）的其他要求；修改第 33.67 条（b）（3），允许燃油

滤或滤网使用可接受的安装方式;结合目前的条(b)(5)和条(b)(7)要求,修改条(b)(5),阐述了本条的安全性目标是当发生燃油污染事件时要警告驾驶员并留有足够的时间进行安全降落;新增第 33.67 条(c)流体喷射系统要求。1996 年第 18 修正案,增加了"(d)具有 30 s OEI 功率的发动机必须具有自动获取和自动控制 30 s OEI 功率的措施。"。2008 年第 26 修正案,删除了第 33.67 条(d)OEI 功率要求,把该条要求归入到第 33.28 条中。

19.3　条款实质性要求

(a)在发动机工作包线内的所有工作状态下,燃油系统能按照规定的流量和压力对发动机供给燃油;

(b)必须合理设置燃油过滤装置保护燃油系统,使得燃油在可能遇到的最大程度的污染环境下,燃油系统能够继续运转,并设计合理的告警功能指示临近堵塞,确保在告警指示发生后,燃油系统应能继续运转可接受的一段时间;

(c)在工作中可能遇到的最危险结冰条件下,燃油系统在其整个流量和压力范围内能持续工作;

(d)燃油系统应具有良好的维修性,包括燃油控制调节装置需进行锁紧固定或标记,防止误操作且便于维修,燃油滤应易于拆卸且其连接导管或接头应具有足够的强度防止因失效导致燃油泄漏;

(e)对于每个流体喷射(除燃油)系统和其控制装置,如果作为发动机的一部分,申请人必须表明喷射流体量是充分可控的。

19.4　条款设计需求

19.4.1　整机级
燃滑油热管理分析:
(a)燃油结冰危险工况分析;
(b)危险工况燃油温度评估计算。
要求如下:
(a)考虑整个工作包线范围内的工作状态;
(b)考虑瞬态结冰状态。

19.4.2　系统级
19.4.2.1　燃油系统工作参数分析
(a)燃油系统压力参数分析;

(b) 燃油系统流量参数分析。

19.4.2.2　流体喷射系统流量控制分析

喷射流量控制参数分析。

19.4.3　组件级

19.4.3.1　燃油泵参数分析

(a) 燃油泵进口工作条件分析：

(1) 确定燃油进口压力范围；

(2) 确定燃油进口温度范围；

(3) 确定燃油进口流量范围；

(4) 确定燃油进口污染等级及标准；

(5) 确定燃油牌号及规范。

要求如下：

(1) 与飞机方协调燃油进口条件；

(2) 考虑整个工作包线范围内的工作状态。

(b) 燃油泵工作参数分析：

(1) 确定适合的燃油泵设计点参数；

(2) 确定燃油泵传动功率要求；

(3) 确定燃油泵在发动机各种工作状态下的增压要求；

(4) 确定燃油泵在发动机各种工作状态下的供油要求；

(5) 确定燃油泵的吸力供油需求。

要求如下：

考虑整个工作包线范围内的工作状态。

19.4.3.2　燃油计量参数分析

(a) 确定燃油计量流量范围要求；

(b) 确定燃油计量精度要求；

(c) 确定燃油计量动态特性要求；

(d) 确定燃油计量故障保护要求。

要求如下：

(a) 考虑整个工作包线范围内的工作状态；

(b) 在可以通过过滤装置的燃油污染等级下,燃油应能正常计量。

19.4.3.3　燃油分配参数分析

(a) 确定燃油分配流量范围要求；

(b) 确定各级油路燃油流量分配关系要求；

(c) 确定燃油分配精度要求；

（d）确定燃油分配动态特性要求。

要求如下：

（a）考虑整个工作包线范围内的工作状态；

（b）在可以通过过滤装置的燃油污染等级下，燃油应能正常分配。

19.4.3.4　燃油作动参数分析

（a）确定燃油作动伺服流量要求；

（b）确定燃油作动精度要求；

（c）确定燃油作动安全位置要求；

（d）确定燃油作动动态特性要求。

要求如下：

（a）考虑整个工作包线范围内的工作状态；

（b）在可以通过过滤装置的燃油污染等级下，应能正常作动。

19.4.3.5　燃油控制调节装置维护性设计

（a）可再调整的燃油控制调节装置的维护性设计要求；

（b）不可再调整的燃油控制调节装置的维护性设计要求。

19.4.3.6　燃油滤或滤网滤通能力及维护性设计

（a）确定燃油滤或滤网的安装位置要求；

（b）确定燃油滤或滤网的类型和过滤度要求；

（c）确定燃油滤或滤网的旁通压降设计要求；

（d）确定燃油滤或滤网的旁通活门开启压降设计要求；

（e）确定燃油滤或滤网的临近堵塞指示设计要求；

（f）确定燃油滤或滤网的重量支承要求；

（g）确定燃油滤或滤网的维护性设计要求。

19.4.3.7　燃油加热器加热功率分析

19.4.3.8　流体喷射控制分析

19.4.3.9　燃油压力接头油液流失限制分析

19.5　条款验证需求

19.5.1　组件级

燃油泵工作试验。

19.5.2　系统级

（a）燃油系统半物理试验；

（b）燃油系统污染试验；

（c）燃油系统结冰试验。

19.5.3　整机级

19.5.3.1　燃油系统运行试验

要求如下：试验覆盖燃油系统压力、流量工作范围。

19.5.3.2　燃油系统维修性验证

（a）燃油控制调节装置维修性验证；

（b）燃油滤或滤网维修性验证。

要求如下：考虑燃油系统在发动机上的安装因素。

参考文献

中国民用航空局. 2011. 航空发动机适航规定：CCAR33 - R2[S].

Federal Aviation Administration. 2012. AMT handbook-airframe. chapetr 12：Hydraulic and pneumatic power systems：FAA - H - 8083 - 31[S].

Society of Automotive Engineers. 2012. Aircraft fuel system and component icing test：SAE ARP 1401 [S].

Society of Automotive Engineers. 1992. Aircraft turbine engine fuel system component endurance test procedure (room temperature contamination fuel)：SAE ARP 749B[S].

Society of Automotive Engineers. 2008. Guidelines for engine component tests：SAE ARP 5757[S].

第20章
第33.68条 进气系统的结冰

20.1 条款内容

第33.68条 进气系统的结冰

在所有防冰系统工作时,每型发动机必须满足下列要求:

(a) 在航空规章第25部附件C中规定的连续最大或间断最大结冰状态下,发动机在其整个飞行功率范围(包括慢车)内的工作中,在发动机部件上不应出现影响发动机工作或引起功率或推力严重损失的结冰情况。

(b) 在临界状态进行引气防冰时,地面慢车30分钟,不出现不利影响,此时大气的温度在-9℃~-1℃之间(15°F~30°F之间),每立方米含液态水不少于0.3克并且以平均有效直径不小于20微米的水珠形式存在,接着发动机以起飞功率或推力进行短暂的运转。在30分钟慢车运转期间,该发动机可以以中国民用航空局接受的方式周期性地加速运转到中等功率或推力调定值。

20.2 条款演变历程

条款修订历史如表20-1所示。

表20-1 条款修订历史

序号	修正案	生效日期	Final Rule 名称	NPRM
1	33-0	1965.02.01	Miscellaneous Amendments	63-47
2	33-2	1966.07.06	Miscellaneous Amendments to Chapter	/
3	33-6	1974.10.31	Aircraft and Aircraft Engines, Certification Procedures and Type Certification Standards	71-12
4	33-10	1984.03.26	Aircraft Engine Regulatory Review Program; Aircraft Engine and Related Powerplant Installation Amendments	80-21
5	33-34	2015.01.05	Airplane and Engine Certification Requirements in Supercooled Large Drop, Mixed Phase, and Ice Crystal Icing Conditions	89-27A

CCAR‑33R2 版中的第 33.68 条与 FAR‑33 部的第 10 修正案中的第 33.68 条内容一致。FAR‑33 部中的第 33.68 条有 5 次修订。主要修订内容包括以下几条：1965 年第 0 修正案,基于原 CAR 第 13.210 条内容,形成了第 33.67 条燃油和进气系统的条款的初始版本。1974 年第 6 修正案,将进气系统防冰方面的要求提取出来形成单独的第 33.68 条"进气系统结冰"条款。1984 年第 10 修正案,试验要求的温度修订为温度区间,减小了条款中液态水含量和水滴直径的数值;增加了"在 30 分钟慢车运转期间,该发动机可以以局方接受的方式周期性地加速运转到中等功率或推力调定值。"。2015 年第 34 修正案对本条款进行了比较大的调整,为了改进在过冷大水滴(supercooled liquid drops,SLD),混合相和冰晶结冰条件下工作的运输类飞机的安全性,对规章进行了修订,扩充发动机和发动机安装合格审定要求,以满足冻毛毛雨,冻雨,混合相及冰晶结冰条件。

20.3　条款实质性要求

确保发动机进气结冰保护系统得以合理地设计与制造,使其在规定的结冰条件下可以正常工作,发动机在批准的额定值和结冰条件下运行时不能导致以下情况的发生。

(a) 对发动机运行造成不利影响或引起不可接受的持续的功率或推力损失或不可接受的发动机排气温度(exhaust gas temperature,EGT)的升高:

(1) 持续的功率或推力损失在额定起飞功率下不超过 1.5%;(试验结束后,冰全部融化的状态下);

(2) 发动机运行温度(EGT)不超过发动机申请人规定的限制(to be determined,TBD)。

(b) 不可接受的瞬时功率损失、暂时功率损失或发动机(机械)损伤:

(1) 由结冰符合性试验导致的发动机或发动机部件的损伤不应超过持续适航文件的限制;

(2) 瞬时功率损失、暂时功率损失是否可接受,应视情况而定(TBD)。

(c) 发动机喘振、失速或熄火或发动机失去控制。

20.4　条款设计需求

20.4.1　整机级

整机级结冰防冰设计:

(a) 确定发动机适用的结冰范围、运行包线和发动机推力状态;

(b) 提出发动机全包线范围、各推力状态下工作参数;

(c) 提出结冰相关部件的性能设计要求;

(d) 提出结冰相关部件的结构设计要求;

（e）确定各部件的防冰措施；

（f）提出发动机强度设计要求。

要求如下：

（a）发动机适用的结冰气象范围应至少包括以下内容。

（1）中国民用航空规章 25 部附录 C、29 部附录 C 中规定的连续最大或间断最大结冰状态。

（2）FAR - 25 部附录 O 中规定的过冷大水滴结冰状态。

（3）FAR - 33 部附录 D 中规定的混合相和冰晶结冰状态。

（4）FAR 第 33.68 条中规定的结冰状态。

（b）发动机结冰适用的发动机推力状态对应的发动机运行阶段应至少包括以下内容。

（1）滑行；

（2）爬升；

（3）巡航；

（4）盘旋等待；

（5）下降；

（6）进场和着陆。

（c）提出全包线范围、各推力状态下工作参数（各系统、部件循环参数）。

（d）各部件性能设计要求应保证发动机整机满足性能要求。

（e）各部件结构设计要求应保证发动机整机满足结构要求。

（f）提出结冰相关部件的防冰措施。

（g）各部件强度设计要求应保证发动机整机满足强度要求。

20.4.2　系统级

20.4.2.1　短舱系统

（a）确定防冰除冰表面范围。

宜考虑其他可能脱冰的组件、零件，示例表格参见表 20 - 2。

表 20 - 2　短舱系统涉及部件、组件、零件列表

短 舱 系 统			其 他
单元体	短舱进气道		其 他
组件	TBD		进气道传感器
零件	TBD	TBD	进气道传感器
是否结冰	结冰		结冰
是否脱冰	脱冰		脱冰
是否冰撞			

（b）确定防冰除冰系统类型。

（1）防冰除冰系统类型包括：气动除冰系统，电热防冰、除冰系统，气热防冰系统；

（2）热力学防冰系统根据防冰表面的加热程度可以分为完全蒸发防冰系统和不完全蒸发防冰系统。

（c）确定防冰除冰设计点。

（d）进行防冰除冰系统设计。

（e）针对设计点进行分析、试验或两者组合的方法，验证是否满足系统设计要求。

要求如下：

（a）确定防冰除冰表面范围时，应计算水滴撞击极限，且应考虑水滴的朗缪[D]（Langmuir D）分布。

（b）设计点应是防冰表面的防冰热需求最不容易实现的点，即防冰热需求相对较高而压气机提供的热气流供给能力相对较低时的结冰条件；此设计点将用于防冰系统详细设计。

（c）防冰表面应达到以下要求：

（1）在 CCAR - 25 部附录 C、FAR - 25 部附录 O 中描述的各种结冰条件下，防冰系统应能按预定防冰要求防止表面上结冰或确保结冰在允许范围内；

（2）防冰表面应保证 2 分钟延迟防冰状态，内表面脱冰尺寸不大于周长的三分之一；

（3）在层云（连续最大大气结冰状态）下，短舱内表面应为完全蒸发防冰状态，短舱外表面可为不完全蒸发防冰状态；

（4）在积云（间断最大大气结冰状态）或 FAR - 25 部附录 O 结冰状态下，短舱表面可为不完全蒸发状态；

（5）若短舱表面存在不完全蒸发防冰状态，必须考虑本章节条（d）中要求。

（d）脱落冰质量、溢流冰质量应满足以下要求：

（1）在防冰系统延迟 2 分钟开启条件下，防冰内表面脱落的最大冰块质量应小于吸冰试验最小吸入冰量；

（2）若短舱在防冰系统打开状态下存在溢流冰，则在 45 分钟的结冰时间内，短舱内表面其溢流冰总质量应小于吸冰试验最小吸入冰量。

20.4.2.2　风扇/增压级系统

（a）开展风扇和增压级结冰分析，确定结冰相关单元体、组件和零件：

（1）宜考虑发生结冰、脱冰的组件、零件；

（2）宜考虑脱冰可能撞击到的组件、零件，示例表格参见表 20 - 3、表 20 - 4、表 20 - 5；

表 20-3　风扇机匣单元体涉及部件、组件、零件列表

单元体	风扇机匣单元体				
组件	风扇机匣组件		前声衬组件/后声衬组件		
零件	风扇包容机匣	易磨层	蜂窝	垫板	衬套
是否结冰					
是否脱冰					
是否受到冰撞击	冰撞	冰撞	冰撞	冰撞	冰撞

表 20-4　风扇转子及增压级单元体涉及部件、组件、零件列表

风扇/增压级									
单元体	风扇转子及增压级单元体								
组件	进气锥前段组件	进气锥后段组件	流道板组件		风扇叶片	风扇盘及增压级			
零件	风扇进气锥前段	风扇进气锥后段	流道板	衬套	风扇叶片	风扇盘	各级静子组件	各级转子叶片	增压级鼓筒
是否结冰	结冰	结冰	结冰		结冰	结冰		结冰	
是否脱冰	脱冰	脱冰	脱冰		脱冰	脱冰		脱冰	
是否冰撞			冰撞	冰撞	冰撞		冰撞	冰撞	

表 20-5　中介机匣单元体涉及部件、组件、零件列表

单元体组件零件	风扇/增压级											其他
	中介机匣单元体									分流环前段组合件	分流环后段组合件	高压压气机进口传感器（总温/总压）
	中介机匣组合件						放气活门组合件			分流环前段	分流环后段	
	内机匣	主支板	副支板	大盖板、小盖板	衬板	流道板	放气活门	放气活门衬套	放气活门压板	分流环前段	分流环后段	高压压气机进口传感器（总温/总压）
是否结冰							结冰	结冰	结冰	结冰		结冰
是否脱冰										脱冰		脱冰
是否冰撞	冰撞	冰撞	冰撞	冰撞	冰撞	冰撞						

（3）若风扇/增压级结冰后气动和强度无法满足总体要求、本报告相关章节的所有要求,宜在风扇/增压级必要位置确定需防冰除冰表面范围,并确定防冰除冰系统类型。

（b）开展风扇和增压级结冰分析，确定风扇/增压级系统结冰后的气动特性。

（c）开展风扇和增压级结冰分析，确定风扇/增压级各组件、零件最大结冰质量、脱冰质量。

（d）开展风扇/增压级各组件、零件冰撞分析，确定风扇/增压级各组件、零件冰撞机械损伤。

要求如下：

（a）确定结冰相关组件、零件时，应计算水滴撞击极限，应考虑飞行条件下短舱部件流量系数的影响，且应考虑水滴的 Langmuir D 分布。

（b）风扇和增压级结冰后气动特性应满足总体性能给出的风扇/增压级结冰相关设计要求，喘振裕度应在 TBD 以内。

（c）风扇和增压级各组件、零件最大结冰质量、脱冰质量应满足各自的脱冰要求。

（d）各组件、零件的冰撞后机械损伤应满足持续适航文件［飞机维护手册（aircraft maintenance manual，AMM 或发动机维修手册）］的限制要求。

20.4.2.3　压气机系统

（a）开展压气机结冰分析，确定结冰相关单元体、组件和零件：

（1）宜考虑发生结冰、脱冰的组件、零件；

（2）宜考虑脱冰可能撞击到的组件、零件，示例表格参见表 20－6。

表 20－6　压气机涉及结冰部件、组件、零件列表

单元体	高压压气机单元体				
组件	高压压气机转子单元体		高压压气机前静子单元体		其他
零件	第一级叶盘	其他	进口导叶	其他	
是否结冰			结冰		
是否脱冰			脱冰		
是否冰撞	冰撞				

（b）开展压气机结冰分析，确定压气机系统结冰后气动特性。

（c）确定压气机各组件、零件最大结冰质量、脱冰质量。

（d）确定压气机各组件、零件冰撞机械损伤。

要求如下：

（a）确定结冰相关组件、零件时，应计算水滴撞击极限，应考虑飞行条件下短舱流量系数和上游部件（风扇/增压级）的影响，且应考虑水滴的 Langmuir D 分布。

（b）压气机结冰后气动特性应满足总体性能给出的压气机结冰相关设计要

求,喘振裕度应在 TBD 以内。

（c）压气机各组件、零件最大结冰质量、脱冰质量应满足各自的脱冰要求。

（d）压气机各组件、零件的冰撞后机械损伤应满足持续适航文件（AMM 或发动机维修手册）的限制要求。

20.4.2.4　燃烧室系统

（a）开展燃烧室熄火分析,确定燃烧室贫油熄火边界;

（b）针对部件进行关键点分析,验证是否满足系统要求。

进行燃烧室关键点分析时,宜考虑 CCAR - 25 部附录 C、发动机包线、发动机推力状态;宜考虑由总体提供燃烧室的最大吸入水气比;宜考虑风扇增压级和压气机脱冰可能带来的瞬时水气比。

要求如下:

燃烧室应满足总体性能给出的燃烧室结冰相关设计要求,燃烧室贫油熄火边界应不低于 TBD。

20.4.2.5　控制系统

确定结冰和防冰相关的控制系统传感器信号失真,宜考虑以下因素:（不限于）

（1）在 FAR - 25 部附录 C 和 O、FAR - 33 部附录 D 以及 FAR 第 33.68 条中规定的结冰状态下,进气道总压和总温探针,以及内部压气机温度和压力探针由于积冰或堵塞产生的传感器信号失真;

（2）若传感器存在防冰,由于防冰产生的传感器信号失真。

要求如下。

（a）控制系统传感器信号失真应满足总体性能给出的控制系统结冰相关设计要求。

（b）控制系统传感器信号失真不应导致推力控制丧失事件。

20.4.2.6　空气系统

（a）发动机结冰的系列典型工况点条件下,开展发动机及发动机部件结冰分析、脱冰分析;

（b）确定发动机及发动机部件引气防冰系统设计点;

（c）进行发动机及发动机部件引气防冰系统设计;

（d）针对设计点进行分析或试验、或组合的方法,验证是否满足系统设计要求。

要求如下:

（a）结冰分析中,应计算水滴撞击极限,应考虑飞行条件下短舱流量系数和上游部件的影响,且应考虑水滴的 Langmuir D 分布。

（b）设计点应是防冰表面的防冰热需求最不容易实现的点,即防冰热需求相对较高而压气机提供的热气流供给能力相对较低时的结冰条件；此设计点将用于防冰系统详细设计。

（c）引气防冰系统应满足总体性能给出的设计要求。

（d）引气防冰系统试验验证时，应验证引气防冰系统中温度、压力、流量等参数在设计范围内。

20.4.3　零件级

20.4.3.1　进气道传感器

确定最大结冰质量，为冰撞机械损伤分析提供输入，可通过以下方法获得：

（1）短舱系统结冰防冰分析；

（2）组件、零件结冰试验；

（3）若在表20-7中45分钟结冰条件下，进气道传感器最大结冰质量大于吸冰试验最小吸入冰量，宜采取防除冰措施。

要求如下：

在表20-7中45分钟结冰条件下，进气道传感器最大结冰质量应小于吸冰试验最小吸入冰量。

表20-7　发动机结冰试验的条件

条　件	空气总温	过冷水浓度（最小）	平均水滴直径（MVD）	持　续　时　间
1：明冰条件	−6~−4℃	2 g/m³	25~35 μm	（a）在可持续水平飞行以下的功率10分钟(慢车下降) （b）对于更高功率（50%，75%，100%最大连续）必须表明重复的，稳定的工作
2：霜冰条件	−23~−18℃	1 g/m³	15~25 μm	
3：空中等待明冰条件（涡喷、涡扇和涡桨）	涡喷和涡扇：−12~−8℃ 仅涡桨：−17~−12℃	交替循环：首先1.7 g/m³（1分钟），然后0.3 g/m³（6分钟）	20~30 μm	必须表明重复，稳定的工作（或者45分钟最大）
4：空中等待霜冰条件（涡喷、涡扇和涡桨）	涡喷和涡扇：−23~−18℃	0.25 g/m³	20~30 μm	

20.4.3.2　风扇及增压级涉及结冰的零件

风扇转子及增压级单元体涉及结冰的零件包括：风扇进气锥前段、风扇进气锥后段、风扇叶片、风扇转子及增压级单元体流道板、分流环前段、放气活门组合件、各级增压级静子组件、各级增压级转子叶片。

确定各结冰零件结冰后气动外形,可通过以下方法获得:

(1) 风扇/增压级结冰分析后;

(2) 组件、零件结冰试验。

20.4.3.3　风扇及增压级涉及脱冰的零件

风扇转子及增压级单元体涉及脱冰的零件包括:风扇进气锥前段,风扇进气锥后段,风扇叶片,流道板,分流环前段,各级增压级静子组件,各级转子叶片,高压压气机进口总温/总压传感器。

确定最大结冰质量、脱冰质量,可通过以下方法获得:

(1) 风扇/增压级结冰分析后;

(2) 组件、零件结冰试验;

(3) 若扇进气锥表面和流道板、风扇叶片脱落的最大冰块质量大于吸冰试验最小吸入冰量,宜采取方除冰措施;

(4) 分流环前段、各级增压级静子组件脱落的最大冰块质量将用于后排转子叶片的冰撞机械损伤分析。

要求如下:

风扇进气锥表面和流道板、风扇叶片脱落的最大冰块质量应小于吸冰试验最小吸入冰量。

20.4.3.4　风扇机匣单元体涉及冰撞零件

风扇机匣单元体涉及冰撞零件包括:风扇包容机匣、易磨层、蜂窝、垫板、衬套。

(a) 确定可能撞击冰块的尺寸、质量:

(1) 宜考虑进气道、进气道传感器、风扇进气锥表面以及风扇叶根的脱落冰;

(2) 当脱落冰小于吸冰试验最小吸入冰量时,宜采用吸冰试验最小吸入冰量,并同第 33.77 条共同验证;

(3) 确定零件冰撞机械损伤;

(4) 类比、分析、试验、组合方法验证。

要求如下:

(a) 冰撞击速度应模拟冰块真实撞击的速度;

(b) 零件冰撞后所有零件损伤不应超过持续适航文件(AMM 或发动机维修手册)的限制。

20.4.3.5　风扇转子及增压级单元体涉及冰撞的零件

风扇转子及增压级单元体涉及冰撞的零件包括:流道板、衬套、风扇叶片、各级转子叶片。

(a) 确定可能撞击冰块的尺寸、质量:

(1) 撞击流道板,衬套,风扇叶片垫板,风扇叶片的冰块的尺寸宜采用吸冰试验最小吸入冰量;

（2）撞击各级转子叶片的冰块尺寸宜考虑分流环前段、各级增压级静子组件脱落的最大冰块质量。

（b）确定零件冰撞机械损伤：

（1）风扇叶片撞击位置宜在距离叶尖三分之一叶高以内；

（2）宜经过分析确定风扇叶片关键撞击位置，并同第33.77条共同验证；

（3）若脱落的最大冰块质量导致的损伤超出持续适航文件的限制，宜在脱冰位置采取方除冰措施。

（c）类比、分析、试验、组合方法验证。

要求如下：

（a）撞击速度应模拟冰块真实撞击的速度；

（b）风扇叶片，各级转子叶片应考虑不同转速的影响；

（c）零件冰撞后所有零件损伤不应超过持续适航文件（AMM或发动机维修手册）的限制。

20.4.3.6　中介机匣单元体涉及冰撞的零件

中介机匣单元体涉及冰撞的零件包括：内机匣、主支板、副支板、大盖板、小盖板、衬板、流道板。

（a）确定可能撞击冰块的尺寸、质量。

（1）撞击流道板，衬套，主支板，副支板的冰块尺寸宜采用吸冰限制值；

（2）撞击内机匣，大盖板、小盖板的冰块尺寸宜考虑分流环前段、各级增压级静子组件脱落的最大冰块质量。

（b）确定零件冰撞机械损伤：

若脱落的最大冰块质量导致的损伤超出持续适航文件的限制，宜在脱冰位置采取防除冰措施；

（c）类比，或分析，或试验，或组合方法验证。

要求如下：

（a）撞击速度宜模拟冰块真实撞击的速度；

（b）零件冰撞后所有零件损伤不应超过持续适航文件（AMM或发动机维修手册）的限制。

20.4.3.7　压气机涉及结冰的零件

压气机涉及结冰的零件为进口导叶。

确定各结冰零件结冰后气动外形，可通过以下方法获得：

（1）宜随压气机单元体一起进行结冰分析后获得；

（2）或通过组件、零件结冰试验获得。

20.4.3.8　压气机涉及脱冰的零件

压气机涉及脱冰的零件包括：进口导叶和高压压气机进口总温/总压传感器。

确定最大结冰质量、脱冰质量,可通过以下方法获得:

(1)宜随压气机单元体一起进行结冰分析后获得;

(2)或通过组件、零件结冰试验获得;

(3)进口导叶、高压压气机进口总温/总压传感器脱落的最大冰块质量将用于后排压气机转子叶片的冰撞分析。

20.4.3.9 压气机涉及冰撞的零件

压气机涉及冰撞的零件包括:第一级叶盘。

(a)确定可能撞击冰块的尺寸、质量方法如下:

撞击第一级叶盘的冰块尺寸宜考虑进口导叶,高压压气机进口总温/总压传感器脱落的最大冰块质量;

(b)确定零件冰撞机械损伤,可通过以下方法获得:

若脱落的最大冰块质量导致的损伤超出持续适航文件的限制,宜在脱冰位置采取方除冰措施;

(c)类比、分析、试验或两者组合方法验证。

要求如下:

(a)撞击速度应模拟冰块真实撞击的速度;

(b)转子叶片应考虑不同转速的影响;

(c)零件冰撞后所有零件损伤不应超过持续适航文件(AMM 或发动机维修手册)中规定的限制。

20.5 条款验证需求

20.5.1 零件级

20.5.1.1 风扇帽罩旋转结冰、脱冰分析

(a)旋转帽罩结冰分析;

(b)旋转帽罩脱冰分析;

(c)旋转帽罩结冰分析验证、脱冰分析验证。

要求如下。

(a)结冰分析中应考虑适航要求的结冰条件、发动机包线及帽罩转速,并确定关键结冰条件。

(b)对比分析结果与试验结果,验证分析方法时,应考虑下参数(不限于):

(1)结冰部件的总结冰面积;

(2)前缘最大结冰厚度;

(3)结冰部件的结冰极限位置;

(4)结冰部件的水滴撞击极限位置;

（5）水滴收集系数的分布；

（6）最大局部水滴收集系数及位置。

（c）旋转帽罩结冰分析预测积冰质量、最大脱冰质量应与试验结果一致或更加严苛。

20.5.1.2　风扇帽罩旋转结冰、脱冰试验

旋转帽罩结冰、脱冰试验要求如下。

（a）应采用风扇帽罩旋转结冰、脱冰分析中确定的关键结冰条件、旋转转速作为试验条件；

（b）试验中应记录旋转帽罩积冰最大质量和尺寸，最大脱冰质量和尺寸。

20.5.1.3　风扇旋转结冰、脱冰分析

（a）风扇旋转结冰分析；

（b）风扇旋转脱冰分析；

（c）旋转风扇结冰分析验证、脱冰分析验证。

要求如下。

（a）结冰分析中应考虑适航要求的结冰条件、发动机包线及风扇转速，并确定关键结冰条件。

（b）对比分析结果与试验结果，验证分析方法时，应考虑下参数（不限于）：

（1）结冰部件的总结冰面积；

（2）前缘最大结冰厚度；

（3）结冰部件的结冰极限位置；

（4）结冰部件的水滴撞击极限位置；

（5）水滴收集系数的分布；

（6）最大局部水滴收集系数及位置。

（c）旋转风扇结冰分析预测积冰质量和尺寸、最大脱冰质量应与试验结果一致或更加严苛。

20.5.1.4　风扇旋转结冰、脱冰试验

旋转风扇结冰、脱冰试验要求如下：

（a）应采用风扇旋转结冰、脱冰分析中确定的关键结冰条件、旋转转速作为试验条件；

（b）试验中应记录旋转风扇积冰最大质量和尺寸、最大脱冰质量和尺寸；

（c）试验后应测量风扇叶片机械损伤。

20.5.1.5　增压级静子叶片/分流环结冰、脱冰分析

（a）静子叶片结冰分析；

（b）静子叶片脱冰分析；

（c）静子叶片结冰分析、脱冰分析验证。

要求如下。

（a）应通过风扇增压级结冰分析（或其他可替代的经验条件）确定本分析中的结冰条件。

（b）对比分析结果与试验结果，验证分析方法时，应考虑下参数（不限于）：

（1）结冰部件的总结冰面积；

（2）前缘最大结冰厚度；

（3）结冰部件的结冰极限位置；

（4）结冰部件的水滴撞击极限位置；

（5）水滴收集系数的分布；

（6）最大局部水滴收集系数及位置。

（c）静子叶片结冰分析预测积冰质量、最大脱冰质量应与试验结果一致或更加严苛。

20.5.1.6　增压级静子叶片/分流环结冰、脱冰试验

静子叶片结冰、脱冰试验要求如下：

（a）应通过风扇增压级结冰分析（或其他可替代的经验试验条件）确定本试验中的结冰条件；

（b）试验中应记录静子叶片结冰质量、最大脱冰质量。

20.5.1.7　增压级转子叶片冰撞分析（静止）

（a）增压级转子叶片冰撞分析（静止）；

（b）增压级转子叶片冰撞分析验证（静止）。

要求如下：

（a）增压级转子叶片冰撞分析中冰块质量、尺寸应采用增压级静子叶片/分流环结冰、脱冰试验中记录的最大值，或采用可比拟的经验值；

（b）转子转速应考虑中发动机正常运行中的最大转速；

（c）应通过增压级转子叶片冰撞分析确定关键撞击位置；

（d）增压级转子叶片（静止状态）冰撞分析预测变形、损伤位置和损伤形式应与试验结果一致或更加严苛；

（e）应进行重复的冰撞击分析，确保重复的冰撞击导致的增压级转子叶片损伤不会超过持续适航文件的限制范围。

20.5.1.8　增压级转子叶片冰撞试验（静止）

增压级转子叶片冰撞试验静止要求如下：

（a）试验中采用的冰块质量、尺寸、转子转速应与增压级转子叶片冰撞分析保持一致；

（b）试验中冰撞击位置应为增压级转子叶片冰撞分析得到的关键撞击位置；

（c）试验中应记录叶片变形情况、损伤位置和损伤形式。

20.5.1.9　高压压气机进口总温/总压传感器（T25/P25）结冰分析、脱冰分析

（a）T25/P25 传感器结冰分析；

（b）T25/P25 传感器脱冰分析；

（c）T25/P25 传感器结冰分析、脱冰分析验证。

要求如下。

（a）应通过风扇增压级结冰分析（或其他可替代的经验条件）确定本分析中的结冰条件。

（b）对比分析结果与试验结果，验证分析方法时，应考虑下参数（不限于）：

（1）结冰部件的总结冰面积；

（2）前缘最大结冰厚度；

（3）结冰部件的结冰极限位置；

（4）结冰部件的水滴撞击极限位置；

（5）水滴收集系数的分布；

（6）最大局部水滴收集系数及位置。

（c）T25/P25 传感器结冰分析预测积冰质量、最大脱冰质量应与试验结果一致或更加严苛。

20.5.1.10　高压压气机进口总温/总压传感器（T25/P25）结冰、脱冰试验

T25/P25 结冰、脱冰试验要求如下：

（a）试验中采用的结冰条件应与高压压气机进口总温/总压传感器（T25/P25）结冰分析、脱冰分析保持一致；

（b）试验中应记录 T25/P25 结冰质量、最大脱冰质量。

20.5.1.11　压气机转子叶片冰撞分析（旋转状态）

压气机转子叶片冰撞分析（旋转状态）要求如下：

（a）压气机转子叶片冰撞分析中冰块质量、尺寸应采用高压压气机进口总温/总压传感器（T25/P25）结冰、脱冰试验中记录的最大值，或采用可比拟的经验值；

（b）应进行重复的冰撞击分析，确保重复的冰撞击导致的增压级转子叶片损伤不会超出超过持续适航文件限制；

（c）仿真分析工具应是经过验证的。

20.5.2　系统级

20.5.2.1　短舱系统结冰防冰分析

（a）短舱系统结冰分析；

（b）短舱系统防冰分析；

（c）短舱系统结冰分析、防冰分析验证。

要求如下：

（a）短舱系统结冰防冰分析中应考虑适航要求的结冰条件、发动机包线、发动机运行状态，并确定关键结冰条件；

（b）短舱系统防冰、结冰分析预测积冰质量、防冰表面温度应与试验结果一致或更加严苛。

20.5.2.2　短舱系统结冰防冰试验

短舱系统结冰、防冰试验要求如下：

（a）应采用短舱系统结冰防冰分析中确定的关键结冰条件，或其他可替代的经验试验条件作为试验条件；

（b）试验中应记录防冰表面温度、溢流冰质量（如有）、两分钟延迟开启进气道防冰系统时最大总结冰质量、开启进气道防冰系统后最大脱冰尺寸、质量。

20.5.2.3　风扇/增压级结冰分析

（a）风扇/增压级结冰分析；

（b）风扇/增压级结冰验证；

（c）风扇/增压级结冰后工作特性分析。

要求如下。

（a）风扇/增压级结冰分析中应考虑适航要求的结冰条件、发动机包线、发动机运行状态，并确定关键结冰条件。

（b）风扇/增压级结冰分析宜包括以下要素：

（1）飞机迎风空速影响；

（2）飞行中积聚效应对发动机的影响；

（3）关键表面的水撞击率的计算；

（4）冻结系数的计算；

（5）发动机内流道的积冰对气动性能的影响；

（6）发动机构型影响（如内部压气机引气）。

（c）风扇/增压级结冰分析预测积冰质量、尺寸，增压级进口结冰条件、出口结冰条件及风扇/增压级结冰后工作特性应与试验结果一致或更加严苛。

20.5.2.4　风扇/增压级结冰试验

风扇/增压级结冰试验要求如下：

（a）应采用风扇/增压级结冰分析中确定的关键结冰条件，或其他可替代的经验试验条件作为试验条件；

（b）试验中应记录风扇/增压级工作特性，各部件、零件结冰质量和尺寸，增压级进口结冰条件、出口结冰条件。

20.5.2.5　压气机结冰分析

压气机结冰分析要求如下：

（a）压气机结冰分析中应考虑适航要求的结冰条件、发动机包线、发动机运行状态，及风扇增压级结冰分析中得到的增压级出口结冰条件；

（b）仿真分析工具应是经过验证的。

20.5.2.6 燃烧室熄火分析

（a）燃烧室部件性能影响特性分析；

（b）燃烧室熄火分析。

要求如下：

应通过风扇增压级结冰分析得到最大脱冰质量（或其他可替代的经验条件），由上游部件确定本分析中的水气比。

20.5.2.7 传感器信号失真影响功能试验

针对传感器信号失真，进行系统级（硬件在回路，半物理仿真台）控制系统功能试验，宜包括（不限于）：

（1）稳态操作试验：在传感器信号失真条件下，验证发动机在飞行包线内能够稳定工作在某个工作状态上，该试验在主控模式、备用控制模式以及反推模式下进行试验；

（2）瞬态操作试验：在传感器信号失真条件下，验证控制系统在正常控制模式和备用控制模式下，工作包线内的不同工作点，从慢车加速到最大前向推力以及最大反推力过程中能够正常工作。

要求如下：

应通过风扇增压级结冰分析（或其他可替代的经验条件）确定本分析中传感器信号失真值。

20.5.3 整机级

整机结冰关键点分析和试验条件应包括过冷液滴结冰条件（FAR-25 部附录 C）、过冷大液滴（FAR-25 部附录 O）、混合相和冰晶结冰（FAR-33 部附录 D）、地面慢车结冰[FAR 第 33.68 条（d）]以及 FAR 第 33.68 条中规定的其他结冰状态。

20.5.3.1 过冷液滴结冰条件（FAR-25 部附录 C）

1）整机结冰关键点分析

（a）整机关键结冰条件分析，应包括（不限于）：

（1）发动机结冰、脱冰、防冰分析；

（2）发动机各部件脱冰撞击损伤分析；

（3）发动机喘振、失速裕度分析；

（4）发动机降转裕度分析；

（5）发动机熄火裕度分析。

（b）整机结冰、脱冰响应分析；

若在分析过程中,发现不能满足整机级条款需求或设计要求,则需更改设计,且说明原因。

（c）整机结冰、脱冰响应分析验证。

要求如下。

（a）在完整结冰气象范围、运行包线内,开展整机关键结冰条件分析。

（b）整机关键结冰条件分析应包括要素（不限于）：

（1）结冰计算分析；

（2）表面的能量守恒；

（3）发动机内流道的积冰对气动性能的影响分析；

（4）考虑吸入风扇组件和核心机进口的水量；

（5）关键表面的水撞击率；

（6）发动机构型的影响,且需要考虑进气道的影响；

（7）考虑潜热和熔解热的影响；

（8）金属与冰的换热影响。

（c）整机关键结冰条件分析应包括气象参数（不限于）：

（1）云层种类；

（2）液态水含量；

（3）平均有效水滴直径；

（4）环境温度；

（5）气压高度；

（6）云层水平范围为标准云层水平范围。（云层水平范围对应的云层范围系数适用于机体飞行剖面。在评估直线飞行部分的符合性验证时,飞机申请人通常使用各附录中描述的云层范围系数。但是根据历史观点,在考虑各种结冰环境时,发动机和进气系统的评估已经不仅限于或仅针对某一特定的飞机飞行剖面；而是评估发动机和进气系统在结冰环境中不受限制的工作的能力。）

（d）整机关键结冰条件分析应包括发动机状态参数（不限于）：

（1）飞行马赫数（空速）；

（2）气压高度；

（3）推力状态；

（4）转速。

（e）分析方法应得到验证,以下参数应与试验结果进行对比（不限于）：

（1）结冰部件的总结冰面积；

（2）前缘最大结冰厚度；

（3）结冰部件的结冰极限位置；

（4）结冰部件的水滴撞击极限位置；

（5）水滴收集系数的分布；

（6）最大局部水滴收集系数及位置。

（f）整机关键结冰条件分析应得到发动机工作特性裕度降至最低水平，或者造成机械损伤最大，的工作状态，即关键点。

（g）整机结冰响应分析应包含控制系统的自动响应操作的影响。

2）整机结冰试验

（a）确定整机结冰试验点，包括：

（1）适航要求中规定的试验点；

（2）经验结冰试验点，参见表20-7；

（3）整机关键结冰条件分析中得到的关键点。

（b）整机结冰试验；

若试验过程中或结束后，发现不能满足整机级条款需求或设计要求，则需更改设计，且说明原因。

要求如下。

（a）试验大纲中应对结冰试验设施进行必要的描述，应至少包括：

（1）喷雾装置布置的描述；

（2）喷嘴特性的描述；

（3）供水系统的描述；

（4）供气系统的描述；

（5）试验设备的操作的描述；

（6）产生云雾时，空气压力、水流量与水滴直径的关系图。

（b）试验大纲中应对结冰试验测量仪器进行必要的描述，应至少包括：

（1）结冰试验设施的监测仪器；

（2）模拟云雾的监测仪器。

（c）试验大纲中应对试验数据测量的准确性进行必要的描述。

（d）采用分析中得到关键结冰条件作为试验参数时气象参数（如水含量值）时，应根据飞行因素的影响及结冰试验设施的影响进行修正。

（e）对于每个结冰试验工况点，试验步骤应至少包括：

（1）将发动机加速到起飞推力状态并确定结冰试验前的目标推力状态，记录结冰前推力状态和相关记录设备的输出；

（2）设定目标工况点的发动机转速；

（3）设定目标工况点的结冰环境条件；

（4）对于慢车工况点，当到达指定的时间后，停止结冰试验；

（5）对于高于慢车工况的试验点，当达到最小试验时间并且发动机稳定运行或者已经建立结冰脱冰循环，则可停止结冰试验；

（6）将发动机加速至起飞推力工况（1 秒钟内移动推力油门杆）来除冰并表明没有持续的推力损失，记录结冰后的推力状态和相关记录设备的输出。

（f）整机结冰试中各试验条件下应考虑 2 分钟延迟开启防冰系统的情况。

（g）试验中发动机按照机载控制规律运行，并关闭自动恢复系统。

（h）试验过程中应通过录像或仪器监测结冰试验过程。

（i）试验过程中应记录发动机脱冰周期，并确定其识别方法（例如，高速摄像机，以及振动传感器、温度探针、压力探针、转速传感器等发动机测量仪器）。

（j）试验中应记录的参数包括但不限于：推力（Fn）、风扇转速（N1）、核心机转速（N2）、排气温度（EGT）、发动机振动量（#1R Brg/TCF）、燃油流量、VBV 和 VSV 位置、压气机进口温度（T25）、压气机出口压力（P3）、压气机出口温度（T3）、液态水含量（liquid water content，LWC）、平均有效液滴直径（median volume diameter，MVD）、霜点温度等。

（k）在结冰试验前对增压级和压气机叶片利用孔探仪进行检查，在试验历程中，如高工况发生喘振以及进气系统结冰试验完成后也需利用孔探仪进行检查。在试验前、试验历程中以及试验后还应记录增压级叶片和压气机叶片间隙，用于评估叶尖间隙的变化。

（l）试验通过准则是：对所有的结冰试验，发动机不得引起不可接受的运行影响。具体的不可接受的运行影响是指：

（1）不可恢复的喘振失速；

（2）熄火；

（3）发动机不可恢复的降转；

（4）机械损伤超过维护手册中定义的使用限制；

（5）持续的功率或推力损失；

（6）发动机运行温度的升高超过使用手册中的限制值；

（7）发动机失去控制；

（8）其他对发动机运行造成的不利影响。

20.5.3.2　地面慢车结冰［FAR 第 33.68 条（d）］

1）整机地面慢车结冰关键点分析

（a）整机关键结冰条件分析，应包括（不限于）：

（1）发动机结冰、脱冰、防冰分析；

（2）发动机各部件脱冰撞击损伤分析；

（3）发动机喘振、失速裕度分析；

（4）发动机降转裕度分析；

（5）发动机熄火裕度分析。

（b）整机结冰、脱冰响应分析。

若在分析过程中,发现不能满足整机级条款需求或设计要求,则需更改设计,且说明原因。

（c）整机结冰、脱冰响应分析验证。

要求如下。

（a）在表20-8中要求的结冰条件下,开展整机关键结冰条件分析。

表 20-8 发动机试验的地面结冰条件

条 件	空气总温/℉(℃)	过冷水浓度（最小)/(g/m³)	平均粒子直径/μm	持 续 时 间
1：霜冰条件	0~15℉(-18~-9℃)	液体-0.3	15~25	30分钟的地面慢车结冰试验
2：明冰条件	20~30℉(-7~-1℃)	液体-0.3	15~25	30分钟的地面慢车结冰试验
3：雪冰条件	26~32℉(-3~0℃)	冰-0.9	100(最小)	30分钟的地面慢车结冰试验
4：大水滴明冰条件(涡喷,涡扇和涡桨)	15~30℉(-9~-1℃)	液体-0.3	100(最小)	30分钟的地面慢车结冰试验

（b）整机关键结冰条件分析应包括要素（不限于）：

（1）结冰计算分析；

（2）表面的能量守恒；

（3）发动机内流道的积冰对气动性能的影响分析；

（4）考虑吸入风扇组件和核心机进口的水量；

（5）关键表面的水撞击率；

（6）发动机构型的影响,且需要考虑进气道的影响；

（7）考虑潜热和熔解热的影响；

（8）金属与冰的换热影响。

（c）通过整机关键结冰条件分析得到关键结冰环境温度。

（d）整机关键结冰条件分析中发动机状态参数应处于地面慢车状态。

（e）分析方法应得到验证,以下参数应与试验结果进行对比（不限于）：

（1）结冰部件的总结冰面积；

（2）前缘最大结冰厚度；

（3）结冰部件的结冰极限位置；

（4）结冰部件的水滴撞击极限位置；

（5）水滴收集系数的分布；

（6）最大局部水滴收集系数及位置。

（f）整机关键结冰条件分析应得到发动机工作特性裕度降至最低水平,或者造成机械损伤最大,的工作状态,即关键点。

（g）整机结冰响应分析应包含控制系统的自动响应操作的影响。

2）整机地面慢车结冰试验

（a）确定整机结冰试验点，包括：

（1）适航要求中规定的试验点；

（2）经验结冰试验点，参见表 20 - 8；

（3）整机关键结冰条件分析中得到的关键点。

（b）整机结冰试验。

若试验过程中或结束后，发现不能满足整机级条款需求或设计要求，则需更改设计，且说明原因。

20.5.3.3　过冷大液滴（FAR - 25 部附录 O）

1）整机过冷大液滴结冰关键点分析

（a）整机关键结冰条件分析，应包括（不限于）：

（1）发动机结冰、脱冰、防冰分析；

（2）发动机各部件脱冰撞击损伤分析；

（3）发动机喘振、失速裕度分析；

（4）发动机降转裕度分析；

（5）发动机熄火裕度分析。

（b）整机结冰、脱冰响应分析。

若在分析过程中，发现不能满足整机级条款需求或设计要求，则需更改设计，且说明原因。

（c）整机结冰、脱冰响应分析验证。

要求如下。

（a）在完整结冰气象范围、运行包线内，开展整机关键结冰条件分析。

（b）整机关键结冰条件分析应包括要素（不限于）：

（1）结冰计算分析；

（2）表面的能量守恒；

（3）发动机内流道的积冰对气动性能的影响分析；

（4）考虑吸入风扇组件和核心机进口的水量；

（5）关键表面的水撞击率；

（6）发动机构型的影响，且需要考虑进气道的影响；

（7）考虑潜热和熔解热的影响；

（8）金属与冰的换热影响。

（c）整机关键结冰条件分析应包括气象参数（不限于）：

（1）过冷大水滴种类（冻毛毛雨、冻雨）；

（2）液态水含量；

（3）平均有效水滴直径；

（4）环境温度；

（5）气压高度；

（6）云层水平范围为标准云层水平范围。（云层水平范围对应的云层范围系数适用于机体飞行剖面。在评估直线飞行部分的符合性验证时，飞机申请人通常使用各附录中描述的云层范围系数。但是根据历史观点，在考虑各种结冰环境时，发动机和进气系统的评估已经不仅限于或仅针对某一特定的飞机飞行剖面；而是评估发动机和进气系统在结冰环境中不受限制的工作的能力。）

（d）整机关键结冰条件分析应包括发动机状态参数（不限于）：

（1）飞行马赫数（空速）；

（2）气压高度；

（3）推力状态；

（4）转速。

（e）分析方法应得到验证，以下参数（不限于）应与试验结果进行对比：

（1）结冰部件的总结冰面积；

（2）前缘最大结冰厚度；

（3）结冰部件的结冰极限位置；

（4）结冰部件的水滴撞击极限位置；

（5）水滴收集系数的分布；

（6）最大局部水滴收集系数及位置。

（f）整机关键结冰条件分析应得到发动机工作特性裕度降至最低水平，或者造成机械损伤最大的工作状态，即关键点。

（g）整机结冰响应分析应包含控制系统的自动响应操作的影响。

2）整机过冷大液滴结冰试验

（a）确定整机过冷大液滴结冰试验点，包括：整机过冷大液滴结冰关键点分析。

（b）整机过冷大液滴结冰试验：若试验过程中或结束后，发现不能满足整机级条款需求或设计要求，则需更改设计，且说明原因。

20.5.3.4　混合相和冰晶结冰（FAR - 33 部附录 D）

1）整机混合相和冰晶结冰关键点分析

根据 FAA2014 年发布的咨询通告的描述，目前还没有建立针对混合相和冰晶结冰的关键点分析（criticized point analysis，CPA）标准；但建议在开展分析时使用以下通用标准。

（a）整机关键结冰条件分析，应包括（不限于）：

（1）发动机结冰、脱冰、防冰分析；

（2）发动机各部件脱冰撞击损伤分析；

（3）发动机喘振、失速裕度分析；

（4）发动机降转裕度分析；

（5）发动机熄火裕度分析。

（b）整机结冰、脱冰响应分析；

若在分析过程中，发现不能满足整机级条款需求或设计要求，则需更改设计，且说明原因。

（c）整机结冰、脱冰响应分析验证。

要求如下。

（a）在完整结冰气象范围（CCAR‑33 部附录 D）、运行包线内，开展整机关键结冰条件分析。

（b）飞行阶段应包括（不限于）：

（1）爬升；

（2）巡航；

（3）慢车‑下降；

（4）控制保持。

（c）在 CCAR‑33 部附录 D 规定的结冰包线内，对高温和低温都应进行分析：

（1）较高环境温度对应着较高的总水含量（total water content，TWC）水平；

（2）较低环境温度虽然对应着较低的 TWC，但是它会使发动机内的积冰位置后移，从而在更加危险的位置积冰。

（d）分析中应考虑不同的推力状态（功率等级）

为了促进冰晶融化，功率等级的设定应使得增压级、核心机流道内的总温在 32 华氏度（0 摄氏度）到大约 120 华氏度（49 摄氏度）之间。功率等级可以调节发动机内部积冰位置的前移或后移。

（e）分析中应考虑不同的气压高度：

高海拔高度（低空气密度）会使得静止表面上脱落前的积冰质量更多。

（f）云层水平范围为标准云层水平范围。（云层水平范围对应的云层范围系数适用于机体飞行剖面。在评估直线飞行部分的符合性验证时，飞机申请人通常使用各附录中描述的云层范围系数。但是根据历史观点，在考虑各种结冰环境时，发动机和进气系统的评估已经不仅限于或仅针对某一特定的飞机飞行剖面；而是评估发动机和进气系统在结冰环境中不受限制的工作的能力。）

2）整机混合相和冰晶结冰试验

根据 FAA2014 年发布的咨询通告中描述，采用设备来模拟冰晶结冰条件是有困难的，目前还没有可实现的普及方法，也还不知道设备模拟方法对于模拟自然环境的效果。因此，对于整机混合相和冰晶结冰试验目前还没有试验标准。

（a）确定整机结冰试验点；

（b）整机结冰试验。

3）整机混合相和冰晶结冰的比较分析

在冰晶分析工具和试验技术已经成熟并且得到验证前，建议使用比较分析方法来分析整机混合相和冰晶结冰事件。

整机混合相和冰晶结冰的比较分析，应包括（不限于）：

（a）整机混合相和冰晶结冰敏感设计特征分析；

（b）整机混合相和冰晶结冰缓和设计特征分析。

要求如下。

（a）整机混合相和冰晶结冰敏感设计特征分析，应包括（不限于）：

（1）分析可能导致混合相和冰晶积聚结冰的滞止位置；

（2）暴露的核心机进口混合相和冰晶吸入分析；

（3）分析进气道、增压级、核心机流道中弯转处（包含多个弯转流道的组合情况）是否会发生混合相和冰晶积聚结冰；

（4）分析核心机流道中非光滑的表面或突出的部分是否会发生混合相和冰晶积聚结冰（例如引气口的边缘和测量探针）；

（5）分析增压级和前几级压气机的非加热表面是否会发生混合相和冰晶积聚结冰；

（6）分析周向间距较小（静子间通道的水力直径较小）的静子叶片是否会发生混合相和冰晶积聚结冰。

（b）整机混合相和冰晶结冰缓和设计特征分析，应包括（不限于）：

（1）是否采用提高转子转速的方式缓和混合相和冰晶积聚结冰的影响；

（2）是否采用隐藏的核心机进口减少混合相和冰晶吸入；

（3）是否采用压气机内部放气调节计划以排除流道内的冰晶和上游的脱落冰；

（4）是否降低流道内测量探针的应付面积缓和混合相和冰晶积聚结冰的影响；

（5）风扇、增压级及前几级压气机是否具有加热表面以缓和混合相和冰晶积聚结冰的影响；

（6）是否增大静子叶片周向间距（增大静子间通道的水力直径）以防止流道因混合相和冰晶积聚结冰而堵塞；

（7）压气机叶片冰撞击软体损伤分析。

（c）与已经被证明可在混合相和冰晶气象条件下（FAR-33部）安全运行的发动机的类比分析，应包括（不限于）：

（1）认定一个基线（经验证的）发动机，并且提供该发动机在混合相和冰晶结冰条件下安全运行的证据，该证据可以是区域服役经历和/或验证报告；

（2）识别混合相和冰晶结冰条件下可能会影响目标（需验证的）发动机内部结冰的发动机结冰相关设计特征，然后将这些特征与基线发动机进行比较，比较结果应表明新型号发动机对结冰的敏感性小于或等于基线发动机。

（d）如果新发动机的循环或设计特征包含有创新的设计理念,以至不能采用基于基线发动机和特定发动机事件的比较分析方法时,那些应验证这些创新的特征在冰晶环境下不会敏感到对发动机运行产生任何不利影响。该验证应包括(不限于):

（1）第一部分,应给出为什么这种设计特征会导致冰晶条件下可接受的运行的物理基础;

（2）第二部分,应给出验证第一部分声明的物理证据;在试验验证过程中,可以采用液态水微粒来代替冰晶,但通过液态水微粒试验得到的试验结果数据应进行相应的修正,以消除由液态水代替冰晶过程中的特性差异(包括液态向固体变化产生的热力影响)。

参考文献

中国民用航空局. 2011. 航空发动机适航规定: CCAR33 - R2[S].

European Aviation Safety Agency. 2009. Certification specifications and acceptable means of compliance for engines[M]. 陈美英,王通北,译. EASA.

Federal Aviation Administration. 2006. Aircraft ice protection: AC20 - 73A[S].

Federal Aviation Administration. 2015. Airworthiness standards: Aircraft engines: 14CFR Part 33 Amdt 34[S].

Federal Aviation Administration. 2016. Aviation weather federal aviation administration: AC00 - 6B [S].

Federal Aviation Administration. 2014. Guidance material for 14 CFR 33.28 engine control systems: AC33.28 - 3[S].

Federal Aviation Administration. 2000. Turbine engine power-loss and instability in extreme conditions of rain and hail: AC33.78 - 1[S].

Federal Aviation Administration. 2014. Turbojet, turboprop, turboshaft and turbofan engine induction system icing and ice ingestion: AC 20 - 147A[S].

Society of Automotive Engineers. 2002. Gas turbine engine inlet flow distortion guidelines: SAE ARP1420B[S].

Society of Automotive Engineers. 2011. Inlet total-pressure-distortion considerations for gas-turbine engines: SAE AIR1419A[S].

第 21 章
第 33.69 条 点火系统

21.1 条 款 内 容

第 33.69 条 点火系统

每型发动机必须安装有地面和飞行中起动发动机的点火系统。除了燃油加力燃烧系统只要求一个点火器外,电点火系必须至少有二个点火器和二条独立的次级电路。

21.2 条款演变历程

条款修订历史如表 21-1 所示。

表 21-1 条款修订历史

序号	修正案	生效日期	Final Rule 名称	NPRM
1	33-0	1965.02.01	Miscellaneous Amendments	63-47
2	33-6	1974.10.31	Aircraft and Aircraft Engines, Certification Procedures and Type Certification Standards	71-12

CCAR-33R2 版中的第 33.69 条与 FAR-33 部的第 6 修正案中的第 33.69 条内容一致。FAR-33 部中的第 33.69 条有 2 次修订。主要内容修订包括以下几条:1965 年第 0 修正案,基于原 CAR 第 13.211 条内容,形成了点火系统条款的初始版本。1974 年第 6 修正案,将加力燃烧室从原条款的一般适用性中排除。因为超音速运输机需要使用加力燃烧室加速至超音速巡航状态,原有条款要求电点火系统在地面和空中起动发动机时要有两个点火器对于基本型的发动机是必要的,然而安全性并不要求该条款适用于加力燃烧室。

21.3 条款实质性要求

(a) 点火系统至少应具有两个点火器和两条独立的次级电路;

（b）在发动机的地面和空中起动包线内,在所有已声明的环境和工作条件下,点火系统中任何一个点火器单独工作时,能够完成点火功能以保证发动机能成功起动。

21.4 条款设计需求

21.4.1 系统级

点火系统可靠性分析:

（a）确认点火系统失效率指标;

（b）可靠性分析(确保点火系统部件、元件可靠性数据的有效性)。

要求如下:

（a）点火系统的失效率应不高于 10^{-6}/FH;

（b）采用可靠性分析方法表明符合性时,参考或使用第 33.75 条的安全性分析数据进行分析,如第 33.75 条未涉及应单独完成可靠性分析。

21.4.2 组件级

点火系统构型设计:

（a）确认点火系统构型;

（b）确认点火系统冗余度。

要求如下:

点火系统设计资料(包括但不限于设计方案报告、工程图纸)中应明确显示至少有两个点火电嘴和两条独立的次级电路。

21.5 条款验证需求

21.5.1 组件级

点火系统部件点火能力验证:

结合第 33.91 条发动机系统和部件试验开展点火系统的环境试验。

要求如下:

在声明的环境和工作条件下能可靠地完成点火系统预期功能和性能。

21.5.2 整机级

点火系统点火能力验证:

（a）结合第 33.87 条持久试验开展点火系统的持久性试验;

（b）结合第 33.89 条工作试验开展点火系统的起动、点火试验。

要求如下：

在声明的环境和工作条件下能可靠地完成点火系统预期功能和性能。

参考文献

航空工业部. 2005. 航空涡轮发动机点火系统通用规范：HB7783[S].

中国民用航空局. 2011. 航空发动机适航规定：CCAR33 – R2[S].

中国人民解放军总装备部. 2007. 航空涡轮发动机电点火系统通用规范：GJB 6065[S].

European Aviation Safety Agency. 2003. Certification specifications for engines[S].

Federal Aviation Administration. 1974. Aircraft and aircraft engines, certification procedures and type certification standards：Final Rule 11010[S].

Federal Aviation Administration. 1971. Aircraft and aircraft engines；proposed certification procedures and type certification standards：Notice No. 71 – 12[S].

Federal Aviation Administration. 2013. General type certification guidelines for turbine engines：AC 33 – 2C[S].

Federal Aviation Administration. 2001. Policy for evaluating ignitions system requirements：Policy PS – ANE100 – 2001 – 1998 – 33. 69 – R1[S].

Society of Automotive Engineers. 1998. Wiring aerospace vehicle：SAE AS50881[S].

第22章
第33.70条 发动机限寿件

22.1 条款内容

第33.70条 发动机限寿件

必须通过中国民用航空局批准的程序,指定使用限制中发动机每个限寿件的最大允许飞行循环数。发动机限寿件指的是其主要失效可能导致危害性发动机后果的转子和主要静子结构件。典型的发动机限寿件包括,但不限于,盘、隔圈、轮毂、轴、高压机匣和非冗余的安装部件。对于本条的要求,危害性发动机后果包括第33.75条中列举的任何一种情况。申请人将通过以下各项确定每个限寿件的完整性:

(a) 工程计划。

通过执行该计划,根据已经过验证的分析、试验或使用经验,充分了解或预测载荷、材料性能、环境影响和工作条件的组合,包括对这些参数有影响的零件的作用,使每个发动机限寿件,达到批准的使用寿命时,在危害性发动机后果发生前,从使用中拆下。还应通过执行该计划,始终保持符合上述要求。申请人必须进行适当的损伤容限评估,以确定在零件的批准寿命期内,由于材料、制造和使用引起的缺陷导致的潜在失效。必须按第33.4条的要求在持续适航文件的适航限制条款中公布发动机限寿件明细和批准寿命。

(b) 制造计划。

该计划明确了必须符合生产发动机限寿件要求的具体制造过程,使发动机限寿件具有工程计划要求的特性。

(c) 使用管理计划。

该计划规定发动机限寿件使用维护过程和修理限制,使发动机限寿件保持工程计划要求的特性。这些过程和限制必须包含在持续适航文件中。

22.2 条款演变历程

条款修订历史如表22-1所示。

表 22 - 1 条款修订历史

序号	修正案	生效日期	Final Rule 名称	NPRM
1	33 - 6	1974. 10. 31	Aircraft and Aircraft Engines, Certification Procedures and Type Certification Standards	71 - 12
2	33 - 10	1984. 03. 26	Aircraft Engine Regulatory Review Program; Aircraft Engine and Related Powerplant Installation Amendments	80 - 21
3	33 - 22	2007. 11. 05	Airworthiness Standards; Aircraft Engine Standards for Engine Life-Limited Parts	06 - 03

CCAR - 33R2 版中的第 33.70 条与 FAR - 33 部的第 22 修正案中的第 33.70 条内容一致。FAR - 33 部中的第 33.70 条有 3 次修订。主要内容修订包括以下几条：1974 年第 6 修正案，增加"第 33.14 条启动-停车循环应力（低周疲劳）"的条款要求，以减少发动机盘和隔圈失效导致的非包容事件。1984 年第 10 修正案，条款的适用的对象扩大到"失效后会对飞机产生危害性后果"的部件，包括盘、隔圈、轴鼓筒等转动部件；重新定义了"启动-停车应力循环"，可以是真实的飞行循环剖面也可以是能够代表发动机使用状态的等效剖面，并且在剖面中增加了"下降"阶段；寿命计算状态点不强制要求最大额定功率/推力和关车状态下稳态温度，申请人可以证明各部件温度和应力的历程，基于上述历程选择寿命计算状态点；取消了第 6 修正案中初始寿命以及延寿方法的描述，允许各申请人用不同的方法，避免规章给工业技术带来过多的约束。2007 年第 22 修正案，第 33.14 条更改为第 33.70 条发动机限寿件；适用的对象新增加了"高压机匣、非冗余的安装部件"，并且将这类部件统称为发动机限寿件；不再明确要求应力/温度的循环以及是否温度必须到达稳定的状态，而是要求综合考虑载荷、材料性能、环境、工作条件等因素的影响；明确提出申请人可以有各自的方法确定寿命限制值，包括分析、试验以及运行经验或者它们的组合，但必须获得局方的批准；新增的损伤容限要求；新增制造计划和使用管理计划。

22.3 条款实质性要求

本条款主要是对发动机限寿件的识别过程、寿命确定过程以及寿命维持过程合理性和正确性的审查，关注点并非零部件本身具有多少寿命的能力，而是声明寿命的过程和依据应合理、正确和可信。因此，本条款的实质是对申请人自身设计验证能力、制造管理和使用管理能力以及相应分析、管理程序（过程）的要求，具体包括：

（a）申请人应明确申请机型的限寿件清单，从而明确本条条款适用的对象范围；

（b）申请人必须基于掌握影响寿命参数的规律以及参数范围,利用局方批准的程序,确定发动机限寿件清单中的每个限寿件对应的寿命限制值;

（c）申请人必须对转子类限寿件进行损伤容限评估,以考虑各限寿件在其批准的寿命期内,由材料、加工以及使用引起缺陷导致的失效风险;静子类限寿件不需要进行概率损伤容限评估,但需要进行损伤容限分析和验证;

（d）申请人必须有固定的经过检验的制造程序（工艺和加工规范）,以保证能够重复性生产出符合设计要求特性的限寿件;

（e）申请人必须在发动机手册等持续适航文件中标识限寿件清单以及对应的寿命限制值,并且明确各限寿件的维修限制、使用限制以及检查要求等。

22.4　条款设计需求

22.4.1　整机级

22.4.1.1　限寿件清单的确定

（a）利用安全性分析的结果确定限寿件清单;

（b）限寿件的清单应写入发动机手册的适航限制章节中。

要求如下：

对于重要的结构件均应开展安全性分析,确保限寿件清单的完整性。

22.4.1.2　飞行条件的确定

根据装机对象的需求,确定发动机的飞行剖面,包括工作环境、飞行时间、各个飞行阶段持续的时间等。

要求如下：

（a）飞行剖面应与飞机方协同确定,在发动机设计阶段可以利用假设的或者近似发动机的飞行剖面;

（b）飞行剖面应包含各个飞行的各个阶段、推力/功率需求随时间的关系;

（c）飞行剖面应考虑环境混频、冷热起动的影响,在有实际飞行数据时,应使用实际的飞行剖面,否则需要对剖面进行保守化处理;

（d）发动机运行后应持续监视飞行剖面,并积累飞行剖面数据。

22.4.1.3　发动机飞行剖面下的性能分析

利用性能分析工具分析获得发动机性能数据。

要求如下：

（a）发动机模型应考虑发动机寿命周期内性能的衰退影响;

（b）发动机性能计算应包含瞬态过程的计算;

（c）利用地面台架、高空试验台以及飞行台验证部分发动机性能模型,也可以利用发动机长期运行过程中的数据进行验证;

(d) 部件级间气动参数的确定方法及参数结果应经过试验验证。

22.4.1.4　二次流及传热分析

利用二次流分析工具分析获得飞行剖面对应的发动机二次流腔内流动状态参数(流体静压和温度)，利用传热分析工具分析获得部件的温度场历程。

要求如下：

(a) 获得的温度历程应包含飞行剖面各个阶段的稳态和瞬态温度场，包括停车过程；

(b) 应确保温度场计算模型和方法的准确性。包括模型简化的程度以及对温度结果的影响分析、温度边界条件的设置于真实发动机情形的一致性、计算结果的对比分析等；

(c) 温度预测结果应经过温度场台架试验验证(金属壁温)。

22.4.1.5　总体载荷分析

(a) 对于转子件，确定叶片气动力和盘腔压力等气动载荷、转速以及安装边的机械载荷等；

(b) 对于静子件，如机匣类零件，确定机匣内外压力、机匣上静子叶片承受的气动载荷等，相邻连接部件传递的机械载荷以及机动载荷等。

要求如下：

获得的载荷历程应包含飞行剖面各个阶段。

22.4.1.6　应力分析

利用应力分析工具(有限元或经验模型)分析获得飞行剖面对应的发动机限寿件应力历程。

要求如下：

(a) 获得的风扇及增压级单元体中的限寿件应力历程应包含飞行剖面各个阶段的稳态和瞬态应力场，包括停车过程；

(b) 风扇及增压级单元体中的限寿件应力分析技术应符合相应应力分析规范；

(c) 风扇及增压级单元体中的限寿件应力分析结果应经过试验验证。

22.4.1.7　寿命分析

利用寿命分析工具分析获得发动机限寿件各个部件各个位置的寿命值。

要求如下：

(a) 风扇及增压级单元体中的限寿件材料数据测试的试样应考虑材料工艺以及加工方法对疲劳性能的影响；

(b) 应确定风扇及增压级单元体中的限寿件的主循环、次循环计数，损伤累积方法应该适用；

(c) 应考虑风扇及增压级单元体中的限寿件所有关键特征位置；

（d）风扇及增压级单元体中的限寿件寿命计算时应该考虑平均应力对寿命的影响；

（e）风扇及增压级单元体中的限寿件寿命计算时,温度、应力比插值计算方法应合理；

（f）对风扇及增压级单元体中限寿件的其他失效机理影响（如振动、蠕变、腐蚀对低周疲劳寿命,或者低周疲劳寿命模型中能够体现其他失效模式的影响）应进行充分的评估；

（g）在改进设计过程中,应明确影响风扇及增压级单元体中限寿件的部件清单,评估该类相关部件的变化对其寿命的影响。

22.4.1.8　转子类限寿件的损伤容限评估

利用损伤容限工具,结合缺陷分布（大小）、裂纹扩展速率以及无损检测数据开展发动机限寿件损伤容限评估。

要求如下。

（a）风扇及增压级单元体中转子类限寿件应当有足够的损伤容限能力,当无通用的概率评估方法时,可进行确定性损伤容限评估,应满足以下要求。

（1）初始裂纹的假设应符合一般无损检测能力的要求。

（2）初始裂纹位置和方向的假设和依据（裂纹应处于最恶劣方向和位置处）。

（3）裂纹扩展模型应经过验证。

（4）应确保应力比以及温度的插值等数值计算方法正确。

（5）应表明裂纹扩展计算中其他假设的合理性。

（6）确定性裂纹评估结果必须满足：含有表面缺陷的转子件必须拥有至少3 000 个飞行循环的剩余寿命；或含有表面缺陷的转子件表面必须拥有 50% 的部件批准寿命的剩余寿命。

（b）风扇及增压级单元体中转子类限寿件应当有足够的损伤容限能力,当有通用的概率评估方法时,应进行概率损伤容限评估,且评估内容应满足以下要求：

（1）基于区域风险分析时,区域划分的依据以及划分情况的合理性,如表面区域的厚度应小于 0.5 mm,各区域的风险占总风险不应高于 5%,否则应该进一步细分区域；

（2）各特征位置的风险可以利用概率积分或者蒙特卡洛法计算,蒙特卡洛法中样本数目应合理（总的准则是模型数目要比计算风险高 2 个等级）；

（3）缺陷类型描述应该完整（材料缺陷、加工缺陷和使用缺陷）；

（4）缺陷尺寸和频率分布数据应基于统计值；

（5）数据以指定数量的材料中超出某一特定尺寸的缺陷数目的形式表示；

（6）应力历程与低周疲劳寿命分析历程应一致；

（7）检查间隔确定的依据（早先的换发率发动机拆卸率和模块单元体、零部件

的有效数据可作为制定检查间隔的依据,此时应关注早先历史数据的适用性);

(8)检查技术的选择和检查间隔的确定依据;

(9)检出概率(probability of detection, POD)的获得途径以及适用性;

(10) POD 必须是基于统计的数据;

(11)裂纹扩展分析结果或技术应通过试验验证;

(12)利用更为高效的概率方法计算风险时(如重点采样、寿命近似、响应面等),应保证其准确性;

(13)部件的相对风险必须低于的设计目标风险值;

(14)单个部件的相对风险应不高于 10^{-8}/飞行小时;

(15) DTR 确定的必须符合第 33.75 条安全性分析的要求。

(c)若条(a)或条(b)不满足,则应采取以下措施,直至满足要求:部件的再设计、材料的更改、材料工艺的改进、加工工艺的改进、加工检测的改进、改进的使用检测、寿命限制的降低。

22.4.1.9 静子类限寿件

静子类限寿件的定寿过程与转子类类似,但亦有区别,主要包括以下内容。

(a)静子类限寿件所受载荷与转子类限寿件的差异性,如压力载荷、机动载荷等。

(b)静子类限寿件无须进行概率损伤容限评估,其寿命在安全寿命(裂纹萌生寿命)的基础上可以增加部分裂纹萌生后扩展的寿命,但此时必须注意以下几点:

(1)裂纹扩展分析技术已经过试验验证;

(2)评估所用部分的残余裂纹扩展寿命对失效安全裕度的影响;

(3)如果强制检查与裂纹检测相关,那么关注此类检查是否添加到使用管理计划和持续适航文件中;

(4)评估裂纹检测技术应通过验证;

(5)评估允许的裂纹长度对可能对其他条款的影响(某些情况中,有必要限制使用中允许的裂纹尺寸,以满足规章第 33.70 条以外的条款要求,如规章第 33.19 条的叶片包容性要求)。

22.4.1.10 制造计划的确定

建立各个限寿件的制造计划,包括规范的建立和验证、管理程序的建立和验证等。

要求如下。

(a)申请人应识别制造过程中对部件寿命有影响的工艺参数。

(b)应有相应的程序、标准控制工艺参数的更改。

(c)工艺参数至少包含以下内容:

(1)材料控制,包括要求不同材料特性的区域划分;

（2）加工规范；

（3）加工过程的步骤；

（4）切削参数和容许发散度；

（5）检测方法和灵敏度；

（6）特殊的零部件粗加工或精加工方法；

（7）旨在改善疲劳性能或者最小化诱发缺陷的方法；

（8）加工方法变化对零部件寿命性能影响的合格工艺验证；

（9）符合微观结构的要求；

（10）表面抛光；

（11）残余应力场；

（12）重复生产一致性零件的加工控制；

（13）每个零部件的可追溯记录；

（14）不合格零部件复查，以确保其偏差不会对零部件寿命造成负面影响。

（d）应有相应的程序确保制造计划复查和验证人员的技能情况。

（e）应有相应的程序规定工艺的验证、控制以及不合格品的处理流程。

22.4.1.11　使用管理计划的确定

建立各个限寿件的使用管理计划，包括计划的建立和验证。

要求如下。

（a）申请人应识别使用期间有可能发生改变的对部件寿命起重要作用的属性；

（b）上述属性应至少包含以下要点：

（1）维护和大修限制；

（2）修理工艺限制；

（3）运营人遵照规章条例要求，维护特定发动机和零部件可追溯使用记录的职责；

（4）检查间隔（如有要求）；

（5）检查程序（如有要求）；

（6）监测使用飞行剖面；

（7）损伤和维修限制；

（8）针对使用和相关经验的定期技术复查。

22.4.2　零件级

22.4.2.1　风扇及增压级单元体中的限寿件

（a）利用经验及安全性分析，获得风扇及增压级单元体中的限寿件清单；

（b）开展风扇及增压级单元体中的限寿件在发动机正常工作状态下的寿命分析；

（c）开展风扇及增压级单元体中的转子类限寿件损伤容限评估；

（d）对风扇及增压级单元体中的限寿件开展寿命结果信心度评估,基于寿命分析过程对寿命结果进行修正；

（e）形成固定的经过检验的风扇及增压级单元体中的限寿件制造程序（工艺和加工规范）；

（f）确定发动机手册等持续适航文件中风扇及增压级单元体中限寿件的寿命限制值,明确其维修限制、使用限制以及检查要求。

要求如下。

（a）风扇及增压级单元体中的限寿件寿命分析及评估程序需经过局方的批准。

（b）获得的风扇及增压级单元体中的限寿件应力历程应包含飞行剖面各个阶段的稳态和瞬态应力场,包括停车过程。

（c）风扇及增压级单元体中的限寿件应力分析技术应符合相应应力分析规范。

（d）风扇及增压级单元体中的限寿件应力分析结果应经过试验验证。

（e）风扇及增压级单元体中的限寿件材料数据测试的试样应考虑材料工艺以及加工方法对疲劳性能的影响。

（f）应确定风扇及增压级单元体中的限寿件的主循环、次循环计数,损伤累积方法应该适用。

（g）应考虑风扇及增压级单元体中的限寿件所有关键特征位置。

（h）风扇及增压级单元体中的限寿件寿命计算时应该考虑平均应力对寿命的影响。

（i）风扇及增压级单元体中的限寿件寿命计算时,温度、应力比插值计算方法应合理。

（j）对风扇及增压级单元体中限寿件的其他失效机理影响（如振动、蠕变、腐蚀对低周疲劳寿命,或者低周疲劳寿命模型中能够体现其他失效模式的影响）应进行充分的评估。

（k）在改进设计过程中,应明确影响风扇及增压级单元体中限寿件的部件清单,评估该类相关部件的变化对其寿命的影响。

（l）风扇及增压级单元体中转子类限寿件应当有足够的损伤容限能力,当无通用的概率评估方法时,可进行确定性损伤容限评估,且满足以下要求：

（1）初始裂纹的假设应符合一般无损检测能力的要求。

（2）初始裂纹位置和方向的假设和依据（裂纹应处于最恶劣方向和位置处）。

（3）裂纹扩展模型应经过验证。

（4）应确保应力比以及温度的插值等数值计算方法正确。

（5）应表明裂纹扩展计算中其他假设的合理性。

（6）确定性裂纹评估结果必须满足：含有表面缺陷的转子件必须拥有至少

3 000 个飞行循环的剩余寿命,或者含有表面缺陷的转子件表面必须拥有 50% 的部件批准寿命的剩余寿命。

(m) 风扇及增压级单元体中转子类限寿件应当有足够的损伤容限能力,当有通用的概率评估方法时,应进行概率损伤容限评估,并且:

(1) 基于区域风险分析时,区域划分的依据以及划分情况的合理性,如表面区域的厚度应小于 0.5 mm,各区域的风险占总风险不应高于 5%,否则应该进一步细分区域;

(2) 各特征位置的风险可以利用概率积分或者蒙特卡洛法计算,蒙特卡洛法中样本数目应合理(总的准则是模型数目要比计算风险高 2 个等级);

(3) 缺陷类型描述应该完整(材料缺陷、加工缺陷和使用缺陷);

(4) 缺陷尺寸和频率分布数据应基于统计值;

(5) 数据以指定数量的材料中超出某一特定尺寸的缺陷数目的形式表示;

(6) 应力历程与低周疲劳寿命分析历程应一致;

(7) 检查间隔确定的依据(早先的换发率发动机拆卸率和模块单元体、零部件的有效数据可作为制定检查间隔的依据,此时应关注早先历史数据的适用性);

(8) 检查技术的选择和检查间隔的确定依据;

(9) 检出能力(POD)的获得途径以及适用性;

(10) POD 必须是基于统计的数据;

(11) 裂纹扩展分析结果或技术应通过试验验证;

(12) 利用更为高效的概率方法计算风险时(如重点采样、寿命近似、响应面等),应保证其准确性;

(13) 部件的相对风险必须低于的设计目标风险值;

(14) 单个部件的相对风险应不高于 10^{-8}/飞行小时;

(15) 损伤容限率(damage tolerance rating, DTR)确定的必须符合第 33.75 条安全性分析的要求。

(n) 若条(m)或条(l)不满足,则应采取以下措施,直至满足要求:部件的再设计、材料的更改、材料工艺的改进、加工工艺的改进、加工检测的改进、改进的使用检测、寿命限制的降低;

(o) 风扇及增压级单元体中限寿件的制造过程以及制造程序应满足制造计划确定的相关内容;

(p) 风扇及增压级单元体中限寿件的使用管理应满足使用管理计划制定的相应内容。

22.4.2.2　高压压气机单元体中的限寿件

(a) 利用经验及安全性分析,获得高压压气机单元体中的限寿件清单;

(b) 开展高压压气机单元体中的限寿件在发动机正常工作状态下的寿命分析;

（c）开展高压压气机单元体中的转子类限寿件损伤容限评估分析；

（d）对高压压气机单元体中的限寿件开展寿命结果信心度评估，基于寿命分析过程对寿命结果进行修正；

（e）形成固定的经过检验的高压压气机单元体中的限寿件制造程序（工艺和加工规范）；

（f）确定发动机手册等持续适航文件中高压压气机单元体中限寿件的寿命限制值，明确其维修限制、使用限制以及检查要求。

要求如下：

同 22.4.2.1 小节。

22.4.2.3　高压涡轮单元体中的限寿件

（a）利用经验及安全性分析，获得高压涡轮单元体中的限寿件清单；

（b）开展高压涡轮单元体中的限寿件在发动机正常工作状态下的寿命分析；

（c）开展高压涡轮单元体中的转子类限寿件损伤容限评估分析；

（d）对高压涡轮单元体中的限寿件开展寿命结果信心度评估，基于寿命分析过程对寿命结果进行修正；

（e）形成固定的经过检验的高压涡轮单元体中的限寿件制造程序（工艺和加工规范）；

（f）确定发动机手册等持续适航文件中高压涡轮单元体中的限寿件的寿命限制值，明确其维修限制、使用限制以及检查要求。

要求如下：

同 22.4.2.1 小节。

22.4.2.4　低压涡轮单元体中的限寿件

（a）利用经验及安全性分析，获得低压涡轮单元体中的限寿件清单；

（b）开展低压涡轮单元体中的限寿件在发动机正常工作状态下的寿命分析；

（c）开展低压涡轮单元体中的转子类限寿件损伤容限评估分析；

（d）对低压涡轮单元体中的限寿件开展寿命结果信心度评估，基于寿命分析过程对寿命结果进行修正；

（e）形成固定的经过检验的低压涡轮单元体中的限寿件制造程序（工艺和加工规范）；

（f）确定发动机手册等持续适航文件中低压涡轮单元体中的限寿件的寿命限制值，明确其维修限制、使用限制以及检查要求。

要求如下：

同 22.4.2.1 小节。

22.4.2.5　燃烧室单元体中的限寿件

（a）利用经验及安全性分析，获得燃烧室单元体中的限寿件清单；

（b）开展燃烧室单元体中的限寿件在发动机正常工作状态下的寿命分析；

（c）开展燃烧室单元体中的转子类限寿件损伤容限评估分析；

（d）对燃烧室单元体中的限寿件开展寿命结果信心度评估，基于寿命分析过程对寿命结果进行修正；

（e）形成固定的经过检验的燃烧室单元体中的限寿件制造程序（工艺和加工规范）；

（f）确定发动机手册等持续适航文件中燃烧室单元体中的限寿件的寿命限制值，明确其维修限制、使用限制以及检查要求。

要求如下：

同22.4.2.1小节。

22.5　条款验证需求

22.5.1　材料级

（a）材料物理性能测试

（b）材料本构模型性能测试。

（c）材料疲劳性能测试。

（d）材料断裂力学性能测试。

要求如下：

（a）材料性能应能够代表最终部件的各项性能；

（b）测试方法选用或参考美国材料试验协会（American Society of Testing Material，ASTM）标准/国家标准/行业标准；

（c）试验矩阵需考虑批次影响；

（d）测试数据的处理应符合相应标准或规范；

（e）考虑材料性能的分散性。

22.5.2　零件级

22.5.2.1　风扇及增压级单元体中的限寿件

（a）开展风扇及增压级单元体中的限寿件在发动机状态下的部件寿命试验测试；

（b）开展风扇及增压级单元体中的限寿件部件损伤容限试验测试；

（c）验证风扇及增压级单元体中的限寿件制造程序（工艺和加工规范）；

（d）验证发动机手册等持续适航文件中风扇及增压级单元体中的限寿件的寿命限制值、维修限制、使用限制以及检查计划。

要求如下：

（a）风扇及增压级单元体中限寿件的部件寿命试验及损伤容限试验过程应符合自有的或者公开的标准程序；

（b）风扇及增压级单元体中的限寿件部件寿命试验、损伤容限测试程序需经过局方批准；

（c）试验条件中考核位置的受载应与发动机工作条件下的受载一致，否则应有相应的程序指导试验方案的设计；

（d）考虑结构、材料固有的分散性，对风扇及增压级单元体中的限寿件部件寿命及损伤容限测试的结果应该按照批准的程序进行换算。

22.5.2.2　高压压气机单元体中的限寿件

（a）开展高压压气机单元体中的限寿件在发动机状态下的寿命试验测试；

（b）开展高压压气机单元体中的限寿件损伤容限试验测试；

（c）验证高压压气机单元体中的限寿件制造程序（工艺和加工规范）；

（d）验证发动机手册等持续适航文件中高压压气机单元体中的限寿件的寿命限制值，明确其维修限制、使用限制以及检查计划；

要求如下：

（a）高压压气机单元体中限寿件的寿命试验及损伤容限试验过程应符合自有的或者公开的标准程序；

（b）高压压气机单元体中的限寿件寿命试验、损伤容限测试程序需经过局方批准；

（c）试验条件中考核位置的受载应与发动机工作条件下的受载一致，否则应有相应的程序指导试验方案的设计；

（d）考虑结构、材料固有的分散性，应该对高压压气机单元体中的限寿件寿命及损伤容限测试的结果按照批准的程序进行换算。

22.5.2.3　高压涡轮单元体中的限寿件

（a）开展高压涡轮单元体中的限寿件在发动机状态下的寿命试验测试；

（b）开展高压涡轮单元体中的限寿件损伤容限试验测试；

（c）验证高压涡轮单元体中的限寿件制造程序（工艺和加工规范）；

（d）验证发动机手册等持续适航文件中高压涡轮单元体中的限寿件的寿命限制值，明确其维修限制、使用限制，以及检查计划；

要求如下：

（a）高压涡轮单元体中限寿件的寿命试验及损伤容限试验过程应符合自有的或者公开的标准程序；

（b）高压涡轮单元体中的限寿件寿命试验、损伤容限测试程序需经过局方批准；

（c）试验条件中考核位置的受载应与发动机工作条件下的受载一致，否则应有相应的程序指导试验方案的设计；

（d）考虑结构、材料固有的分散性，应该对高压涡轮单元体中的限寿件寿命及损伤容限测试的结果按照批准的程序进行换算。

22.5.2.4　低压涡轮单元体中的限寿件

（a）开展低压涡轮单元体中的限寿件在发动机状态下的寿命试验测试；

（b）开展低压涡轮单元体中的限寿件损伤容限试验测试；

（c）验证低压涡轮单元体中的限寿件制造程序（工艺和加工规范）；

（d）验证发动机手册等持续适航文件中低压涡轮单元体中的限寿件的寿命限制值，明确其维修限制、使用限制以及检查计划；

要求如下：

（a）低压涡轮单元体中限寿件的寿命试验及损伤容限试验过程应符合自有的或者公开的标准程序；

（b）低压涡轮单元体中的限寿件寿命试验、损伤容限测试程序需经过局方批准；

（c）试验条件中考核位置的受载应与发动机工作条件下的受载一致，否则应有相应的程序指导试验方案的设计；

（d）考虑结构、材料固有的分散性，应该对低压涡轮单元体中的限寿件寿命及损伤容限测试的结果按照批准的程序进行换算。

22.5.2.5　燃烧室单元体中的限寿件

（a）开展燃烧室单元体中的限寿件在发动机状态下的寿命试验测试；

（b）开展燃烧室单元体中的限寿件损伤容限试验测试；

（c）验证燃烧室单元体中的限寿件制造程序（工艺和加工规范）；

（d）验证发动机手册等持续适航文件中燃烧室单元体中的限寿件的寿命限制值，明确其维修限制、使用限制以及检查计划；

要求如下：

（a）低压燃烧室单元体中限寿件的寿命试验及损伤容限试验过程应符合自有的或者公开的标准程序；

（b）燃烧室单元体中的限寿件寿命试验、损伤容限测试程序需经过局方批准；

（c）试验条件中考核位置的受载应与发动机工作条件下的受载一致，否则应有相应的程序指导试验方案的设计；

（d）考虑结构、材料固有的分散性，应该对燃烧室单元体中的限寿件寿命及损伤容限测试的结果按照批准的程序进行换算。

22.5.3　整机级

22.5.3.1　限寿件清单的验证

利用基于试验或者经验证的安全性分析方法确认限寿件清单的合理性。

要求如下：

对于重要的结构件均应开展安全性分析，不作为限寿件应有足够的理由。

22.5.3.2　飞行条件的验证

确定发动机飞行剖面的来源，持续积累飞行剖面数据。

要求如下：

（a）在有实际飞行数据时，应使用实际的飞行剖面；

（b）应有相应的程序确保发动机运行后持续监视飞行剖面，并积累飞行剖面数据。

22.5.3.3　发动机飞行剖面下的性能试验验证

利用地面台架、高空试验台以及飞行台开展性能测试试验，验证性能参数，也可以利用发动机长期运行过程中的数据进行验证。

要求如下：

（a）应有相应的程序和计划规范性能测试试验；

（b）试验过程及试验结果的处理应符合相应试验程序的要求；

（c）性能参数分析结果应与试验测试结果一致。

22.5.3.4　二次流及传热试验验证

开展台架或者整机二次流场及温度场测试试验，验证温度历程的准确性。

要求如下：

（a）应有相应的程序规范二次流及温度场测试试验；

（b）试验过程及试验结果的处理应符合试验程序要求；

（c）温度场分析结果应与台架试验验证（金属壁温）结果一致。

22.5.3.5　总体载荷试验验证

开展台架或者整机载荷测试试验，验证载荷的准确性。

要求如下：

（a）应有相应的程序规范发动机载荷测试试验；

（b）试验过程及试验结果的处理应符合试验程序要求；

（c）载荷分析结果应与台架试验验证结果相一致。

22.5.3.6　应力试验验证

开展部件级或者整机级应力测试，验证应力历程的准确性。

要求如下：

（a）应有相应的程序规范部件级和整机级应力测试试验；

（b）应力分析结果应与应力试验结果相一致。

22.5.3.7　寿命试验验证

在整机上开展疲劳寿命测试，验证寿命结果的正确性。

要求如下：

（a）应有相应的程序规范寿命测试试验；

（b）试验应按照批准的程序实施；

（c）试验条件下确保关键部位的受载条件与发动机工作条件一致，否则必须对试验结果按照一定的程序进行修正。

22.5.3.8　转子类限寿件损伤容限评估的验证

在整机上开展转子类部件损伤容限试验测试。

要求如下：

（a）确定性裂纹扩展评估。

确定性裂纹试验结果必须满足：含有表面缺陷的转子件必须拥有至少 3000 个飞行循环的剩余寿命，或者含有表面缺陷的转子件表面必须拥有 50% 的部件批准寿命的剩余寿命。

（b）概率风险评估：

（1）概率风险评估的方法及工具必须经过 AC 示例的验证；

（2）概率风险评估的输入必须基于试验测试及统计值；

（3）概率风险评估的结果应符合第 33.75 条的要求。

22.5.3.9　静子类限寿件寿命的验证

在整机上开展静子类限寿件寿命及裂纹扩展试验测试。

要求如下：

（a）裂纹萌生寿命试验要求同 20.5.4.7；

（b）裂纹扩展分析技术应经过试验验证，裂纹检测技术应通过验证；

（c）如果强制检查与裂纹检测相关，那么此类检查应添加到使用管理计划和持续适航文件中。

22.5.3.10　制造计划的验证

通过试件加工结合检测和试验或经验验证制造工艺、流程的合理性。

22.5.3.11　使用管理计划的验证

通过检测和试验或经验验证维修和检查相关程序的合理性。

参考文献

中国民用航空局. 2011. 航空发动机适航规定：CCAR33‒R2[S].

Federal Aviation Administration. 2001. Damage tolerance for high energy turbine engine rotors：AC 33.14‒1[S].

Federal Aviation Administration. 2009. Damage tolerance of hole features in high-energy turbine engine rotors：AC33.70‒2[S].

Federal Aviation Administration. 2009. Guidance material for aircraft engine life-limited parts requirements：AC33.70‒1[S].

第23章

第33.71条 润滑系统

23.1 条 款 内 容

第33.71条 润滑系统

（a）概述。每一润滑系统在航空器预期使用的飞行姿态和大气条件下，必须能正常地工作。

（b）滑油滤网或滑油滤。必须有一个供发动机所有滑油通过的滤网或油滤，此外还应满足下列要求：

（1）本款要求的具有旁路的滑油滤网或滑油滤，其构造和安装必须使得在该滤网或油滤元件完全堵塞的情况下，滑油仍能以正常的流量流经系统的其余部分；

（2）必须规定为防止滑油中外来颗粒进入发动机润滑系统所必需的滑油滤类型和过滤度。申请人必须表明通过规定的过滤装置的外来颗粒将不会损害发动机润滑系统的功能；

（3）当滑油污染程度大于本条（b）（2）的规定时（就颗粒的尺寸和密度而言），本款要求的每个滤网或油滤必须具有保证发动机润滑系统功能不受损害的容量（就确定的发动机使用限制而言）；

（4）除了滑油箱出口的滤网或油滤，对于本款要求的每个滤网或油滤，必须具有在污染达到本条（b）（3）规定的容量之前能予以指示的装置；

（5）任何油滤旁路装置的设计与构造，必须通过其适当设置使积聚的污物溢出最少，以确保积聚的污物不致进入旁通油路；

（6）除了滑油箱出口或回油泵的滤网或油滤外，本款规定的没有旁路的每个滤网或油滤，必须具有一报警器连接装置，以便在滤网的污染达到本条（b）（3）确定的容量之前警告驾驶员；

（7）本款要求的每个滤网或油滤必须便于放泄和清洗。

（c）滑油箱。

（1）每个滑油箱必须具有不小于油箱容量10%的膨胀空间；

（2）必须避免因疏忽而注满滑油箱膨胀空间的可能性；

（3）每个能存留一定数量滑油的凹型滑油箱加油接头，必须具有安装放油的装置；

（4）每个滑油箱盖必须有滑油密封件；对于申请在获得 ETOPS 批准的飞机上进行安装的发动机，滑油箱必须设计能防止因滑油箱盖的错误安装导致的危害性滑油损失；

（5）每个滑油箱加油口应标上"滑油"字样；

（6）每个滑油箱必须在膨胀空间的顶部通气，通气口的布置应使可能冻结并阻塞管道的冷凝水蒸汽不能在任何部位积聚；

（7）必须有防止任何可能妨碍滑油在系统中流通的物体进入滑油箱或任何滑油箱出口的装置；

（8）除非润滑系统的外部（包括滑油箱支架）是防火的，否则，在每个滑油箱出口必须有一个切断阀；

（9）每个不增压的滑油箱在受到最大工作温度和 5 p. s. i. 的内部压力时不得泄漏，每个增压的滑油箱必须满足第 33.64 条的要求；

（10）漏出或溢出的滑油不得在油箱和发动机其他零部件之间积聚；

（11）每个滑油箱必须有滑油量指示器或相应的装置；

（12）如果螺旋桨顺桨系统使用发动机滑油，则应满足下列要求：

（i）如果不是油箱本身的失效而是由于润滑系统任一部分的失效使滑油供给量枯竭，则滑油箱必须具有一种能截留一定量滑油的装置；

（ii）被截留的滑油量必须足以完成顺桨工作，并且必须仅供顺桨泵使用；

（iii）必须设有用以防止油泥或其他外来物影响螺旋桨顺桨系统的安全工作的装置。

（d）滑油放油装置。必须配备一个（或多个）放油嘴，以使润滑系统能安全放泄，每个放油装置必须满足下列要求：

（1）是可达的；

（2）有手动或自动防止确保锁在关闭位置。

（e）滑油散热器　每个滑油散热器必须能承受在台架试验中产生的任何振动、惯性和滑油压力载荷而不出现失效。

23.2　条款演变历程

条款修订历史如表 23-1 所示。

CCAR-33R2 版中的第 33.71 条跟 FAR-33 部的第 27 修正案中的第 33.71 条内容一致。FAR-33 部中的第 33.71 条有 5 次修订。主要内容修订包括以下几

表 23-1 条款修订历史

序号	修正案	生效日期	Final Rule 名称	NPRM
1	33-0	1965.02.01	Miscellaneous Amendments	63-47
2	33-6	1974.10.31	Aircraft and Aircraft Engines, Certification Procedures and Type Certification Standards	71-12
3	33-10	1984.03.26	Aircraft Engine Regulatory Review Program; Aircraft Engine and Related Powerplant Installation Amendments	80-21
4	33-21	2007.02.15	Extended Operations (ETOPS) of Multi-Engine Airplanes	77-6 80-21
5	33-27	2008.11.24	Airworthiness Standards; Aircraft Engine Standards for Pressurized Engine Static Parts	07-08

条：1965 年第 0 修正案，形成燃油系统条款的初始版本。1974 年第 6 修正案，对条款内容进行细分，原有条款内容变为条（a），同时增加了条（b）、条（c）、条（d）、条（e）内容。1984 年第 10 修正案，对条（b）（3）中的"和滑油滤网"删去，新增条（c）（12），并且将条（b）（4）、条（c）（5）、条（c）（11）和条（d）进行修改。2007 年第 21 修正案，增加了延程飞行（ETOPS）的相关内容，将条（c）（4）修改成："每个滑油箱盖必须有滑油密封件；对于申请在获得 ETOPS 批准的飞机上进行安装的发动机，滑油箱必须设计能防止因滑油箱盖的错误安装导致的危害性滑油损失。"2008 年第 27 修正案，条（c）（9）对增压油箱在最大温度和压力下的试验做了规定："每个增压的滑油箱必须满足第 33.64 条的要求"。

23.3 条款实质性要求

（a）确保润滑系统在发动机可能遭遇的飞行姿态及大气条件功能不失效，不引起润滑系统功能的丧失而导致的摩擦副失效、或螺旋桨不能维持桨距或顺桨（如果螺旋桨的变距或顺桨使用发动机滑油）；

（b）润滑系统应具有滤网或油滤，并确保其过滤、旁通、堵塞报警指示、容污功能；

（c）确保滑油箱耐压、防火或具有防火切断阀、通风良好、有足够的膨胀空间、有滑油标识、有带过滤网并方便可达的加油口、有方便可达并且能锁定的放油口；

（d）确保润滑系统存放油部件的放油装置有方便可达且能锁定在关闭位置的放油口；

（e）滑油散热器能够承受台架试验中产生的任何振动、惯性和滑油压力载荷而不出现失效。

23.4　条款设计需求

23.4.1　整机级

23.4.1.1　润滑系统功能及性能分析

润滑系统功能及性能分析包括：

(a) 润滑系统供油压力分析；

(b) 润滑系统回油压力分析；

(c) 润滑系统通风功能分析；

(d) 润滑系统排油功能分析；

(e) 润滑系统滑油温度分析。

23.4.1.2　传动系统极限姿态条件下的功能分析

传动系统的结构设计分析。

23.4.2　组件级

23.4.2.1　滑油滤网或滑油滤的设计

滑油滤组件设计包括：

(a) 确定润滑系统中具有旁路的滑油滤网或滑油滤,说明其构造、安装情况、滑油滤预堵塞指示压力、滑油滤极限压降、旁通活门开启压降及旁通活门全流量下的压降；

(b) 确定润滑系统中滑油滤类型及过滤精度；

(c) 确定润滑系统主滑油滤的纳污容量；

(d) 确定滑系统滑油滤预堵塞报警指示器的连接装置设计与构造,以及报警指示的工作原理；

(e) 确定滑油滤与其旁路装置的设计与构造,通过分析表明当旁路打开时,其构造能确保滑油滤积累的污物不易进入旁通油路；

(f) 确定每个滤网或油滤的拆卸及清洗方式,确认滤网或油滤便于放泄和清洗；

(g) 确保有旁路工作指示。

23.4.2.2　滑油箱的设计

滑油箱的性能、结构与强度分析包括：

(a) 滑油箱的容量及设计特征,以表明滑油箱具有不小于油箱容量 10% 的膨胀空间；

(b) 说明为防止因疏忽而注满滑油膨胀空间所采取的措施；

(c) 说明滑油箱加油接口的形式,从结构设计上保证其不会存留滑油或具备安装放油的装置；

（d）说明滑油箱盖的密封形式，以及为保证安装的可靠性在结构、标识等方面所采取的措施；

（e）说明滑油箱加油口处的"滑油"标示情况；

（f）说明滑油箱通风口设置情况，并通过设计分析表明冷凝水蒸气不能在任何部位积聚；

（g）说明滑油箱加油时所采取的避免妨碍滑油在系统中流通的物体进入滑油箱或任何滑油出口的措施；

（h）如果润滑系统的外部（包括滑油箱支架）是不防火的，说明滑油箱出口处的切断阀设计特征；

（i）说明不增压的滑油箱在受到最大工作温度和 5 p.s.i.的内部压力时不得泄漏；

（j）通过设计、结构分析表明漏出的滑油不会在油箱和发动机其他零部件之间积聚；

（k）说明滑油箱滑油量指示装置的设置情况；

（l）通过设计表明注油口可以正确配合；

（m）说明仪表的每个滑油压力接头附近有保护措施；

（n）通过分析表明通气口位于可能对发动机满意功能有影响的外物最少可能进入的位置。

23.4.2.3　滑油放油装置的设计

滑油放油装置的结构设计分析：说明各放油装置的构造，放油口的设置、结构形式，表明其放油安全、可达且能手动或自动锁定在关闭位置。

23.4.3　材料级

滑油使用限制分析要求：

（a）确定对批准的每种牌号和种类的滑油和有关的限制；

（b）确定滑油对发动机功能和耐久性有关键性影响的任何参数。

23.5　条款验证需求

23.5.1　材料级

润滑油：与润滑油有关的限制以及相关参数要求通过第 33.7 条的试验结果表明。

23.5.2　组件级

通过不同的润滑系统部件试验，验证滑油滤堵塞指示、旁通活门等的功能，滑油滤等润滑系统部件的纳污能力,不增压滑油箱的承压能力等。

23.5.2.1　滑油滤组件功能验证

滑油滤组件功能试验:

(a) 滑油滤堵塞指示装置能按预期提供报警指示;

(b) 滑油滤旁通活门能按预期正常打开;

(c) 滑油滤指示装置报警到旁通活门打开的时间满足设计要求;

(d) 滑油滤具有旁路工作指示。

23.5.2.2　滑油箱防火验证

滑油箱相关的防火要求通过第 33.17 条的试验结果表明。

23.5.2.3　滑油箱压力验证

(a) 应声明滑油箱是否为增压油箱,如果为增压油箱,则该条款符合性通过第 33.64 条的验证结果表明;

(b) 应明确滑油箱的最大工作温度,并分析其合理性;

(c) 应明确试验中滑油箱保持 5 p.s.i. 内部压力的时间,并分析其合理性;

(d) 试验中滑油箱不得泄漏;试验后的检查结果,滑油箱不得有变形或裂纹。

23.5.2.4　滑油放油装置试验

滑油放油装置试验,同第 33.87 条所要求的滑油放油装置部件试验。

23.5.2.5　滑油散热器试验

滑油散热器的振动、冲击、压力循环、过压、耐压试验。同第 33.91 条所要求的滑油散热器部件试验。

23.5.3　整机级

23.5.3.1　滑油姿态试验

(a) 应声明发动机的飞行姿态包线(包括俯仰角度和翻滚角度、对应的运行工况和持续时间);

(b) 应确定试验的姿态条件(包括俯仰角度和翻滚角度),并确保姿态条件满足飞行姿态包线中连续飞行姿态的要求;

(c) 应确定试验中各姿态条件下的发动机运行工况(如适用,包括引气、功率提取情况),及其持续时间和间隔时间,并说明它们的选取依据;

(d) 应明确给出试验中各姿态条件下开始和结束计时的标志;

(e) 应声明发动机滑油箱油量的最低放行标准;

(f) 应确保试验条件中初始滑油箱油量不大于声明的最低放行标准;

(g) 应明确试验中采用的滑油牌号或规格,并确保使用的滑油不影响试验的严苛度;

(h) 应保证在极限姿态时,传动机匣内的滑油回油顺畅。

要求如下：

（a）试验过程中发动机润滑系统正常工作；

（b）试验后的检查结果无异常，如屑末探测器检查、润滑系统部件磨损程度检查、滑油消耗量检查等。

23.5.3.2　滑油功能试验

（a）相关的整机试验工况需要覆盖发动机预期使用的大气条件；

（b）试验验证的润滑系统参数范围需要覆盖润滑系统参数限制值（如滑油温度限制、滑油压力限制）；

（c）需要对试验中构型偏离的影响进行了合理分析及声明，以确保不会对表明润滑系统的符合性产生影响；

（d）试验中采用的滑油牌号和规格，需要与手册中声明的一致；

（e）滑油消耗量需要满足手册规定的要求；

（f）试验后应对屑末探测器以及润滑系统部件磨损程度等进行检查，检查结果应在规定的可接受范围内。

23.5.3.3　滑油中断试验

滑油中断试验在地面整机试车台上完成。试验要求发动机在处于最大连续推力工况下时，切断滑油供应，并维持滑油中断至少 15 秒，随后恢复供油。试验过程中，需要对以下参数进行监测，以评估试验过程的有效性以及记录试验数据：

（a）风扇物理转速；

（b）高压转子物理转速；

（c）排气温度；

（d）发动机振动值；

（e）环境温度；

（f）环境压力；

（g）滑油供油压力；

（h）滑油供油温度。

试验后需要检查轴承及齿轮的磨损情况，有无积碳及漆膜现象。

要求如下：

（a）试验全程滑油温度不超过安装手册中规定的温度限制值；

（b）试验后发动机不存在非正常的轴承及齿轮的磨损。

参考文献

安德瑞·林克·迪辛格（德）. 2015. 民用涡扇发动机系统［M］. 中航工业商发，译. 北京：航空工业出版社.

中国民用航空局. 2011. 航空发动机适航规定：CCAR33 - R2［S］.

第 24 章
第 33.72 条 液压作动系统

24.1 条 款 内 容

第 33.72 条 液压作动系统

在发动机所有预期的工作状态下,每个液压作动系统必须能正常工作。每个油滤或滤网必须便于维修并且每个油箱必须符合本规定第 33.71 的设计准则。

24.2 条款演变历程

条款修订历史如表 24-1 所示。

表 24-1 条款修订历史

序号	修正案	生效日期	Final Rule 名称	NPRM
1	33-6	1974.10.31	Aircraft and Aircraft Engines, Certification Procedures and Type Certification Standards	71-12

CCAR-33R2 版中的第 33.72 条与 FAR-33 部的第 6 修正案中的第 33.72 条内容一致。FAR-33 部中的第 33.72 条有 1 次修订。1974 年第 6 修正案中增加了第 33.72 条,一直没有再修订。

24.3 条款实质性要求

申请人需要考虑发动机预期使用的飞行包线、温度包线以及姿态包线,在这些条件下液压作动系统必须能够提供正常的作动能力。

由于液压系统在实际运营中的维护情况较多,申请人需要考虑油滤或滤网的维修性。

液压油箱的设计明确按照第 33.71 条润滑系统条款的滑油箱要求表明符合性。

24.4　条款设计需求

24.4.1 系统级

液压作动系统的性能分析内容包括分析液压作动系统的性能指标，包括稳态控制精度、控制动态响应、控制超调。

要求如下：

（a）反推装置采用液压作动时，该液压作动系统在反推所有的预期工作状态下，必须能够执行预期的功能；

（b）液压作动系统作为燃油系统的一部分，必须满足在发动机所有预期的工作状态下，能够执行预期的功能。

24.4.2　组件级

24.4.2.1　液压作动筒的性能参数分析

（a）针对液压作动筒的功能，逐一分析液压作动筒的负载力、油液压力条件、反馈信号特征、控制品质、尺寸和重量限制；

（b）分析液压作动筒的接口需求，包括机械接口、液压管路接口和电气接口。

要求如下：

液压作动筒需满足液压作动系统在所有预期环境下对液压作动筒关于行程、负载力、油液、反馈信号、液压油工作温度和压力范围、工作环境温度和压力范围及振动环境的要求。

24.4.2.2　电液伺服阀的性能参数分析

（a）针对电液伺服阀的功能逐一分析电液伺服阀的空载流量特性、压力特性、内泄漏特性、零漂、频率响应特性；

（b）根据系统设计要求，分析电液伺服阀的接口需求，包括电气接口、机械接口。

要求如下：

电液伺服阀需满足液压作动系统在所有预期环境下对电液伺服阀关于额定参数、内泄漏特性的要求。

24.4.2.3　液压油箱的设计

内容包括液压油箱的性能、结构与强度分析。

要求如下：

（a）液压油箱的容量及设计特征，以表明液压油箱具有不小于油箱容量10%的膨胀空间；

（b）说明为防止因疏忽而注满液压油膨胀空间所采取的措施；

（c）说明液压油箱加油接口的形式,从结构设计上保证其不会存留液压油或具备安装放油的装置；

（d）说明液压油箱盖的密封形式,以及为保证安装的可靠性在结构、标识等方面所采取的措施；

（e）说明液压油箱加油口处的"液压油"标示情况；

（f）说明液压油箱通风口设置情况,并通过设计分析表明冷凝水蒸气不能在任何部位积聚；

（g）说明液压油箱加油时所采取的避免妨碍液压油在系统中流通的物体进入液压油箱或任何液压油箱出口的措施；

（h）如果液压作动系统的外部（包括液压油箱支架）是不防火的,说明液压油箱出口处的切断阀设计特征；

（i）说明不增压的液压油箱在受到最大工作温度和 5 p.s.i. 的内部压力时不得泄漏；

（j）通过设计、结构分析表明漏出的液压油不会在油箱和发动机其他零部件之间积聚；

（k）说明液压油箱液压油量指示装置的设置情况。

24.4.2.4　油滤或滤网的设计

（a）确定油滤或滤网的滤通能力需求；

（b）确定油滤或滤网的临近旁通压降设计需求；

（c）确定油滤或滤网的旁通活门开启压降设计需求；

（d）确定油滤或滤网的临近堵塞指示设计需求；

（e）确定油滤或滤网的真实旁通指示设计需求；

（f）确定油滤或滤网的维护性设计需求。

要求如下：

（a）油滤或滤网的安装位置取两种进口距发动机燃油进口较近的位置（燃油计量装置进口或发动机传动的正排量泵进口）；

（b）油滤或滤网便于放泄和清洗；

（c）油滤或滤网采用易于拆卸的网件或滤芯；

（d）油滤或滤网易于拆卸进行放油,或者具有沉淀槽和放油嘴；

（e）油滤或滤网的重量支撑不能由相连的导管或接头支承,除非导管或接头在所有的载荷情况下均具有足够的强度裕度。

24.5　条款验证需求

24.5.1　组件级

24.5.1.1　液压作动筒性能测试

（a）密封性试验；

（b）作动筒行程试验；

（c）最大负载力试验；

（d）运行平稳性试验；

（e）部件设计保证试验参考第33.91条验证需求部分。

要求如下：

液压作动筒需满足液压作动系统在所有预期环境下对液压作动筒关于行程、负载力、油液、反馈信号、液压油工作温度和压力范围、工作环境温度和压力范围及振动环境的要求。

24.5.1.2　电液伺服阀性能测试

（a）空载流量特性试验；

（b）压力特性试验；

（c）内泄漏特性试验；

（d）零漂特性试验；

（e）频率响应特性试验。

（f）部件设计保证试验参考第33.91条验证需求部分。

要求如下：

电液伺服阀需满足液压作动系统在所有预期环境下对电液伺服阀关于额定参数、内泄漏特性的要求。

24.5.1.3　液压油箱

（a）液压油箱相关的防火要求通过第33.17条的试验结果表明。

（b）应声明液压油箱是否为增压油箱，如果为增压油箱，则该条款符合性通过33.64条款的验证结果表明；

（c）应明确液压油箱的最大工作温度，并分析其合理性；

（d）应明确试验中液压油箱保持5 p.s.i.内部压力的时间，并分析其合理性；

（e）试验中液压油箱不得泄漏，试验后的检查结果，液压油箱不得有变形或裂纹。

要求如下：

（a）除非液压作动系统的外部（包括液压油箱支架）是防火的，否则，在每个液压油箱出口必须有一个切断阀；

（b）每个不增压的液压油箱在受到最大工作温度和 5 p.s.i. 的内部压力时不得泄漏，每个增压的液压油箱必须满足第 33.64 条的要求。

24.5.2　系统级

24.5.2.1　液压作动系统性能测试

（a）液压执行机构稳态特性控制试验；

（b）液压执行机构动态特性控制试验。

要求如下：

（a）反推装置采用液压作动时，该液压作动系统在反推所有的预期工作状态下，必须能够执行预期的功能；

（b）液压作动系统必须满足在发动机所有预期的工作状态下，能够执行预期的功能。

24.5.2.2　液压油箱性能测试

（a）应声明发动机的飞行姿态条件（包括俯仰角度和翻滚角度、对应的运行工况和持续时间）；

（b）应确定试验的姿态条件（包括俯仰角度和翻滚角度），并确保姿态条件满足飞行姿态包线中连续飞行姿态的要求；

（c）应确定试验中各姿态条件下的发动机运行工况（如适用，包括引气、功率提取情况），及其持续时间和间隔时间，并说明它们的选取依据；

（d）应明确给出试验中各姿态条件下开始和结束计时的标志；

（e）应声明发动机液压油箱油量的最低放行标准；

（f）应确保试验条件中初始液压油箱油量不大于声明的最低放行标准；

（g）应明确试验中采用的液压油牌号或规格，并确保使用的液压油不影响试验的严苛度；

（h）应保证在极限姿态时，传动机匣内的液压油回油顺畅。

要求如下：

（a）要求每个液压油箱必须具有不小于油箱容量 10% 的膨胀空间；

（b）必须避免因疏忽而注满液压油箱膨胀空间的可能性；

（c）每个能存留一定数量液压油的凹型液压油箱加油接头，必须具有安装放油的装置；

（d）每个液压油箱盖必须有液压油密封件；对于申请在获得 ETOPS 批准的飞机上进行安装的发动机，液压油箱必须设计能防止因液压油箱盖的错误安装导致的危害性液压油损失；

（e）每个液压油箱加油口应标上"液压油"字样；

（f）每个液压油箱必须在膨胀空间的顶部通气，通气口的布置应使可能冻结并阻塞管道的冷凝水蒸气不能在任何部位积聚；

（g）必须有防止任何可能妨碍液压油在系统中流通的物体进入液压油箱或任何液压油箱出口的装置；

（h）除非液压作动系统的外部（包括液压油箱支架）是防火的,否则在每个液压油箱出口必须有一个切断阀；

（i）每个不增压的液压油箱在受到最大工作温度和 5 p.s.i. 的内部压力时不得泄漏,每个增压的液压油箱必须满足第 33.64 条的要求；

（j）漏出或溢出的液压油不得在油箱和发动机其他零部件之间积聚；

（k）每个液压油箱必须有液压油量指示器或相应的装置。

24.5.3　整机级

（a）整机持久试验,参考第 33.87 条整机持久试验验证部分；

（b）对发动机全包线下的所有预期工况进行模型分析,以验证液压作动系统在发动机各种工作状态下都能正常地工作。

要求如下：

在发动机所有的预期工作状态下,液压作动系统必须能够执行预期的功能。如果反推装置采用液压作动,反推系统的液压作动系统在反推所有的预期工作状态下,必须能够执行预期的功能。

──────────────── 参考文献 ────────────────

机械工程名词审定委员会. 2000. 机械工程名词(第一分册)[M]. 北京：科学技术出版社.

中国民用航空局. 2011. 航空发动机适航规定：CCAR33 - R2[S].

ASTM International. 2003. Fuels and lubricants handbook[M]. USA：ASTM.

European Aviation Safety Agency. 2009. Certification specification for engine：CS-E Amdt 2[S].

Federal Aviation Administration. 1974. Aircraft and aircraft engines, certification procedures and type certification standards：Final Rule 11010[S].

Federal Aviation Administration. 1971. Aircraft and aircraft engines；proposed certification procedures and type certification standards：Notice No. 71 - 12[S].

Federal Aviation Administration. 2009. Airworthiness standards：Aircraft engines：14CFR Part 33 Amdt 30[S].

第 25 章
第 33.73 条 功率或推力响应

25.1 条款内容

第33.73条 功率或推力响应

发动机的设计与构造必须满足下列要求：

（a）当功率控制杆在不超过1秒内从最小位置推到最大位置时，在航空器所允许的最大引气和最大功率提取状态下，从最小功率或推力增大到额定起飞功率或推力，不会出现发动机超温、喘振、失速或其他的有害因素，除非工作方式要求不同的控制程序，则中国民用航空局可以允许增加额外的时间。

（b）在不超过5秒时间内，保证从固定最小飞行慢车功率控制杆位置的功率或推力（如无该位置，从不超过15%的额定起飞功率或推力位置）增加至95%额定起飞功率或推力。该5秒钟的功率或推力响应必须在仅使用发动机运转所必需的引气和附件载荷的稳定静态下产生。该起飞额定值由申请人规定并且不需包括加力推力值。

25.2 条款演变历程

条款修订历史如表25-1所示。

表 25-1 条款修订历史

序号	修正案	生效日期	Final Rule 名称	NPRM
1	33-0	1965.02.01	Miscellaneous Amendments	61-25
2	33-3	1967.04.03	Powerplant Design Requirements for Aircraft Engines and Propellers	66-3
3	33-4	1971.04.23	Fire Detectors and Engine Power Response	69-7

CCAR-33R2版中的第33.73条跟FAR-33部的第4修正案中的第33.73条内容一致。FAR-33部中的第33.73条有3次修订。主要内容修订包括以下几

条：1965 年第 0 修正案,基于原 CAR 第 13.217 条内容形成了 FAR 第 33.73 条功率或推力响应条款的初始版本。1967 年第 3 修正案,将"起飞功率或推力"更改为"额定起飞功率或推力"。1974 年第 4 修正案,增加覆盖可能遇到的飞行要求条件下的涡轮发动机额外的设计和构造要求。

25.3　条款实质性要求

(a) 验证发动机在最大引气和功率提取下紧急加速时发动机的可操作性；

(b) 验证发动机在最小引气和功率提取下发动机的响应时间,满足复飞要求。

25.4　条款设计需求

25.4.1　整机级

25.4.1.1　引气和功率提取的组合分析与定义

在 1 秒内将功率杆从地面慢车推到最大起飞位置,考虑发动机最危险(最容易喘振、超温、超转或者危害因素组合)情况下的引气和功率提取组合及相应工况点。要求如下：

(a) 发动机模型经过试验数据验证；

(b) 考虑工况和用户需求的影响。

25.4.1.2　加速性能相关设计要求确定

(a) 确定额定起飞推力；

(b) 确定控制系统响应要求；

(c) 确定控制误差要求；

(d) 确定压气机喘振裕度要求；

(e) 确定燃烧室稳定燃烧要求；

(f) 确定涡轮前温度 T_4 限制要求；

(g) 确定高低压转子转速限制要求；

(h) 确定油气比限制要求。

要求如下：

(a) 考虑性能衰退的影响；

(b) 考虑放气修正；

(c) 考虑过渡态热效应和过渡态叶尖间隙效应的影响；

(d) 考虑部件制造误差等影响。

25.4.1.3　加速过程极限供油规律设计

(a) 确定控制逻辑；

（b）压气机喘振极限供油规律；

（c）涡轮前温度 T_4 极限供油规律；

（d）油气比限制供油规律；

（e）发动机放气修正规律；

（f）发动机冷热态修正。

要求如下：

（a）考虑工况影响；

（b）考虑引气和功率提取影响；

（c）考虑稳定燃烧要求。

25.4.1.4 加速过程主控供油规律设计

（a）确定控制逻辑；

（b）确定加速主控制供油规律。

要求如下：

保证加速主控供油规律在加速极限供油规律范围之内。

25.4.2 系统级

25.4.2.1 主回路加速控制律设计

主回路加速控制律设计要求如下：

满足跟随误差要求。

25.4.2.2 参数限制回路控制律设计

（a）高压压气机后压力 P_{S3} 限制控制回路；

（b）发动机排气温度 EGT 限制控制回路。

要求如下：

满足调节时间、超调量、幅值裕度和相角裕度的要求。

25.4.2.3 加速过程燃油综合选择设计

（a）高压转子转速限制；

（b）低压转子转速限制；

（c）油气比限制。

要求如下：

加速过程中燃油供油规律不超过极限供油规律。

25.4.2.4 加速过程变几何控制设计

（a）压气机放气活门控制律设计、附件需求分析；

（b）压气机可调静子叶片控制律设计、附件需求分析。

要求如下：

满足跟随误差、调节时间、超调量和相角裕度的要求。

25.5　条款验证需求

25.5.1　系统级

控制系统加速控制律验证试验：

（a）确定试验工况（参照25.4.1.1小节）；

（b）基于硬件在回路和半物理试验台进行控制系统加速控制律验证试验；

（c）验证结果报告。

要求如下：

满足控制响应、控制误差要求。

25.5.2　整机级

25.5.2.1　全包线加速性能分析

（a）确定性能分析工况；

（b）加速性能分析。

要求如下：

全包线内不发生喘振、超温、超转、熄火的情况。

25.5.2.2　发动机加速性能整机试验

（a）确定试验工况、引气和功率提取组合；

（b）制定试验任务书、试验大纲；

（c）开展整机台架试验；

（d）试验结果分析，形成试验分析报告。

要求如下：

（a）功率杆能在1秒内从地面慢车推到最大起飞位置。

（b）在最小引气和功率提取组合下，发动机从飞行慢车加速到95%额定起飞推力所消耗的时间小于5秒。

（c）发动机不会出现喘振、超温、超转、熄火（通常监视发动机高低压转速、EGT温度）或结构损坏（孔探）的情况。

（d）推力稳定判定。

在某些情况下，发动机到达最大起飞推力位置时可能存在较小振荡，如果该振荡属于发动机可接受的推力振荡，且平均推力不低于要求的最大起飞推力，这种情况下也可以认为推力达到稳定。可接受的推力振荡通常来自安装者的要求，在安装者没有要求的情况下，可以借鉴经验并与安装者进行确认，经验认为，发动机推力振荡的峰谷值在10%额定起飞推力之内是可接受的。

（e）如果发动机推力响应时间大于5秒，除改变发动机性能特性和发动机控制规律外,也可以结合特定的飞机安装条件,在保证飞机复飞要求的情况下,采用专用条件来表明符合性。

(f) 在点火系统、燃油系统和起动系统中规定的某些零件,可以作为飞机安装的组成部分,而不作为发动机型号设计的组成部分的这种情况下,如果发动机的性能受影响,在整个发动机试车过程中,有关零件必须表现满意。

参考文献

中国民航局. 2011. 航空发动机适航规定:CCAR33 - R2[S].

European Aviation Safety Agency. 2003. Certification specifications for engines[S].

Federal Aviation Administration. 1961. Agency regulations, proposed recodification:Notice No. 61 - 25[S].

Federal Aviation Administration. 1964. Aircraft engines:Notice No. 63 - 47[S].

Federal Aviation Administration. 1971. Federal Aviation Administration 14 CFR Parts 25,27, and 33:Final Rule9464[S].

Federal Aviation Administration. 1967. Federal Aviation Administration 14 CFR Parts 1, 21,33, and 35:Final Rule7139[S].

Federal Aviation Administration. 1969. Federal Aviation Agency 14 CFR Part 25,27, and 33:Notice No. 69 - 7[S].

Federal Aviation Administration. 1966. Federal Aviation Agency 14 CFR Part 21,27,29,33, and 35:Notice No. 63 - 3[S].

Federal Aviation Administration. 2014. Guidance material for 14 CFR 33. 28 engine control systems:AC33. 28 - 3[S].

Federal Aviation Administration. 1964. Miscellaneous amendments:Final Rule 3025[S].

Federal Aviation Administration. 1985. Surge and stall characteristics of aircraft turbine engines:AC33. 65 - 1[S].

第 26 章
第 33.74 条 持续转动

26.1 条款内容

第 33.74 条 持续转动

由于飞行中的任何原因使发动机停车,如果停车后发动机的任何主转动系统仍持续转动并且没有提供阻止持续转动的装置,那么在最长的飞行周期内和在预期该发动机不工作的飞行条件下,任何持续的转动不得导致第 33.75 条(g)(2)(i)至(vi)所描述的任何情况。

26.2 条款演变历程

条款修订历史如表 26-1 所示。

表 26-1 条款修订历史

序号	修正案	生效日期	Final Rule 名称	NPRM
1	33-6	1974.10.31	Aircraft and Aircraft Engines, Certification Procedures and Type Certification Standards	71-12
2	33-10	1984.03.26	Aircraft Engine Regulatory Review Program; Aircraft Engine and Related Powerplant Installation Amendments	80-21
3	33-17	1996.07.05	Airworthiness Standards; Continued Rotation and Rotor Locking Tests, and Vibration and Vibration Tests	95-3
4	33-24	2007.11.05	Airworthiness Standards: Safety Analysis	06-10

CCAR-33R2 版中的第 33.74 条跟 FAR-33 部的第 24 修正案中的第 33.74 条内容一致。FAR-33 部中的第 33.74 条有 4 次修订。主要内容修订包括以下几条:1974 年第 6 修正案中增加了第 33.74 条。1984 年第 10 修正案,删除风车试验对亚音速飞机发动机的要求;增加了申请人提供无滑油供给下的风车发动机不会对飞机产生危害性证据的要求。1996 年第 17 修正案,"风车"的表述改为了"持续

转动"，"发动机"改为"发动机的任何主转动系统"，引用了第 33.75 条作为危害性
后果的标准。

26.3　条款实质性要求

本条款的实质要求是：由于飞行中的任何原因导致的发动机停车，如果停车
后发动机的任何主转动系统由于风车或机械效应仍持续转动，且发动机没有转子
锁定装置，那么在发动机停车到飞机回场的最长飞行周期内，且预期该发动机不工
作的飞行条件下，不会发生第 33.75 条(g)(2)(i)至(g)(2)(vi)所描述的后果。

26.4　条款设计需求

26.4.1　整机级

26.4.1.1　确定适用的空中停车原因

从所有可能导致空中停车的底事件中，筛选出适用于持续转动的失效事件，如
转子失去中心支撑、叶片脱落、燃滑油丧失等。对于一些导致有限持续转动时间的
固有危害性发动机失效事件应不予在第 33.74 条中考虑，如主转子结构失效等。

要求如下：

应考虑所有可能导致发动机空中停车的原因。

26.4.1.2　确定安装方式

发动机安装方式的确定方法可参照第 33.5 条的要求。

要求如下：

用于持续转动分析或试验的安装方式必须能代表发动机在飞机上最保守的安
装方式。

26.4.1.3　确定运行条件

(a) 确定整机 ETOPS 飞行包线，早期 ETOPS 资格要求可以参考第 33.201 条；

(b) 确定持续转动过程中发动机的转速变化，包括高压转子和低压转子的转
速变化，可以通过经过验证的分析或整机飞行试验确定。

要求如下：

(a) 确定持续转动的运行时间时，必须考虑单次持续转动事件最大可能的飞
行时间，而无论该事件发生的概率是多少；

(b) 确定持续转动过程中发动机的转速变化时，应包括在一个发动机不工作
条件下的飞行包线内该发动机转子的所有可能转速。应考虑到不同的飞行阶段，
包括起飞、爬升、巡航、降落、进近和着陆。还需要考虑发动机损坏对持续转动转速
造成的影响；

（c）如采用分析的方法，则该方法必须试验验证。

26.4.1.4　整机载荷分析

（a）模型。

整机载荷分析的有限元模型应包含主要的静子和转子部件，包括风扇机匣、增压级机匣、风扇支板、高压压气机机匣、燃烧室机匣、高压涡轮机匣、涡轮级间机匣、低压涡轮机匣、涡轮后机匣、排气喷嘴、安装节、所有主轴轴承及转动结构等，对于一些次要结构特征，可以进行适当的简化。

（b）边界。

整机载荷模型应与飞机方提供的模型相连接，连接方式应能代表最保守的发动机安装方式。

（c）计算方法。

可采用时域或频域分析方法，进行整机的载荷分析；在采用瞬态时域分析方法时，可以将持续转动过程的时域载荷谱进行压缩，使计算时间缩短至毫秒级；也可采用频域分析方法，获得持续转动中不同阶段下的最大载荷。

要求如下：

（a）由数值计算得到的整机载荷须经过验证；

（b）整机载荷分析模型应能提供发动机各主要承力部件之间的界面载荷；

（c）整机载荷分析模型应能准确反应发动机和飞机间的连接界面；

（d）整机载荷分析应考虑飞机的燃油状态；

（e）整机载荷应考虑 FBO 等瞬态事件对持续转动初始状态的影响。

26.4.2　系统级

26.4.2.1　压气机结构强度分析

1）压气机转子应力分析

通过该分析确定持续转动过程中风扇增压级及高压压气机所有转子可能出现的最大应力，并证明该应力值小于转子破裂转速下对应的应力值，以证明无转子破裂事件产生，以验证不会发生非包容高能碎片，可以参照第 33.27 条超转条款的方法。

要求如下：

（a）用于转子应力分析的数值模型应经过验证；

（b）转速、温度等载荷的施加以及材料性能的选取应遵循保守的原则，涵盖持续转动阶段所有可能的运行工况；

（c）分析得到的压气机转子在持续转动过程中的应力值应远小于超转条件下的值。

2）压气机主承力结构载荷分析

对风扇增压级和高压压气机的主要承力结构在持续转动过程中的载荷分析：

（a）模型。

风扇增压级和高压压气机的主承力结构的有限元模型应能体现该结构的主要几何特征,对于一些次要结构特征,可以进行适当的简化。

（b）边界。

通过整机载荷分析模型获得的风扇增压级和高压压气机的部件连接界面的载荷作为子模型分析的边界条件。

（c）计算方法。

可采用时域或频域分析方法,进行风扇增压级和高压压气机的主承力结构部件的载荷分析;在采用瞬态时域分析方法时,可以将持续转动过程的时域载荷谱进行压缩,使计算时间缩短至毫秒级;也可采用频域分析方法,获得持续转动中不同阶段下的最大载荷。

要求如下:

（a）用于载荷分析的数值模型应经过验证;

（b）分析过程中,应考虑整个持续转动过程中所有可能的运行工况,包括 FBO 事件后产生大不平衡量的运行工况;

（c）具有减载设计的发动机,应考虑结构主动失效后的持续转动工况;

（d）分析所得到的主承力结构最大载荷下的应力应小于该部分结构材料的强度极限。

3）压气机主承力结构疲劳分析

风扇增压级和高压压气机的主承力结构在发动机停车后的剩余疲劳寿命分析方法可以参照第 33.19 条耐久性条款,持续转动过程中所分析的疲劳寿命主要为低循环疲劳寿命。

要求如下:

（a）结构的剩余疲劳寿命计算方法应经过验证;

（b）疲劳载荷的施加应遵循保守的原则;

（c）在计算部件剩余寿命时,应同时考虑瞬态冲击（如 FBO 事件）和持续转动对部件寿命的影响;

（d）计算得到的风扇增压级和高压压气机主承力结构的剩余疲劳寿命应大于持续转动最大可能的持续时间。

4）压气机钛火分析

防火分析的方法可以参考第 33.17 条的相关方法。

要求如下:

（a）应包含所有不可控火情的可能产生原因,包括由钛合金碰摩导致的“钛火”,可燃液体泄漏导致的火情,以及局部热量过高引起的火情等;

（b）应确定发生上述不可控火情的条件。

26.4.2.2　燃烧室结构强度分析

1）燃烧室主承力结构载荷分析

对风扇增压级和高压压气机的主要承力结构在持续转动过程中的载荷分析：

（a）模型。

燃烧室的主承力结构的有限元模型应能体现该结构的主要几何特征，对于一些次要结构特征，可以进行适当的简化。

（b）边界。

通过整机载荷分析模型获得的燃烧室的部件连接界面的载荷作为子模型分析的边界条件。

（c）计算方法。

可采用时域或频域分析方法，进行燃烧室的主承力结构部件的载荷分析；在采用瞬态时域分析方法时，可以将持续转动过程的时域载荷谱进行压缩，使计算时间缩短至毫秒级；也可采用频域分析方法，获得持续转动中不同阶段下的最大载荷。

要求如下：

（a）用于载荷分析的数值模型应经过验证；

（b）分析过程中，应考虑整个持续转动过程中所有可能的运行工况，包括 FBO 事件后产生大不平衡量的运行工况；

（c）分析所得到的主承力结构最大载荷下的应力应小于该部分结构材料的强度极限。

2）燃烧室主承力结构疲劳分析

燃烧室的主承力结构在发动机停车后的剩余疲劳寿命分析方法可以参照第 33.19 条耐久性条款，持续转动过程中所分析的疲劳寿命主要为低循环疲劳寿命。

要求如下：

（a）结构的剩余疲劳寿命计算方法应经过验证；

（b）疲劳载荷的施加应遵循保守的原则；

（c）在计算部件剩余寿命时，应同时考虑瞬态冲击（如 FBO 事件）和持续转动对部件寿命的影响；

（d）计算得到的燃烧室主承力结构的剩余疲劳寿命应大于持续转动最大可能的持续时间。

26.4.2.3　涡轮结构强度分析

1）涡轮转子应力分析

通过该分析确定持续转动过程中涡轮所有转子可能出现的最大应力，并证明该应力值小于转子破裂转速下对应的应力值，以证明无转子破裂事件产生，以验证不会发生非包容高能碎片，可以参照第 33.27 条超转条款的方法。

要求如下：

（a）用于转子应力分析的数值模型应经过验证；

（b）转速、温度等载荷的施加以及材料性能的选取应遵循保守的原则，涵盖持续转动阶段所有可能的运行工况；

（c）分析得到的涡轮转子在持续转动过程中的应力值应远小于超转条件下的值。

2）涡轮主承力结构载荷分析

对涡轮的主要承力结构在持续转动过程中的载荷分析如下。

（a）模型。

涡轮的主承力结构的有限元模型应能体现该结构的主要几何特征，对于一些次要结构特征，可以进行适当的简化。

（b）边界。

通过整机载荷分析模型获得的涡轮的部件连接界面的载荷作为子模型分析的边界条件。

（c）计算方法。

可采用时域或频域分析方法，进行涡轮的主承力结构部件的载荷分析；在采用瞬态时域分析方法时，可以将持续转动过程的时域载荷谱进行压缩，使计算时间缩短至毫秒级；也可采用频域分析方法，获得持续转动中不同阶段下的最大载荷。

要求如下：

（a）用于载荷分析的数值模型应经过验证；

（b）分析过程中，应考虑整个持续转动过程中所有可能的运行工况，包括 FBO 事件后产生大不平衡量的运行工况；

（c）分析所得到的主承力结构最大载荷下的应力应小于该部分结构材料的强度极限。

3）涡轮主承力结构疲劳分析

涡轮的主承力结构在发动机停车后的剩余疲劳寿命分析方法可以参照第 33.19 条耐久性条款，持续转动过程中所分析的疲劳寿命主要为低循环疲劳寿命。

要求如下：

（a）结构的剩余疲劳寿命计算方法应经过验证；

（b）疲劳载荷的施加应遵循保守的原则；

（c）在计算部件剩余寿命时，应同时考虑瞬态冲击（如 FBO 事件）和持续转动对部件寿命的影响；

（d）计算得到的涡轮主承力结构的剩余疲劳寿命应大于持续转动最大可能的持续时间。

26.4.2.4　外部结构强度分析

1）易燃液体输送管道载荷分析

对易燃液体输送管道在持续转动过程中的载荷分析可以采用子模型方法进行

分析如下。

（a）模型。

可燃液体输送装置的有限元模型应能体现该结构的主要几何特征，对于一些次要结构特征，可以进行适当的简化。

（b）边界。

通过整机载荷分析模型获得的易燃液体输送管道支承处的载荷作为子模型分析的边界条件。

（c）计算方法。

可采用时域或频域分析方法，进行可燃液体输送装置的载荷分析；在采用瞬态时域分析方法时，可以将持续转动过程的时域载荷谱进行压缩，使计算时间缩短至毫秒级；也可采用频域分析方法，获得持续转动中不同阶段下的最大载荷。

要求如下：

（a）易燃液体输送管道包括所有内含可燃液体的部件，包括易燃液体输送管道和燃/滑油泵等；

（b）用于载荷分析的数值模型应经过验证；

（c）分析过程中，应考虑整个持续转动过程中所有可能的运行工况，包括FBO事件后产生大不平衡量的运行工况；

（d）分析所得到的可燃液体输送装置最大载荷应小于该部分结构材料的强度极限。

2）易燃液体输送管道疲劳分析

易燃液体输送管道在持续转动过程中的低周疲劳寿命分析方法可以参照第33.19条耐久性条款。

要求如下：

（a）易燃液体输送管道包括所有内含可燃液体的部件，包括可燃液体输送管道和燃/滑油泵等；

（b）低周疲劳寿命计算方法应经过验证；

（c）疲劳载荷的施加应遵循保守的原则；

（d）在计算部件剩余寿命时，应同时考虑瞬态冲击（如FBO事件）和持续转动对部件寿命的影响；

（e）计算得到的易燃液体输送管道的剩余疲劳寿命应大于持续转动最大可能的持续时间。

26.4.2.5 短舱系统强度分析

1）安装系统载荷分析

对安装系统在持续转动过程中的载荷分析如下。

（a）模型。

安装系统的有限元模型应能体现该结构的主要几何特征,对于一些次要结构特征,可以进行适当的简化。

（b）边界。

通过整机载荷分析模型获得的安装系统接口的载荷作为子模型分析的边界条件。

（c）计算方法。

可采用时域或频域分析方法,进行安装系统的载荷分析;在采用瞬态时域分析方法时,可以将持续转动过程的时域载荷谱进行压缩,使计算时间缩短至毫秒级;也可采用频域分析方法,获得持续转动中不同阶段下的最大载荷。

要求如下:

（a）用于载荷分析的数值模型应经过验证;

（b）分析过程中,应考虑整个持续转动过程中所有可能的运行工况,包括 FBO 事件后产生大不平衡量的运行工况;

（c）具有减载设计的发动机,应考虑结构主动失效后的持续转动工况;

（d）分析所得到的安装系统最大载荷下的应力应小于该部分结构材料的强度极限。

2）安装系统疲劳分析

安装系统在发动机停车后的剩余疲劳寿命分析方法可以参照第 33.19 条耐久性条款,持续转动过程中所分析的疲劳寿命主要为低循环疲劳寿命。

要求如下:

（a）结构的剩余疲劳寿命计算方法应经过验证;

（b）疲劳载荷的施加应遵循保守的原则;

（c）在计算部件剩余寿命时,应同时考虑瞬态冲击(如 FBO 事件)和持续转动对部件寿命的影响;

（d）计算得到的安装系统主承力结构的剩余疲劳寿命应大于持续转动最大可能的持续时间。

26.4.2.6　主轴承系统耐久性分析

确定主轴承耐久性分析的输入条件,包括数值计算模型、材料性能数据、持续转动过程中的载荷谱等;输入条件应按保守的原则确定。

要求如下:

（a）发动机上所有主轴承的耐久性都应该经过分析;

（b）进行主轴承耐久性分析的模型应经过验证;

（c）除了主动失效的轴承外,所有主轴承座都必须满足在持续转动过程中不会失去支承功能;

（d）应考虑主轴承在持续转动过程中的最恶劣工况,包括最大可能载荷以及完全失去滑油等情况；

（e）主轴承在持续转动过程中不因产生过大的热量导致不可控火情的发生,或者导致发动机结构变形而产生异常振动,导致危害性后果发生。

26.4.2.7　润滑及支撑系统滑油丧失分析

分析计算在滑油丧失条件下,轴承座圈由于转速,载荷和环境温度产生的热量,并基于该热量分析获得轴承座圈的温度。然后将该温度与试验验证过的临界温度值进行比较,从而判断轴承是否失效。

要求如下：

（a）应考虑润滑及支撑系统在持续转动过程中的最恶劣工况,包括最大可能载荷以及完全失去滑油等情况；

（b）润滑及支撑系统在持续转动过程中不因产生过大的热量导致不可控火情的发生。

26.4.2.8　燃油耗尽安全性分析

分析在燃油耗尽的情况下,燃油系统的组件如燃油泵、作动器、HMU 等不会因缺乏燃油导致结构损伤,继而导致危害性的发动机后果。

要求如下：

应考虑燃油耗尽情况下的最极端工况。

26.4.2.9　点火系统放电分析

通过点火系统的功能及架构设计,验证在持续转动过程中,点火激励器不会持续放电。

要求如下：

应充分考虑点火系统放电危害性。

26.5　条款验证需求

26.5.1　组件级

轴承耐久性试验应依据 FAA 或工业界广泛认可的标准进行。

要求如下：

（a）试验中所施加的载荷应能包含持续转动过程中最严苛的工况,包括 FBO 后的大不平衡量和完全失去滑油等；

（b）除了设计为主动失效的轴承外,所有轴承座都应能在最大可能的持续转动时间内保持支承功能；

（c）不能因发热量过高而引起不可控火情。

26.5.2 整机级

26.5.2.1 整机飞行台试验

通过飞行台试验获取发动机停车后在持续转动过程中,高低压转子在各个阶段的转速。

要求如下:

持续转动中的运行条件应包括起飞、爬升、巡航、降落、进近和着陆阶段的转速。

26.5.2.2 整机滑油丧失试验

开展滑油丧失条件下整机持续转动试验。

要求如下:

满足持续转动时间要求。

26.5.2.3 整机模型确认

通过整机台架试验,获取发动机关键传力位置处的振动响应,校核整机载荷分析模型。

要求如下:

整机载荷分析模型的边界条件应与试验保持一致。

参考文献

中国民用航空局.2017.大型飞机公共航空运输承运人运行合格审定规则:CCAR121-R5[S].

中国民用航空局.2011.航空发动机适航规定:CCAR33-R2[S].

European Aviation Safety Agency. 2015. Certification specification for engine:CS-E Amdt4[S].

European Aviation Safety Agency. 2007. Engine & auxiliary power unit (APU) failure loads and sustained engine windmilling:NPA 2007-15[S].

Federal Aviation Administration. 2007. Federal Aviation Administration 14 CFR Parts 33:Final RuleFAA-2006-25376[S].

Federal Aviation Administration. 1996. Federal Aviation Administration 14 CFR Parts 33:Final Rule28107[S].

Federal Aviation Administration. 1995. Federal Aviation Agency 14 CFR Part 33:Notice No. 95-3 [S].

Federal Aviation Administration. 2000. Sustained engine imbalance:AC 25-24[S].

Federal Aviation Administration. 2016. Turbine engine continued rotation and rotor locking: AC 33.74/92-1B[S].

第 27 章
第 33.75 条 安全分析

27.1 条 款 内 容

第33.75条 安全分析

条(a)(1) 为了评估预期可能发生的所有失效的后果,申请人必须对发动机及其控制系统进行分析。如适用,分析中必须考虑:

(i) 与典型发动机安装相关的飞机级装置和程序假设,在分析中必须说明这些假设;

(ii) 随之发生的二次失效和潜在的失效;

(iii) 本节(d)中的多重失效,或在(g)(2)条中定义的导致危害性发动机后果的失效。

(2) 申请人必须总结可能导致本条(g)中定义的重要发动机后果或危害性发动机后果的失效,并且估算这些失效发生的概率。在总结中必须清楚确认其失效可导致危害性发动机后果的任何发动机零件。

(3) 申请人必须表明,危害性发动机后果的预期发生概率不超过定义的极小可能概率(概率范围是 $10^{-7} \sim 10^{-9}$ 次/发动机飞行小时)。由于对单个失效估计的概率可能不够精确,导致申请人不能评估多个危害性发动机后果发生的总概率,所以可以通过预测,单个失效引起的危害性发动机后果的概率不大于 10^{-8} 次/发动机飞行小时,来表明本条款符合性。如果不能绝对证明可以得到这样低的数量级的概率,那么可以通过依靠工程判断和以往经验并结合正确的设计和试验原理来表明本条款的符合性。

(4) 申请人必须表明,重要发动机后果的预期发生概率,不超过定义的微小可能概率(概率范围是 $10^{-5} \sim 10^{7}$ 次/发动机飞行小时)。

(b) 中国民用航空局方可以要求通过试验对任何有关失效和可能的失效组合的假设进行验证。

(c) 某些单个元件的主要失效不能用数字合理地估计。如果该元件的失效可能导致危害性发动机后果,那么可以通过满足第 33.15 条,第 33.27 条和第 33.70

条(如适用)规定的完整性要求来表明本条款符合性,但必须在安全性分析中说明这些情况。

(d) 如果依靠安全系统以防止失效发展到导致危害性发动机后果的程度,则必须分析安全系统与发动机本身共同失效的可能性。这样的安全系统包括安全装置、仪表、早期警告装置、维修检查和其他类似的设备或程序。如果安全系统的某些部件在发动机制造商的控制之外,应按第 33.5 条要求确定,与这些项目可靠性有关的安全分析假设,且必须在安全分析和安装说明手册中明确。

(e) 如果安全分析取决于下述一项或多项,则必须在分析中给予确认和适当的证明。

(1) 在规定时间内完成的维修措施。包括验证可能引起潜在失效的维修措施的适用性。必要时,为防止危害性发动机后果的发生,维修措施和间隔期必须在第 33.4 条要求的持续适航文件中公布。另外,如果发动机维修的错误,包括发动机控制系统维修的错误,可能导致危害性发动机后果,则必须在相关发动机手册中包含适当的程序。

(2) 飞行前或其他规定时间,检测安全装置或其他装置能否正常工作。这种检测的细节必须在适当的手册中公布。

(3) 使用无其他要求的专用仪表。

(4) 按第 33.5 条要求建立的使用说明手册应规定飞行机组人员的操作。

(f) 如果适用,安全分析必须包括,但不限于以下项目的检查:

(1) 指示设备;

(2) 人工和自动控制系统;

(3) 压气机引气系统;

(4) 冷却剂喷射系统;

(5) 燃气温度控制系统;

(6) 发动机转速、功率或推力控制器和燃油控制系统;

(7) 发动机超转、超温或最大值限制器;

(8) 螺旋桨控制系统,和

(9) 发动机或螺旋桨反推系统。

(g) 除了另有中国民用航空局批准并在安全分析中已声明的情况之外,为符合 33 部要求,以下失效定义适用于发动机:

(1) 一台发动机失效,其唯一后果是该发动机部分或全部丧失推力或功率(和相关发动机使用状态),这种失效应认为是轻微发动机后果。

(2) 以下后果认为是危害性发动机后果:

(i) 非包容的高能碎片;

(ii) 客舱用发动机引气中有毒物质的浓度足以使机组人员或乘客失去能力;

（ⅲ）与驾驶员命令的推力方向相反的较大的推力；

（ⅳ）不可控制火情；

（ⅴ）发动机安装系统失效，导致非故意的发动机脱开；

（ⅵ）如果适用，发动机引起的螺旋桨脱开；

（ⅶ）完全失去发动机停车能力。

（3）严重程度介于本条（g）（1）和（g）（2）之间的后果是重要发动机后果。

27.2 条款演变历程

条款修订历史如表 27-1 所示。

表 27-1 条款修订历史

序号	修正案	生效日期	Final Rule 名称	NPRM
1	33-6	1974.10.31	Aircraft and Aircraft Engines, Certification Procedures and Type Certification Standards	71-12
2	33-10	1984.03.26	Aircraft Engine Regulatory Review Program; Aircraft Engine and Related Powerplant Installation Amendments	80-21
3	33-24	2007.11.05	Airworthiness Standards: Safety Analysis	06-10

CCAR-33R2 版中的第 33.75 条与 FAR-33 部的第 24 修正案中的第 33.75 条内容一致。FAR-33 部中的第 33.75 条有 3 次修订。主要内容修订包括以下几条：1974 年第 6 修正案，增加了第 33.75 条。1984 年第 10 修正案，对（b）、（c）条的内容进行了修订，"（b）破裂（穿透机匣）。"改为"（b）破裂（危险碎片穿透发动机机匣飞出）。"，"（c）产生的载荷大于第 33.23 条中规定的载荷。"改为"（c）产生的载荷大于第 33.23 条（a）中规定极限载荷的载荷。"。2007 年第 24 修正案，内容进行了大的调整，保证 FAR-33 部中发动机"安全分析"要求与 EASA 的 CS-E 以及联合航空局（Joint Aviation Authorities，JAA）的 JAR-E 所采用的"安全分析"（或"失效分析"）要求的一致性，建立统一的发动机安全分析标准，从而简化发动机的进出口适航认可程序。

27.3 条款实质性要求

（a）对申请人的要求如下。

（1）程序：申请人应参考 SAE ARP 4761 标准，制定安全性分析大纲流大纲程，明确各个研制阶段安全性分析工作的内容、输出物以及评判标准；

（2）过程：申请人应确保安全性分析过程与设计过程相互迭代在设计过程中

落实安全性要求并验证安全性要求。

（b）对发动机安全性水平的要求：

（1）发动机安全性水平应满足重要发动机后果的发生率小于 10^{-5}/飞行小时；

（2）发动机安全性水平应满足危害性发动机后果的发生率小于 10^{-7}/飞行小时，或者通过预测单个失效引起的危害性发动机后果的概率不大于 10^{-8}/发动机飞行小时。

27.4 条款设计需求

27.4.1 整机级

按照 SAE ARP 4761 标准，整机需要从顶层策划安全性工作、向系统/部件分配安全性要求，管控系统/部件针对安全性要求的落实情况，并负责将各个系统/部件的安全性分析报告、验证报告进行集成、归纳，形成符合 CCAR 第 33.75 条的符合性报告。借鉴 SAE ARP 4761 标准以及 GE 公司针对第 33.75 条的取证报告，发动机系统安全性评估工作主要包括以下 3 个方面内容。

27.4.1.1 建立发动机顶层的安全性要求

依据：根据 CCAR 第 33.75 条要求，申请人必须对发动机及控制系统进行分析，分析中必须包括危害性发动机后果以及重要发动机后果。考虑到条款中针对重要发动机后果的定义较为模糊，同时 AC33.75-1A 中，也指出"由于发动机设计特点不同，并非所有重要发动机后果都适用于任何发动机，而且所列的内容并未包含所有可能的重要的发动机后果"，因此建立发动机的顶层要求，尤其是确定重要发动机后果清单是不可回避的过程。

方法：（i）定义系统故障影响等级的原则，可追溯到 CCAR 第 25.1309 条，该条款引用 SAE ARP 4761 标准，从 3 个方面开展分析并定义故障的影响等级，其一，故障对乘客的影响（人身安全）；其二，故障对机组的影响（机组的工作负担）；其三，故障对飞机的影响（飞行能力与安全）。发动机作为飞机的动力装置，同样应该站在飞机的角度从以上 3 个方面开展分析，通过开展功能危害性分析，获得不同发动机功能在不同飞行阶段的失效影响，从功能失效的角度建立发动机顶层定量安全性要求。（ii）考虑外部环境对发动机的潜在影响，外部环境主要指吸鸟、吸冰、吸雹、闪电、HIRF、火山灰。通过开展特殊风险分析，评估环境对系统的影响，提出定性的安全性要求，并将其纳入发动机顶层的安全性需求数据库中。

输出：发动机顶层安全性要求，包括定量要求与定性要求，其中定量安全性要求包含危害性故障、重要故障清单，以及可接受的故障发生概率。可来自功能风险分析（functional hazard analysis, FHA）报告、PRA 报告。

27.4.1.2   安全性指标的分解与确认

依据：SAE ARP 4761 标准、SAE ARP 4754A 标准,以上标准均是 AC 33.75-1A 的引用标准。

目的：建立系统-部件-零件的安全性要求,包括定性与定量要求。

方法：针对发动机顶层的安全性要求,根据发动机的设计方案,通过开展故障树分析,建立故障的传递路径,从故障的逻辑关系(如或门、与门)、系统的复杂度、系统的成熟度等 3 方面考虑,并参考相似机型的可靠性数据、标准/手册中提供的数据(如果有的话,如 NPRD-95, GJB-299C),必要时也可考虑采取专家评分法,实现顶层安全性要求向系统/部件的合理分解。若在指标分析过程中,当前的设计架构满足不了安全性的要求,需要给设计方案提出更改的建议,直到设计方案能满足安全性要求。若设计方案中包含冗余设计,需要开展共模分析(common mode analysis, CMA),分析潜在的共模失效源,并提出防护措施。

输出：系统-部件-零件的安全性要求(包含安全性分析的假设、衍生性要求、定量概率要求),可来自故障树分析(fault tree analysis, FTA)报告、CMA 报告(若存在冗余设计)。

27.4.1.3   安全性要求的验证

依据：CCAR 第 33.75 条明确要求对危害性、重要发动机后果的发生概率开展评估,以表明其发生概率在可接受的范围内。

目的：开展安全性分析的验证的目的包含以下三个方面。

其一,在设计条件下,验证发动机具有一定的安全性;

其二,验证在设计所采用的主动安全性设计策略或被动安全性设计策略的有效性;

其三,验证由于使用、材料、制造等原因导致发动机偏离设计条件(即存在随机性或波动性)下,发动机可能的故障发生概率在可接受的范围之内。

方法：采用分析、试验、实物/文件检查相结合的方法,其中,

(a) 分析主要针对系统/部件最底层的元件/零件,开展失效模式及影响分析(FMEA),给出元件/零件每个故障模式对应的故障率数据,以及针对故障模式所采取的使用补充措施与设计改进措施;

(b) 试验主要针对分析过程中的假设(包括 FHA 分析、FTA 分析),以及 FMEA 分析中提出的设计改进措施开展验证,一方面表明分析的假设是合理的、可成立的;另一方面验证设计的有效性,如滑油管路的设计、防火墙的设计等;

(c) 实物/文件的检查,其中实物检查主要针对布局、安装位置的检查,该要求主要来自设计或分析中的衍生安全性要求,通过实物检查表明安全性设计要求被满足;文件的检查主要针对安全性分析过程中不在 OEM 控制范围内的假设,如告警装置、仪表、维修时间、维修措施、机组采取的动作等,是否被写入发动机安装与

使用说明手册中。通过实物检查,表明安全性分析的规范性满足条款要求。

输出:针对安全性分析假设以及设计措施有效性的试验验证数据、FMEA 分析报告、定量的 FTA 报告。

27.4.1.4　交付物的评价标准

参考 SAE ARP 4761、SAE ARP 4754A 标准,在安全性分析过程中将产生 11 份关键的交付物,分别为:

(a) 安全性工作策划;

(b) 整机 FHA;

(c) 整机 PRA;

(d) 整机初步 FTA;

(e) 控制系统 FHA;

(f) 系统/部件定性 FTA;

(g) 系统/部件的 CMA;

(h) 系统/部件定量 FTA;

(i) 系统/部件 FMEA;

(j) 整机 SSA 报告;

(k) CCAR 第 33.75 条的取证报告。

针对以上 11 个交付物的完成标准,描述如下。

安全性工作策划报告:安全性工作计划中应定义各个研制阶段需要开展安全性工作内容、评价标准、角色与职责,以及安全性分析与设计过程、验证过程、审定联络过程的接口;

整机 FHA 报告:功能完备、过程符合 SAE ARP 4761 标准要求、有相关资料支撑分析的结论;

整机 PRA 报告:对外部风险源识别完备、过程符合 SAE ARP 4761 标准要求、有相关资料支撑分析的结论;

整机初步 FTA 报告:故障模式完备、故障逻辑符合工程经验或有相关材料支撑、故障率的分配合理、可实现;

控制系统 FHA 报告:功能完备、满足 SAE ARP 4761 标准对 FHA 过程的要求;

系统/部件定性 FTA 工作:故障模式完备、故障逻辑符合工程经验或有相关材料支撑;

系统/部件的 CMA:满足 SAE ARP 4761 标准对 CMA 过程的要求;

系统/部件定量 FTA:故障模式完备、故障逻辑符合工程经验或有相关材料支撑、故障率数据有依据、有效的;

系统/部件 FMEA:故障模式完备、故障影响符合工程经验或有相关材料支撑、针对每个故障模式的故障率数据(若有),应当表明数据是有效的;

整机 SSA 报告：包含故障状态清单、故障状态分类、故障状态的定性、定量分析、共因分析、与安全性相关的维修/维护任务与间隔、软硬件的研制保证等级以及非安全性分析手段所验证的结果,如试验、演示和检查活动等。

CCAR 第 33.75 条的取证报告：范围覆盖条款中要求的危害性、重要发动机后果、分析规范满足条款要求、故障分析符合工程经验或提供相关材料表明故障分析的准确性、故障率数据有依据且有效的。如果试图通过设计、试验表明风险被消除或降低,需要提供相应的设计特征(如图纸)、分析报告及试验数据。

针对 CS－E 1050 的要求,对火山灰开展特殊风险分析,需开展的工作包括以下内容。

(a) 根据发动机的设计特征识别容易受到火山灰以及火上烟雾中其他化学物质敏感的部件或系统。

(b) 在分析中需要考虑但不限于对以下方面的影响评估:

(1) 火山灰以及其他化学成分对压气机叶片以及其他内部结构的侵蚀;

(2) 表明光滑的沉积物沉积在热端部件上,可能导致的喘振的余度损失、发动机失速、熄火以及发动机无法重启;

(3) 火山灰以及其他化学成分沉积,导致涡轮叶片冷却管道的堵塞;

(4) 火山灰以及其他化学成分对金属部件的腐蚀;

(5) 火山灰以及其他化学成分对滑油、燃油回路的污染;

(6) 对电子、液压以及空气系统的影响。

(c) 在发动机使用手册、派遣偏离或其他等效的文件中需要向运营人提供对飞行前、飞行中以及飞行后对火山烟雾的警示,以支撑飞机的运营。

27.4.2　系统级

系统级的定性、定量的安全性要求由整机通过故障树分析获得,通常与发动机的功能架构、物理架构相关。本文是通用性的指导,无法给出明确的针对系统的安全性设计要求。

本书归纳出针对系统级安全性要求的设计活动,包括:

(a) 开展系统的功能危害性分析(FHA),获得系统功能丧失对发动机整机的安全影响,并提出设计改进措施;

(b) 根据整机 FHA 分析结果、系统 FHA 结果,结合系统/部件的设计方案开展故障树分析,定义各组件、零件的安全性设计要求;

(c) 基于经验,对系统/部件的设计方案开展优化,确保其能够满足安全性要求;

(d) 基于组件、零件的故障概率值,计算系统/部件级的故障发生概率。

27.4.3　组件级

组件级的定性、定量的安全性要求由系统/部件通过故障树分析获得,通常与发动机的功能架构、物理架构相关。本书是通用性的指导,无法给出明确的针对组件级的安全性设计要求。

本书归纳出针对组件级安全性要求的设计活动,包括:

（a）开展故障模式及影响分析,获得组件故障对系统以及整机的安全影响,并提出设计改进措施;

（b）围绕故障模式及影响分析结果,开展设计改进与优化,包括主动安全性设计、被动安全性设计等;

（c）收集基础数据,包括材料、尺寸、载荷等,开展概率风险评估,计算在该设计下组件可能的失效概率。

针对 CS-E520(b)的要求,对紧靠旋转件的固定结构的设计,应考虑在发动机工作包线内由零件热胀冷缩引起的磨碰或者静子/转子故障引起的位移,通过合理的间隙设计与分析或者通过添加非正常位移警告装置,来避免或者降低由零件热胀冷缩或者静子/转子故障导致的位移而引发的二次失效的风险,确保由转静子间隙变化引起的故障不会导致危害性发动机后果;

针对 CS-E110 条(d)的要求,应考虑涡轮发动机零件的错误装配可能导致危险性发动机影响,通过防错设计使错误装配的风险减至最小,若设计无法实现,应设计永久性标记,标明它们的正确装配位置。

27.5　条款验证需求

27.5.1　组件级

组件级的定性、定量的安全性要求由系统/部件通过故障树分析获得,通常与发动机的功能架构、物理架构相关。本书是通用性的指导,无法给出明确的针对组件的安全性验证要求。

针对组件级安全性要求的验证活动,包括:

（a）针对主动安全性设计策略、被动安全性设计策略,需要开展验证活动表明设计措施的有效性,验证材料可以是分析报告、设计报告、试验报告、类比分析报告等。其中针对类比分析的要求详见 27.5.3 节。

（b）开展概率风险评估,表明组件的定量安全性要求得到满足,其中针对数据有效性的要求详见 27.5.3 节;

（c）在表明组件在设计条件下具备一定的安全性,可以通过引用其他条款的符合性验证数据。

针对 CS-E110 条(d)的要求,应考虑涡轮发动机零件的错误装配可能导致危险性发动机影响,通过防错设计使错误装配的风险减至最小,若设计无法实现,应设计永久性标记,标明它们的正确装配位置。

针对 CS - E520(b)条款的验证要求,若采用主动安全性设计来保证在发动机工作包线内由零件热胀或冷缩引起的磨碰以及转静子故障引起的位移不会引起危害性发动机后果,则需要提交相关的分析报告来表明转静子在正常工作条件下以及故障条件下间隙的改变不会引起危害性发动机后果;若设计中采取了非正常位移的告警装置来降低碰磨故障的风险,则需要开展试验来证明告警装置的有效性,并将针对该告警装置的安装要求、检测要求以及飞行员的操作要求(若有)写入发动机使用手册中。

针对 CS - E520(b)条款的验证要求,若设计中采取了防错设计,应提供相关的证据表明设计措施的有效性,证明材料可以是分析报告、试验结果等;若设计中无法采用防差错设计,应设计永久性标记,标明它们的正确装配位置,并写入发动机安装手册中。

27.5.2 系统级

系统级的定性、定量的安全性要求由整机通过故障树、分析获得,通常与发动机的功能架构、物理架构相关。本文是通用性的指导,无法给出明确的针对系统的安全性验证要求。

针对系统级安全性要求的验证活动,包括:

(a)针对主动安全性设计策略、被动安全性设计策略,需要开展验证活动表明设计措施的有效性,验证材料可以是分析报告、设计报告、试验报告、类比分析等;

(b)开展定量 FTA 分析,表明系统/部件的定量安全性要求得到满足,其中针对可靠性数据有效性要求详见 27.5.3 节;

(c)在表明系统/部件在设计条件下具备一定的安全性,可以通过引用其他条款的符合性验证数据。

27.5.3 整机级

表明 CCAR 第 33.75 条的符合性包含两方面的内容,其一通过设计、分析与验证,表明在发动机设计状态下(即确定的环境下)发动机具有安全性;其二是通过概率统计的方式表明在使用、材料、制造等环节偏离发动机设计状态(即环境存在波动/随机性)时,导致发动机产生危害性、重要性后果的风险被控制在可接受的范围内。

表明发动机在设计条件下(即确定的环境下)具有安全性,主要是通过引用其他与 CCAR 第 33.75 条相关联的条款符合性报告。包括第 33.15 条、33.17 条、

33.19条、33.23条、33.27条、33.28条等,详见表27-2。

表27-2　与CCAR33.75条款相关联的条款清单

第33.15条	材料
第33.17条	防火
第33.19条	耐用性
第33.23条	发动机的安装构件和结构
第33.27条	涡轮、压气机、风扇和涡轮增压器转子
第33.28条	发动机控制系统
第33.29条	仪表连接
第33.64条	发动机静承压件
第33.70条	发动机限寿件
第33.76条	吸鸟
第33.77条	外物吸入——冰
第33.78条	吸雨和吸雹
第33.88条	发动机超温试验
第33.94条	叶片包容性和转子不平衡试验

具体的引用关系如下:

(a) 在表明发动机的设计,满足防火要求时,可引用第33.17条防火条款的符合性报告;

(b) 在表明机匣设计能够包容叶片碎片,可以引用第33.19条耐用性条款的符合性报告;

(c) 在表明发动机的安装节设计能够满足在极限载荷下不断裂,在限制载荷下不变形的符合性时,可以引用第33.23条的发动机的安装构件和结构的符合性报告;

(d) 在表明控制系统的设计考虑了预期环境下应当具备的功能并成功实现,可以引用第33.28条中控制系统的相关符合性报告;

(e) 在表明对潜在的错误装配采取了有效措施,如防差错设计、标记装配位置等,可以引用第33.29条的仪表连接的相关符合性报告;

(f) 在表明限寿件的完整性,可以引用第33.27条、第33.15条以及33.70条的符合性报告;

(g) 在表明机匣或管路的设计在预期可见的工作条件下不会因为压力过大而产生引起危害性发动机后果的破裂或泄漏,可以引用第33.64条发动机静承压件的相关符合性报告;

(h) 在表明机匣的设计能够包容由于外物吸入而导致的叶片断裂,可以引用第 33.76 条"吸鸟"、33.77 条"外物吸入——冰"、33.78 条"吸雨和吸雹相关符合性报告"；

（i）在表明发动机安装系统的设计能够承受由叶片失效而产生的不平衡载荷，可以通过第 33.94 条叶片包容性和转子不平衡试验表明其符合性。

表明在材料、制造、使用等环节引起发动机偏离设计状态（即预期环境存在波动或随机性）所导致的危害性、重要发动机后果满足条款规定的发生概率要求时，需要按照如下过程实施、确认以及验证，见图 27-1。针对图 27-1 需要开展的工作已在本文的整机设计需求部分给出。

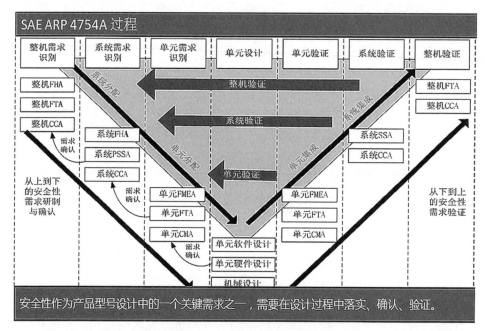

图 27-1　定量安全性要求的落实与验证思路

针对由于材料、制造、使用等环节引起发动机偏离设计状态（即预期环境存在波动或随机性）下的系统安全性水平的符合性验证，通常包含两个方面：一方面是通过故障率数据表明符合性；另一方面是通过对潜在故障采取的设计特征开展详细的论述，并提供相应的设计资料、试验结果来表明潜在的故障风险在设计环节被合理的消除/控制。以上两种方法相互补充、相互支撑，其目的是让局方对拟取证的系统建立信心。

基于底层元件/零件的故障率数据表明顶层定量的安全性得到满足，是一种较为直接的符合性验证思路，通常故障率数据从以下 3 个方面获得：

（a）外场使用数据；

（b）可靠性试验数据；

(c)可靠性手册中的数据。

其中,外场使用数据通常是相似机型的服役数据,但需要提供证据表明相似机型的数据可用于拟取证的系统,通常可从系统/部件的使用环境、功能、材料、工艺、制造等方面开展相似性说明;

可靠性试验数据通常最有说服力,建议可靠性试验过程以及可靠性数据的分析方法应先形成相应的标准,并同局方达成一致;

可靠性手册的数据的有效性目前没有统一的标准。通常情况下,也需要提供证据表明可靠性手册中的数据对拟取证的系统是有效的,可从系统/部件的使用环境、功能、材料、工艺、制造等方面开展有效性的分析与说明。

通过对设计特征的描述与论证表明发动机可能的故障被合理消除或控制,也是一种符合性验证思路。针对潜在故障所采取的设计措施可来自 FHA、FTA、FMEA、CMA 过程,必要时需要通过试验对设计措施的有效性、可实现性开展验证,试验验证的场景包括:

(a)若设计中采取了被动(事后)安全性设计措施(如失效-安全设计、监控与告警装置等),需要验证安全防护措施的有效性;

(b)若安全性分析的结果依赖于某种假设(如缺陷的检测精度、驾驶员的反应速度等),需要验证假设是合理的、成立的;

(c)若设计中采取某种主动(事前)安全性设计措施,可以避免或降低危害性/重要的发动机后果的发生概率或影响,需要验证设计的有效性。

需要额外说明的是针对"非包容高能碎片"这一危害性事件,条款中给出了表明限时件原发失效概率符合性的方法:考虑到对于某些单个元件的原发失效很低不能用数字合理地评价(如盘、轴的原发失效),如果该元件的失效可能导致危害性后果(如产生非包容碎片),可以通过第 33.15 条、33.27 条、33.70 条表明符合性。

针对 CS-E 1050 的要求,应对火山灰开展特殊风险分析并提供特殊风险分析报告,报告中至少包括:

(a)根据发动机的设计特征识别出了容易受到火山灰以及火上烟雾中其他化学物质敏感的部件或系统;

(b)考虑了火山灰以及其他化学成分对压气机叶片以及其他内部结构可能造成的侵蚀风险,并开展了主动安全性设计或者被动安全性设计,通过分析或者试验等手段评估了在该设计构型下,风险是可接受的;

(c)考虑了火山灰沉积在热端部件上可能导致的喘振的余度损失、发动机失速、熄火以及发动机无法重启的风险,并开展了主动安全性设计或者被动安全性设计,通过分析或试验等手段评估了在该设计构型下,风险是可接受的;

(d)考虑了火山灰或者其他化学成分沉积在涡轮叶片上堵塞冷却管道的风

险,并开展了主动安全性设计或者被动安全性设计,通过分析或者试验等手段评估了在该设计构型下,风险是可接受的;

（e）考虑了火山灰或者其他化学成分对金属部件的腐蚀风险,并开展了相关的安全性设计活动,通过分析或者试验等手段评估了在该设计构型下,风险是可接受的;

（f）考虑了火山灰或者其他化学成分对滑油、燃油回路的污染的风险,并开展了相关的安全性设计活动,通过分析或者试验等手段评估了在该设计构型下,风险是可接受的;

（g）分析了火山烟雾对电子、液压以及空气系统的影响。

另外,若在设计中为了降低火山灰对飞机运行安全的影响而采用了火山烟雾的告警装置,并提出了对飞行员的操作要求,则需要在发动机使用手册中明确对该装置的使用、维修、检测的要求以及对飞行员的操作要求。

参考文献

中国民用航空局. 2011. 航空发动机适航规定：CCAR33 – R2[S].

中国人民解放军总装备部. 2006. 故障模式、影响及危害性分析指南：GJB/Z 1391 – 2006[S].

European Aviation Safety Agency. 2015. Certification specification for engine：CS-E Amdt4[S].

Federal Aviation Administration. 2007. Guidance material for 14 CFR §33.75, safety analysis：AC 33.75 – 1C[S].

Society of Automotive Engineers. 1996. Guidelines and methods for conducting the safety assessment process on civil airborne system and equipment：SAE ARP4761[S].

第 28 章

第 33.76 条 吸鸟

28.1 条 款 内 容

第 33.76 条 吸鸟

（a）概述。为符合本条（b）、（c）和（d）的要求,应遵照下列规定:

（1）除本条（d）的规定外,吸鸟试验应在吸鸟前的试验天气环境条件下,发动机稳定在不小于 100% 的起飞功率或推力的状态下进行。另外,符合性的验证必须考虑在海平面最热天气的起飞条件下最差的发动机能够达到最大额定起飞功率或推力的运转情况。

（2）应由申请人来确定在本条中用来决定鸟的数量和重量的发动机进气道喉道面积,并且将其确认为第 33.5 条所要求的安装说明中的一个限制。

（3）必须对可能进入进气道的单只大鸟和单只最大的中鸟对发动机前部的撞击进行评估。必须证明,当按本条（b）、（c）或（d）的规定的条件（如适用）撞击相关部件时,不会影响发动机,使之达到不符合本条（b）（3）、（c）（6）和（d）（4）要求的程度。

（4）对于采用进气道防护装置的发动机,本条的符合性验证应在该防护装置起作用的情况下进行。发动机的批准文件上应注明对这些要求的符合性验证是在防护装置起作用的情况下进行的。

（5）按本条（b）、（c）和（d）的要求进行吸鸟试验时,可用中国民用航空局可接受的物体代替鸟。

（6）如果本条中各项要求的符合性未被验证,在发动机的型号审定文件中应说明该发动机应仅限于安装在不可能发生鸟撞击发动机,或者发动机不会吸入鸟,或者鸟不会对进入发动机的气流产生不利限制的航空器上。

（b）大鸟。为符合大鸟吸入的要求,应遵照下列规定:

（1）大鸟的吸入试验应使用表 1[①] 规定重量的 1 只鸟。该鸟应投向第一级旋转叶片最关键的暴露位置。对于安装在固定翼飞机上的发动机,吸入鸟的速度应

[①] 注:本节为引用条款内容,故表序未编入表格序号。

为 370 公里/小时(200 节)；对于安装在旋翼航空器上的发动机,吸入鸟的速度应为旋翼航空器正常飞行时的最大的空速。

表 1 大鸟的重量要求

发动机进气道吼道面积(A) /平方米(平方英寸)	鸟的重量/千克(磅)
1.35(2 092)>A	最小 1.85(4.07),除非确认使用更小的 鸟可使验证更为严格
1.35(2 092)≤A<3.09(6 045)	2.75(6.05)
3.09(6 045)≤A	3.65(8.03)

(2) 在大鸟吸入后的 15 秒内不允许移动功率杆。

(3) 在本条规定的条件下进行单只大鸟的吸鸟试验时,不得导致发动机出现第 33.75 条(g)(2)中描述的任何情况发生。

(4) 对本款中大鸟吸入要求的符合性验证也可以通过验证第 33.94 条(a)中在叶片包容性和转子不平衡性方面的各项要求比本条的各项要求更为严格来证明。

(c) 中鸟和小鸟为符合中鸟和小鸟吸入的要求,应遵照下列规定：

(1) 应采用中国民用航空局可接受的分析方法或部件试验或是两者的组合,来确定影响功率损失和造成损坏的关键吸鸟参数。关键吸鸟参数应包括,但不限于,鸟速、关键目标位置和第一级转子转速的影响。吸鸟临界速度应反映从地面到地面上 460 米(1 500 英尺)的正常飞行高度所使用的空速范围内的最严酷条件,但不应小于飞机的 V1 最小速度。

(2) 应进行吸中鸟的发动机试验以便模拟遭遇鸟群,表 2 中规定了使用鸟的数量和重量。当规定只用 1 只鸟时,这只鸟应投在发动机核心机流通道上；必要时,应通过合适的试验或分析或两者的组合来确定发动机前迎风表面上的其他关键位置。在表 2 中规定使用 2 只或 2 只以上的鸟时,其中最大的 1 只鸟应投向发动机核心机流通道上,而次重的 1 只鸟应投向第一级转子叶片的最关键的暴露位置上,其余的鸟必须均匀地分布在整个发动机的前表面上。

表 2 中鸟群的数量和重量要求

发动机进气道吼道面积(A) /平方米(平方英寸)	鸟的数量	鸟的重量/千克(磅)
0.05(77.5)>A	不适用	
0.05(77.5)≤A<0.10(155)	1	0.35(0.77)
0.10(155)≤A<0.20(310)	1	0.45(0.99)
0.20(310)≤A<0.40(620)	2	0.45(0.99)

续　表

发动机进气道吼道面积(A) /平方米(平方英寸)	鸟的数量	鸟的重量/千克(磅)
0.40(620)≤A<0.60(930)	2	0.70(1.54)
0.60(930)≤A<1.00(1 550)	3	0.70(1.54)
1.00(1 550)≤A<1.35(2 092)	4	0.70(1.54)
1.35(2 092)≤A<1.70(2 635)	1 加 3	1.15(2.53) 0.70(1.54)
1.70(2 635)≤A<2.10(3 255)	1 加 4	1.15(2.53) 0.70(1.54)
2.10(3 255)≤A<2.50(3 875)	1 加 5	1.15(2.53) 0.70(1.54)
2.50(3 875)≤A<3.90(6 045)	1 加 6	1.15(2.53) 0.70(1.54)
3.90(6 045)≤A<4.50(6 975)	3	1.15(2.53)
4.50(6 975)≤A	4	1.15(2.53)

（3）此外，除旋翼航空器发动机外，也必须通过适当的试验或分析或两者的组合来证明，当根据本款适用的试验条件，用表 3 规定数量和重量的鸟，投向核心机主流道外侧风扇组件的最关键位置，而使整个风扇组件经受吸鸟试验时，发动机应能符合本款的验收准则。

表 3　附加的完整评估

发动机进气道吼道面积(A)/平方米(平方英寸)	鸟的数量	鸟的重量/千克(磅)
1.35(2 092)>A	不适用	
1.35(2 092)≤A<2.90(4 495)	1	1.15(2.53)
2.90(4 495)≤A<3.90(6 045)	2	1.15(2.53)
3.90(6 045)≤A	1 加 6	1.15(2.53) 0.70(1.54)

（4）在中鸟试验期间，如果规定数量的中鸟通过了发动机转子叶片，则不再要求作小鸟吸入试验。

（5）应进行小鸟吸入试验以便模拟遭遇鸟群。试验时鸟的数量应按在每 0.032 平方米(49.6 平方英寸)进气道面积或其余数部分使用 1 只 85 克(0.187 磅)的鸟计算，但最多不超过 16 只鸟。在对准这些鸟的打击位置时应考虑到第一级转子叶片上的任何关键打击位置，而其余的鸟应均匀地分布在整个发动机前表面上。

（6）在按本款中规定条件下进行试验时，吸入小鸟和中鸟不得引起下列的任何情况：

（i）持续的功率或推力损失超过 25%；

（ii）在本条(c)(7)或(c)(8)规定的要求连续验证期间发动机停车；

（iii）出现本条(b)(3)定义的各种情况；

（iv）不可接受的发动机操纵特性的降低。

（7）除旋翼航空器发动机外,应采用下列试验程序：

（i）为模拟遭遇鸟群,从吸入第 1 只鸟的时刻到吸入最后 1 只鸟经过的时间应为大约 1 秒钟；

（ii）吸鸟之后 2 分钟内,不能移动功率杆；

（iii）随后 3 分钟,在试验状态的 75%；

（iv）随后 6 分钟,在试验状态的 60%；

（v）随后 6 分钟,在试验状态的 40%；

（vi）随后 1 分钟,在进场慢车位置；

（vii）随后 2 分钟,在试验状态的 75%；

（viii）随后稳定在慢车位置并使发动机停车；

（ix）规定的持续时间是指,当功率杆在每个状态之间移动的时间不超过 10 秒时所定义的状态的工作时间。

（8）对于旋翼航空器发动机,使用下列试验程序

（i）为模拟遭遇鸟群,从吸入第 1 只鸟的时刻到吸入最后 1 只鸟经过的时间应为大约 1 秒钟；

（ii）随后 3 分钟,在试验状态的 75%；

（iii）随后 90 秒钟,在下降的飞行慢车位置；

（iv）随后 30 秒钟,在试验状态的 75%；

（v）随后稳定在慢车位置并使发动机停车；

（vi）规定的持续时间是指,当功率杆在每个状态之间移动的时间不超过 10 秒时所定义的状态的工作时间。

（9）如果相应的型号审定文件中注明不要求预期在多发旋翼航空器上使用的发动机遵守本条的中鸟吸入部分,则这类发动机可以不遵守本条的中鸟吸入部分的要求。

（10）如果发生按本条(c)(7)(ii)的规定,在不移动功率杆的情况下,在最初的 2 分钟期间,出现发动机超过任何工作限制的情况,则应确认该超限情况不会导致出现不安全状态。

（d）大型群鸟。应完成如下发动机试验：

（1）发动机吸鸟试验应使用表 4 规定的鸟的数量和重量,吸入鸟的速度为 200海里/小时。

表 4　大型群鸟质量和数量要求

发动机进气道吼道面积(A)/平方米(平方英寸)	鸟的数量	鸟的重量/千克(磅)
A<2.50(3 875)	不适用	
2.50(3 875)≤A<3.50(5 425)	1	1.85(4.08)
3.50(5 425)≤A<3.90(6 045)	2	2.10(4.63)
3.90(6 045)≤A	1	2.50(5.51)

（2）吸鸟试验应在吸鸟前的标准天气环境条件下,发动机须稳定在不低于第 1 级暴露的转子或多级转子的机械转速下进行,该转速可以在海平面静止状态下产生 90% 最大额定起飞功率或推力。

（3）该鸟应投向第 1 级或多级暴露的旋转叶片不小于 50% 进气边叶身高度的部位。

（4）在本条规定的条件下吸入大型群鸟,不得引起下列的任何情况:

（i）在本条(d)(5)(i)规定的运行期间,功率或推力持续减小到小于 50% 最大额定起飞功率或推力状态。

（ii）在本条(d)(5)规定的运行验证期间内发动机停车。

（iii）本条(b)(3)规定的情况。

（5）必须采用下列试验程序:

（i）吸鸟后 1 分钟内不能移动功率杆。

（ii）随后,在不小于 50% 最大额定起飞功率或推力下运行 13 分钟。

（iii）随后,在 30% 到 35% 最大额定起飞功率或推力下运行 2 分钟。

（iv）随后,功率或推力从本条(d)(5)(iii)的状态增加到最大额定起飞功率或推力的 5% 到 10%,运行 1 分钟。

（v）随后,功率或推力从本条(d)(5)(iv)的状态减小至最大额定起飞功率或推力的 5% 到 10%,运行 2 分钟。

（vi）随后,在地面慢车至少运行 1 分钟,使发动机停车。规定持续时间取决于所定义的状态。功率杆在每个状态之间移动的时间不超过 10 秒,但是本条(d)(5)(ii)允许的油门杆移动时间不受限制,本条(d)(5)(iii)要求功率设置时油门杆移动时间不超过 30 秒。

（6）为符合(d)条吸入大型群鸟的要求也可以通过下列方式进行验证:

（i）将本条(d)(4)和(d)(5)的要求与本条(b)(1)规定的单只大鸟的试验合并验证;或者

（ii）在本条(b)(1)规定的吸鸟条件下,用发动机部件试验,条件是:

（A）对于符合本条(d)要求所涉及的所有关键部件都包含在组件试验中;

（B）将本条(d)(6)(ii)(A)涉及的部件,安装在一台有代表性的发动机上进行运转试验,以符合本条(d)(4)和(d)(5)的要求,如果不进行(d)(5)(i)条要求的试验,那么(d)(5)(ii)条要求发动机起动和稳定后必须运行 14 分钟;和(C)如果满足(d)(4)和(d)(5)条要求,申请人可以表明整机吸鸟试验期间经受的动态效应是可以忽略不计的。

(7)申请人必须证明,在发动机运转期间如果超过任何发动机使用限制,将不会引起不安全状态发生。

28.2 条款演变历程

条款修订历史如表 28-1 所示。

表 28-1 条款修订历史

序号	修正案	生效日期	Final Rule 名称	NPRM
1	33-6	1974.10.31	Aircraft and Aircraft Engines, Certification Procedures and Type Certification Standards	71-12
2	33-10	1984.03.26	Aircraft Engine Regulatory Review Program; Aircraft Engine and Related Powerplant Installation Amendments	80-21
3	33-19	1998.04.30	Airworthiness Standards; Rain and Hail Ingestion Standards	95-3
4	33-20	2000.12.13	Airworthiness Standards; Bird Ingestion	95-3
5	33-20	2004.01.01	Airworthiness Standards; Bird Ingestion; Correction	98-19
6	33-23	2007.11.16	Airworthiness Standards; Engine Bird Ingestion	98-19
7	33-24	2007.11.16	Airworthiness Standards; Safety Analysis	98-19

CCAR-33R2 版中的第 33.76 条与 FAR-33 部的第 24 修正案中的第 33.76 条内容一致。FAR-33 部中的第 33.76 条有 7 次修订。主要内容修订包括以下几条:1974 年第 6 修正案,增加第 33.77 条外物吸入条款,外物吸入首次作为正式条款出现在适航规章中;1984 年第 10 修正案,条款中去除了吸入硬物(沙、叶片碎片等)、轮胎碎片等外物的要求。包容性要求从条款中剥离形成"第 33.94 条叶片包容性和转子不平衡试验"条款;1998 年第 19 修正案,吸雨吸雹从第 33.77 条外物吸入中分离,独立形成"第 33.78 条吸雨和吸雹"条款;2000 年第 20 修正案,把吸鸟要求从第 33.77 条中分离出来,形成独立的第 33.76 条吸鸟条款,条款要求全面更新;2007 年第 23 修正案,增加大型群鸟吸入要求;2007 年第 24 修正案,危害性后果定义直接引用第 33.75 条(g)(2)。

28.3 条款实质性要求

在遭遇规定的鸟后发动机以安全的方式响应,响应方式如下:

（a）包括大鸟吸入验证、中鸟和小鸟吸入验证、中鸟附加完整性验证、大型群鸟吸入验证、单只大鸟和单只最大中鸟发动机前部撞击验证；

（b）发动机吸入单只大鸟不得导致危害性发动机后果，但不要求具有保持推力或功率的能力；

（c）发动机吸入中鸟和小鸟后，发动机能够保持 75% 及以上推力和可操纵性，完成规定的持续运转程序，不引起发动机停车和危害性发动机后果；

（d）发动机吸入大型群鸟后，发动机能够保持 50% 及以上的最大额定起飞推力，完成规定的持续运转程序，不引起发动机停车和危害性发动机后果。

28.4　条款设计需求

28.4.1　整机级

28.4.1.1　吸鸟后发动机安全性分析

（a）分析比较鸟撞造成的不平衡载荷与 FBO 不平衡载荷；

（b）评估鸟撞载荷对发动机安装结构的影响；

（c）评估鸟撞载荷对发动机支撑结构的影响；

（d）评估鸟撞载荷对发动机转子静子轴向间隙的影响。

要求如下：

不产生危害性后果。

28.4.1.2　鸟撞后整机推力损失分析

（a）根据中鸟鸟撞变形后风扇叶片的特性曲线计算整机推力损失；

（b）根据大型群鸟鸟撞变形后风扇叶片的特性曲线计算整机推力损失。

要求如下：

使用的分析方法和软件工具经过校验，可确保关键撞击参数的分析结果和实际试验结果的误差在 10% 以内。

28.4.1.3　中鸟鸟撞后发动机可操纵性分析

（a）评估中鸟鸟撞后发动机可操纵性；

（b）评估中鸟附加完整性鸟撞试验后发动机可操纵性。

要求如下：

（a）整机试验中对发动机推力等工作参数进行监控和记录，并呈现在试验大纲中；

（b）检查中鸟吸入整机试验报告中的推力监控数据，并判断推力水平的变化情况；

（c）发动机在鸟吸入后的第一个 2 分钟运转后，存在持续的高振动状态，则可以调整推力或功率以作为保护性措施；

（d）中鸟吸入后,发动机推力或功率只能在鸟撞后持续运转试验要求水平的 ±3%范围内变化；

（e）在第 33.76 条(c)(7)每个状态过渡时推力杆移动时间不超过 10 秒。

28.4.2　部件级

28.4.2.1　静止状态风扇叶片鸟撞分析

（a）建立静止状态风扇叶片鸟撞分析模型；

（b）静止状态风扇叶片鸟撞仿真分析；

（c）静止状态风扇叶片鸟撞分析模型校核；

（d）基于仿真分析的试验方案设计、应变片贴片位置设计。

要求如下：

（a）静止状态鸟撞分析应分别考虑单只大鸟、中鸟和大型群鸟要求；

（b）静止状态风扇叶鸟撞分析预测损伤位置和损伤形式与试验结果一致。

28.4.2.2　静止状态风扇叶片鸟撞试验

（a）确定鸟撞关键撞击参数；

（b）静止状态风扇叶片大鸟鸟撞试验；

（c）获得风扇叶片损伤位置和形式。

要求如下：

（a）试验数据测量满足冲击试验通用测量要求；

（b）鸟弹速度符合试验大纲要求；

（c）叶片前缘需切割鸟弹,切割位置精度符合试验大纲要求；

（d）对于复合材料叶片,应变片的选用需满足复合材料单胞尺寸要求；

（e）对于金属叶片,应变片应选用量程超过 10%的大量程应变片。

28.4.2.3　旋转状态风扇部件鸟撞仿真分析

（a）模型包含多个叶片、轮盘、轴及支撑等受到冲击载荷影响的结构；

（b）通过材料试验、静止状态鸟撞试验等数据标定仿真模型；

（c）开展单只大鸟、单只最大中鸟和单只最大大型群鸟数值仿真；

（d）评估大鸟鸟撞后风扇叶片损伤及不平衡量；

（e）评估中鸟鸟撞后风扇叶片损伤和变形；

（f）评估大型群鸟鸟撞后风扇叶片损伤和变形；

（g）开展关键点分析,为旋转风扇叶片鸟撞试验提供试验参数；

（h）基于仿真分析为试验方案设计和应变片贴片位置等提供确定依据。

要求如下：

（a）旋转风扇叶片鸟撞仿真模型符合公司外物吸入数值仿真规范；

（b）数值仿真模型经过试验标定。

28.4.2.4　旋转状态风扇部件鸟撞试验

（a）在旋转台架进行风扇部件旋转状态鸟撞试验；

（b）试验包括吸入单只大鸟、单只最大中鸟撞和单只最大大型群鸟；

（c）获得风扇叶片、流道板的损伤位置和形式；

（d）评估鸟撞后风扇叶片的变形与损伤。

要求如下：

（a）按旋转叶片鸟撞关键点分析获得的撞击参数开展试验；

（b）试验数据测量满足冲击试验通用测量要求；

（c）鸟弹速度符合试验大纲要求；

（d）对于复合材料叶片,应变片的选用需满足复合材料单胞尺寸要求；

（e）对于金属叶片,应变片应选用量程超过 10% 的大量程应变片。

28.4.2.5　鸟撞后风扇部件气动性能损失分析

（a）中鸟和大型群鸟撞击后变形叶片特征提取及几何重建；

（b）中鸟和大型群鸟撞击后变形叶片 CFD 模型建模；

（c）中鸟和大型群鸟撞击后变形叶片 CFD 数值仿真分析,获得外涵特性曲线。

要求如下：

使用的分析方法和软件工具经过校验,可确保关键撞击参数的分析结果和实际试验结果的误差在 10% 以内。

28.4.2.6　发动机前部鸟撞损伤分析

（a）鸟撞轨迹分析,识别发动机前部部件；

（b）鸟体碎片剩余能量分析；

（c）发动机前部部件鸟撞分析。

要求如下：

（a）前部部件包括但不限于：进气道中的传感器、帽罩、内外涵导流叶片和框架；

（b）判断是否满足对应鸟撞条款的验收要求。

28.5　条款验证需求

28.5.1　部件级

28.5.1.1　风扇叶片大鸟鸟撞关键点分析

（a）通过分析或试验确定影响功率损失或损坏的关键吸鸟参数,建立关键点分析的判据；

（b）大鸟的尺寸与数量：数量 1 只,尺寸根据发动机喉道面积确定；

（c）确定吸入速度：大鸟的吸入速度为 200 节；

（d）确定发动机转速：高温起飞条件下最差发动机的最大额定起飞功率或推力工况；

（e）冲击位置：通过关键点分析确定第一级旋转叶片最关键的暴露位置。

要求如下：

（a）通过试验或以往型号经验验证关键点数值仿真分析方法的可信程度；

（b）可以通过试验、仿真或二者结合的方式进行关键点分析；

（c）复合材料叶片的关键撞击参数为纤维方向最大应变；

（d）金属叶片的关键撞击参数是叶片的塑性应变；

（e）关键撞击参数是鸟的数量和尺寸、鸟的速度、冲击位置和风扇叶片转速等的函数；

（f）关键撞击参数的偏差不应大于 10%。

28.5.1.2　风扇叶片中鸟鸟撞关键点分析

（a）通过分析或试验确定影响功率损失或损坏的关键吸鸟参数，建立关键点分析的判据；

（b）中鸟的尺寸与数量：根据发动机喉道面积查表确定；

（c）确定吸入速度：大于 V1 速度（飞机起飞决断速度），考虑地面到地面上 460 米正常飞行高度空速范围内最严苛条件；

（d）确定发动机转速：地面到地面上 460 米正常飞行高度范围内鸟撞最苛刻的发动机转速；

（e）冲击位置：通过关键点分析确定第一级旋转叶片最关键的暴露位置。

要求如下：

（a）通过试验或以往型号经验验证关键点数值仿真分析方法的可信程度；

（b）可以通过试验、仿真或二者结合的方式进行关键点分析；

（c）复合材料叶片的关键撞击参数为纤维方向最大应变；

（d）金属叶片的关键撞击参数是叶片的塑性应变；

（e）关键撞击参数是鸟的数量和尺寸、鸟的速度、冲击位置和风扇叶片转速等的函数；

（f）关键撞击参数的偏差不应大于 10%。

28.5.1.3　风扇叶片中鸟附加完整性鸟撞关键点分析

（a）鸟的尺寸与数量：根据发动机喉道面积确定；

（b）确定风扇组件涉及的部件；

（c）试验条件与中鸟吸入相同。

要求如下：

（a）可以通过试验、仿真或二者结合的方式进行关键点分析；

（b）复合材料叶片的关键撞击参数为纤维方向最大应变；

（c）金属叶片的关键撞击参数是叶片的塑性应变；

（d）关键撞击参数是鸟的数量和尺寸、鸟的速度、冲击位置和风扇叶片转速等的函数；

（e）关键撞击参数的偏差不应大于 10%。

28.5.1.4　风扇叶片大型群鸟鸟撞关键点分析

（a）通过试验或以往型号经验验证关键点数值仿真分析方法的可信程度；

（b）大型群鸟的尺寸与数量：数量 1 只，尺寸根据发动机喉道面积确定；

（c）确定吸入速度：大型群鸟的吸入速度为 200 节；

（d）确定发动机转速：发动机第一级转子机械转速不低于可以在海平面静止状态下产生 90% 最大额定起飞推力的转速；

（e）通过分析或试验确定影响功率损失或损坏的关键吸鸟参数，建立关键点分析的判据；

（f）冲击位置：通过关键点分析确定第一级旋转叶片 50% 叶高以上部位最关键的位置。

要求如下：

（a）可以通过试验、仿真或二者结合的方式进行关键点分析；

（b）复合材料叶片的关键撞击参数为纤维方向最大应变；

（c）金属叶片的关键撞击参数是叶片的塑性应变；

（d）关键撞击参数是鸟的数量和尺寸、鸟的速度、冲击位置和风扇叶片转速等的函数；

（e）关键撞击参数的偏差不应大于 10%。

28.5.2　系统级

大鸟吸入旋转台架试验：

单只大鸟吸入旋转台架试验指在真空舱内对包含机匣及支撑结构的风扇转子进行的大鸟鸟撞试验。在真空舱内开展含机匣的风扇转子单只大鸟吸入试验。

要求如下：

（a）真实叶片的数量不少于受到大鸟鸟撞击的最多的叶片数量；

（b）未安装真实叶片的位置需要安装叶片的模拟件；

（c）安装真实取证构型的机匣；

（d）试验时旋转台架的转速与关键点分析结果一致；

（e）撞击位置与关键撞击参数分析的结果一致；

（f）要求使用高速摄像仪进行过程监测；

（g）监测关键的试验参数（包括转速、鸟速、撞击位置、1 号轴承处振动）；

（h）试验前目视检查和拍照存证；

（i）试验后目视检查,尺寸检查以及叶片超声检测。

参考文献

中国民用航空局. 2011. 航空发动机适航规定：CCAR33 – R2[S].

European Aviation Safety Agency. 2015 Certification specification for engine：CS-E Amdt4[S].

Federal Aviation Administration. 1974. Aircraft and aircraft engines, certification procedures and type certification standards：Final Rule 11010 [S].

Federal Aviation Administration. 1971. Aircraft and aircraft engines；proposed certification procedures and type certification standards：Notice No. 71 – 12[S].

Federal Aviation Administration. 1984. Aircraft engine regulatory review program；aircraft engine and related powerplant installation amendments：Final Rule 16919[S].

Federal Aviation Administration. 1980. Aircraft engine regulatory review program；aircraft engine and related powerplant installation proposals：Notice No. 80 – 21[S].

Federal Aviation Administration. 1998. Airworthiness standards；bird ingestion：Notice No. 98 – 19 [S].

Federal Aviation Administration. 2007. Airworthiness standards；engine bird ingestion：Final Rule FAA – 2006 – 25375[S].

Federal Aviation Administration. 2003. Airworthiness standards；engine control system requirements：Final Rule FAA – 1998 – 4815[S].

Federal Aviation Administration. 1998. Airworthiness standards；engine control system requirements：Final Rule 28652[S].

Federal Aviation Administration. 1996. Airworthiness standards；rain and hail ingestion standards：Notice No. 96 – 12[S].

Federal Aviation Administration. 2009. Bird ingestion certification standards：AC 33.76 – 1A[S].

Federal Aviation Administration. 2001. Bird ingestion certification standards：AC 33.76 – 1[S].

Federal Aviation Administration. 2018. Medium flocking bird test at climb condition：Notice No. 18 – 02[S].

第 29 章
第 33.77 条 外物吸入——冰

29.1 条款内容

第 33.77 条 外物吸入——冰

[(a) 备用]

[(b) 备用]

(c) 在本条(e)的条件下吸冰时不得出现以下情况:

(1) 引起持续的功率或推力损失;

(2) 要求发动机停车。

(d) 对于采用防护装置的发动机,如果能证明符合下列各项要求,则无需验证在本条(e)规定的条件下外来物吸入是否符合本条规定:

(1) 该外来物的尺寸大到使它不能通过该防护装置;

(2) 该防护装置将能经受该外来物的撞击;

(3) 被防护装置阻挡的该外来物或若干外来物不会阻碍空气流入发动机,从而造成数值超过本条(c)所要求的功率或推力减少。

(e) 在下列吸入条件下,必须通过发动机试验证明符合本条(c)款的要求:

(1) 冰的数量应是由于滞后 2 分钟开启防冰系统而在典型的进气道整流罩和发动机正面积聚的最多数量的冰;或者使用质量和厚度与该发动机的尺寸可比拟的一块冰。

(2) 吸冰速度应能模拟被吸入发动机进气道的冰块的速度。

(3) 发动机应工作在最大巡航功率或推力状态。

(4) 吸冰试验应能模拟在 −4℃(25 ℉)时遇到的最大连续结冰条件。

29.2 条款演变历程

条款修订历史如表 29-1 所示。

表 29 - 1 条款修订历史

序号	修正案	生效日期	Final Rule 名称	NPRM
1	33 - 6	1974. 10. 31	Aircraft and Aircraft Engines, Certification Procedures and Type Certification Standards	71 - 12
2	33 - 10	1984. 03. 26	Aircraft Engine Regulatory Review Program; Aircraft Engine and Related Powerplant Installation Amendments	80 - 21
3	33 - 20	2000. 12. 13	Airworthiness Standards; Bird Ingestion	98 - 19
4	33 - 34	2015. 01. 05	Airplane and Engine Certification Requirements in Supercooled Large Drop, Mixed Phase, and Ice Crystal Icing Conditions	10 - 10

CCAR - 33R2 版中的第 33.77 条与 FAR - 33 部的第 20 修正案中的第 33.77 条内容一致。FAR - 33 部中的第 33.77 条有 4 次修订。主要内容修订包括以下几条：1974 年第 6 修正案中增加了第 33.77 条外物吸入条款。1984 年第 10 修正案，在进气道前增加"典型"文字修饰；将"30 秒"最大间断替换为"2 分钟"最大连续状态，其结冰总量实质上是一致的。并提出在制造商的判断下，可使用质量和厚度与该发动机 2 分钟积冰的尺寸可比拟的一块冰进行适航取证试验。因此适航取证试验可以在二者中选择。2000 年第 20 修正案，删掉了原第 33.77 条(a)(b)中吸鸟要求，条(a)(b)标题保留备用，同时修订了条(d)(e)中与吸鸟相关的内容，并且条(e)中删除了与吸鸟相关的内容。2015 年第 34 修正案，增加了通过适用于证明软体损伤的流程分析方法(该方法须通过验证)表明等效安全，以表明条款的符合性，增加了基于发动机进气道尺寸的最小冰板尺寸表格，通过表格数值之间的线形差值确定吸入冰容积，并且基于实际发动机短舱唇缘面积。

29.3　条款实质性要求

本条款实质要求是发动机吸冰后不会引起：

(a) 持续功率或推力损失大于 1.5%；

(b) 或者要求发动机停车；

(c) 其损伤产生妨碍持续安全运营(100 个典型任务剖面飞行循环内)的失效或者性能损失；

(d) 产生可能导致其超出工作限制或结构限制的任何其他异常情况。

29.4　条款设计需求

29.4.1　整机级

(a) 确定冰块尺寸、质量；

(b) 评估发动机吸冰可能产生的对发动机性能的不利影响,提出发动机吸冰相关部件的性能设计要求;

(c) 评估了发动机吸冰可能受到的冰撞击造成的机械损伤;提出发动机吸冰相关部件的发动机强度设计要求;

(d) 提出发动机吸冰的系列典型工况点工作参数。

要求如下:

(a) 冰片尺寸应按照最小冰片尺寸确定,且应考虑发动机和飞机所有潜在的结冰源,冰片的密度应为 $0.9\ g/cm^3$;

(b) 各部件性能设计要求应保证发动机整机满足以下性能要求:

(1) 在适航规定的条件下吸冰后,发动机不应出现持续功率或推力损失大于 1.5%;

(2) 在适航规定的条件下吸冰后,发动机不应要求发动机停车。

(c) 各部件强度设计要求应保证发动机整机满足以下强度要求:

(1) 在适航规定的条件下吸冰后,发动机或发动机部件不应出现超出工作限制或结构限制的任何异常情况;

(2) 在适航规定的条件下吸冰后 100 个典型任务剖面飞行循环内,不应出现发动机或发动机部件失效,或不应导致性能损失(喘振、熄火,或者妨碍瞬态操作)。

(d) 发动机吸冰的系列典型状态应为最大巡航功率或推力状态。

29.4.2 系统级

29.4.2.1 短舱系统

短舱结冰防冰分析。

要求如下:

(a) 防冰表面应达到以下要求:

(1) 在 25 部附录 C 中描述的各种结冰条件下,防冰系统应能按预定防冰要求防止表面上结冰或确保结冰在允许范围内;

(2) 防冰表面应保证 2 分钟延迟防冰状态,脱冰尺寸不大于周长的三分之一;

(3) 在层云(连续最大大气结冰状态)下,短舱内表面应为完全蒸发防冰状态,短舱外表面可为不完全蒸发防冰状态;

(4) 在积云(间断最大大气结冰状态)下,短舱表面可为不完全蒸发状态;

(5) 若短舱表面存在不完全蒸发防冰状态,必须考虑(2)条中要求。

(b) 脱落冰质量、积冰和溢流冰质量要求:(不限于)

(1) 在防冰系统延迟 2 分钟开启条件下,防冰表面脱落的最大冰块质量应小于吸冰限制值;

(2) 若短舱在防冰系统打开状态下存在溢流冰,则在 25 部附录 C 中描述的各种结冰条件下45分钟的结冰时间内,短舱内表面其溢流冰总质量应小于吸冰限制值。

29.4.2.2　风扇/增压级系统

（a）确定冰片吸入速度；

（b）确定吸冰后风扇/增压级各组件、零件冰撞机械损伤；

（c）在叶片或者其他零部件的发生损伤后,确定风扇/增压级系统吸冰后气动特性。

要求：

（a）冰片吸入速度与飞行条件、发动机推力等级相关,预测冰片吸入速度应通过试验经验确定；

（b）通过仿真分析方法（如有限元分析）确定机械损伤时,仿真方法应经过整机试验,或部件试验,或者组合的方法的验证；且方法中应包括以下要素：（不限于）

（1）基于最新技术（如有限元分析）的风扇叶片（涡轮风扇发动机）或者第一级低压压气机叶片（涡轮喷气发动机）的建模；

（2）叶片屈服或者失效（或者两者都有）的材料属性；

（3）（风扇）叶片结构动态响应（应力、应变等随时间的变化）。

（c）吸冰后风扇叶片应没有发生裂纹、撕裂,或者部分丢失,各部件强度应满足总体强度给出的风扇/增压级吸冰相关设计要求；

（d）风扇/增压级系统吸冰后气动特性应满足总体性能给出的风扇/增压级吸冰相关设计要求。

29.4.3　部件级

风扇轴组件：确定吸冰条件下风扇轴组件载荷。

要求如下：

风扇轴组件载荷应满足总体强度给出的风扇/增压级吸冰相关设计要求。

29.4.4　零件级

风扇叶片：

（a）确定冰片关键撞击位置和撞击关键控制参数,以用于吸冰试验,撞击关键控制参数宜至少包括；

（1）前缘弦线法向的相对动能；

（2）入射角——相对冰片速度和叶片速度；

（3）冰片尺寸；

（4）冰片姿态。

（b）确定吸冰后风扇叶片冰撞机械损伤。

要求如下：

（a）关键撞击位置应在距离叶尖三分之一叶高以内，且需要经过分析确定关键撞击位置；

（b）吸冰后风扇叶片应没有发生裂纹、撕裂，或者部分丢失。

29.4.5　材料级

29.4.5.1　金属材料力学性能测试（钛合金空心风扇叶片、包边等）

（a）金属材料基本力学性能测试；

（b）金属材料高应变率性能测试；

（c）金属材料失效参数测试。

要求如下：

（a）测试方法选用或参考 ASTM 标准/国家标准/行业标准；

（b）应变率测试参照 TES0010 金属材料高应变率力学性能试验规范执行；

（c）试验矩阵需考虑批次影响；

（d）失效参数测试考虑复杂应力状态对失效阈值的影响。

29.4.5.2　复合材料组分材料性能测试

（a）铺层复合材料单层性能测试；

（b）织物复合材料纤维性能测试；

（c）织物复合材料基体性能测试。

要求如下：

（a）测试方法选用或参考 ASTM 标准/国家标准/行业标准；

（b）试验矩阵需考虑批次影响；

（c）铺层复合材料单层性能测试和织物复合材料基体性能测试需考虑应变率影响。

29.4.5.3　典型铺层/织物结构复合材料材料性能测试

（a）铺层复合材料典型铺层结构性能测试；

（b）织物复合材料典型织物结构性能测试。

要求如下：

（a）测试方法选用或参考 ASTM 标准/国家标准/行业标准；

（b）试验矩阵包括纤维方向（经向）、垂直纤维方向（纬向）、厚度方向的拉伸、压缩和剪切性能；

（c）材料强度参数（拉伸，压缩，剪切性能）采用 A 基值；

（d）模量、泊松比、密度等采用平均值；

（e）试验矩阵需考虑批次影响；

（f）试验矩阵需考虑应变率影响。

29.5 条款验证需求

29.5.1 零件级

29.5.1.1 复合材料风扇叶片冰片撞击分析（静止状态）

（a）复合材料风扇叶片（静止状态）冰片撞击分析；

（b）复合材料风扇叶片（静止状态）冰片撞击分析验证。

要求如下：

（a）冰片吸入速度与飞行条件、发动机转速相关，预测冰片吸入速度应通过试验经验确定；

（b）关键撞击位置应在距离叶尖三分之一叶高以内，且需要经过分析确定关键撞击位置，以用于吸冰试验；

（c）仿真分析方法中应包括以下要素：（不限于）

（1）基于最新技术（如有限元分析）的风扇叶片（涡轮风扇发动机）或者第一级低压压气机叶片（涡轮喷气发动机）的建模；

（2）叶片屈服或者失效（或者两者都有）的材料属性；

（3）（风扇）叶片结构动态响应（应力、应变等随时间的变化）。

（d）分析中应至少包括的关键控制参数：

（1）前缘弦线法向的相对动能；

（2）入射角——相对冰片速度和叶片速度；

（3）冰片尺寸；

（4）冰片姿态。

（e）复合材料风扇叶片（静止状态）冰片撞击分析预测变形、损伤位置和损伤形式应与试验结果一致或更加严苛。

29.5.1.2 复合材料风扇叶片冰片撞击试验（静止状态）

复合材料风扇叶片（静止状态）冰片撞击试验要求如下：

（a）试验中采用的冰块质量、尺寸、冰片速度、冰片姿态和相应的撞击位置应与复合材料风扇叶片冰片撞击分析保持一致；

（b）试验中冰撞击位置应为复合材料风扇叶片冰片撞击分析得到的关键撞击位置；

（c）金属加强边需切割冰片，切割位置精度应符合试验大纲要求；

（d）试验中应记录复合材料风扇叶片损伤位置和形式；

（e）试验中应变片的选用需满足复合材料单胞尺寸要求；

（f）冰片撞击后风扇叶片应没有发生裂纹、撕裂，或者部分丢失。

29.5.1.3 钛合金空心风扇叶片冰片撞击分析（静止）

（a）钛合金空心风扇叶片（静止状态）冰片撞击分析；

（b）钛合金空心扇叶片（静止状态）冰片撞击分析验证。

要求如下：

（a）冰片吸入速度与飞行条件、发动机转速相关，预测冰片吸入速度应通过试验经验确定；

（b）关键撞击位置应在距离叶尖三分之一叶高以内，且需要经过分析确定关键撞击位置，以用于吸冰试验；

（c）仿真分析方法中应包括以下要素：（不限于）

（1）基于最新技术（如有限元分析）的风扇叶片（涡轮风扇发动机）或者第一级低压压气机叶片（涡轮喷气发动机）的建模；

（2）叶片屈服或者失效（或者两者都有）的材料属性；

（3）（风扇）叶片结构动态响应（应力、应变等随时间的变化）；

（d）分析中应至少包括的关键控制参数：

（1）前缘弦线法向的相对动能；

（2）入射角——相对冰片速度和叶片速度；

（3）冰片尺寸；

（4）冰片姿态。

（e）钛合金空心风扇叶片（静止状态）冰片撞击分析预测变形、损伤位置和损伤形式与试验结果一致或更加严苛。

29.5.1.4 钛合金空心风扇叶片冰片撞击试验（静止）

钛合金空心风扇叶片（静止状态）冰片撞击试验。

要求如下：

（a）试验中采用的冰块质量、尺寸、冰片速度、冰片姿态和相应的撞击位置应与钛合金空心风扇叶片冰片撞击分析保持一致；

（b）试验中冰撞击位置应为钛合金空心风扇叶片冰片撞击分析得到的关键撞击位置；

（c）冰片撞击后风扇叶片应没有发生裂纹、撕裂，或者部分丢失。

29.5.2 系统级

29.5.2.1 短舱系统结冰防冰分析

（a）短舱系统结冰分析；

（b）短舱系统防冰分析；

（c）短舱系统结冰分析、防冰分析验证。

要求如下：

（a）短舱系统结冰防冰分析中应考虑适航要求的结冰条件、发动机包线、发动机运行状态，并确定关键结冰条件；

（b）短舱系统防冰、结冰分析预测积冰质量、防冰表面温度应与试验结果一致或更加严苛。

29.5.2.2　短舱系统结冰、防冰试验

短舱系统结冰、防冰试验要求如下：

（a）应采用短舱系统结冰、防冰分析中确定的关键结冰条件，或其他可替代的经验试验条件作为试验条件；

（b）试验中应记录防冰表面温度、溢流冰质量（如有）、两分钟延迟开启进气道防冰系统时最大总结冰质量、开启进气道防冰系统后最大脱冰尺寸、质量。

29.5.2.3　风扇/增压级冰片撞击分析（旋转状态）

（a）风扇/增压级（旋转状态）冰片撞击分析；

（b）风扇/增压级（旋转状态）冰片撞击分析验证。

要求如下：

（a）风扇/增压级冰片撞击分析中应考虑关键控制参数，并确定关键撞击位置；

（b）分析中应至少包括图 29-1 中 2 种撞击姿态；

（c）风扇/增压级（旋转状态）冰片撞击分析预测变形、损伤位置和损伤形式、风扇轴载荷应与试验结果一致或更加严苛。

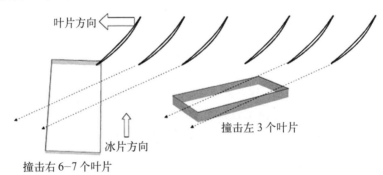

图 29-1　整块冰撞击多个叶片示意图

29.5.2.4　风扇/增压级冰片撞击试验（旋转状态）

风扇/增压级（旋转状态）冰片撞击试验中撞击风扇叶片前，冰片破碎宜是可接受的。

要求如下：

（a）试验中应安装真实取证构型的机匣；

（b）旋转台架的转速、冰片速度、冰片姿态和相应的撞击位置应与风扇/增压

级冰片撞击分析中确定的关键控制参数一致；

（c）要求使用高速摄像仪进行过程监测；

（d）对关键的试验参数（包括转速、冰片速度、撞击位置、1 号轴承处振动）进行了监测；

（e）检查要求中包括了试验前目视检查和拍照存证要求；

（f）检查要求中包括了试验后目视检查，尺寸检查要求以及叶片超声检测要求。

29.5.3 整机级

冰片吸入整机试验：

（a）确定冰片吸入试验的关键撞击位置和关键控制参数；

（b）根据关键点的试验参数进行冰片吸入试验；

（c）根据条款要求，定义试验时发动机的运转特征图；

（d）根据运转特征图，完成规定的运转。

要求如下：

（a）冰片吸入试验的关键撞击位置和关键控制参数应通过风扇叶片冰片撞击分析确定；

（b）试验时须使用最差发动机进行试验；

（c）模拟冰片吸入真实速度，应在发动机前放置地面开式风洞模拟发动机飞行进气条件；

（d）试验前应目视检查和拍照存证；

（e）应使用高速摄像仪进行过程监测；

（f）应要求对关键的试验参数（包括发动机推力、风扇转速、换算转速、核心机转速、排气温度、发动机 1 号轴承处的振动、油门位置等）进行监测。

（g）试验步骤应至少包括：

（1）将发动机加速到试验推力状态并确定吸冰试验前的目标推力等级，记录吸冰前推力等级和相关记录设备的输出；

（2）向进气道内发射冰片；

（3）吸冰后应至少保持推力试验推力状态 3 分钟，之后记录 1 分钟内的吸冰后推力等级和相关记录设备的输出。

（h）试验后，对风扇叶片、流道和 OGV（outlet guide vane），特别是通过高速摄像识别的冰片撞击的位置应进行目视检查。

（i）试验后，应利用手持超声波检测仪对叶尖等受冰撞击影响的位置进行检查，确认所有零部件完好。

（j）试验的通过准则如下：

（1）通过试验过程中记录的性能参数和试验后的分解检查，风扇叶片应没有发生裂纹、撕裂，或者部分丢失，各部件不应出现超出工作限制或结构限制；

（2）在吸冰后，应没有不可接受的持续的功率或推力损失；

（3）在吸冰过程中和吸冰后应没有要求发动机停车。

（k）试验后，应继续工作至少100个典型任务剖面的飞行循环后，检查形成检查报告，应至少包含以下内容：

（1）故障检查表，检查是否发生喘振、熄火，或者妨碍瞬态操作等故障；

（2）损伤零件统计表；

（3）冰片进入发动机的内部造成危害的程度及区域分布；

（4）各损伤零部件的照片。

参考文献

中国民用航空局. 2011. 航空发动机适航规定：CCAR33 - R2[S].

Federal Aviation Administration. 2015. Airworthiness standards：Aircraft engines：14CFR Part 33 Amdt34[S].

Federal Aviation Administration. 2009. Bird ingestion certification standards：AC 33. 76 - 1A[S].

Federal Aviation Administration. 2014. Turbojet, turboprop, turboshaft and turbofan engine induction system icing and ice ingestion：AC20 - 147A[S].

第30章

第33.78条 吸雨和吸雹

30.1 条 款 内 容

第33.78条 吸雨和吸雹

（a）所有发动机

（1）当航空器在最大高度达4 500米（15 000英尺）的颠簸气流中飞行的典型飞行条件下，发动机在最大连续功率状态下以最大真实空速吸入大冰雹（比重在0.8~0.9）之后，不得引起不可接受的机械损坏或不可接受的功率或推力损失或者要求发动机停车。此时，一半数量的冰雹应随机投向整个进气道正前方的区域，而另一半则应投向进气道正前方的关键区域。应快速连续地吸入冰雹来模拟遭遇冰雹的情况，并且冰雹的数量和尺寸应按以下列方式确定：

（i）对于进气道面积不大于0.064平方米（100平方英寸的发动机，为1颗25毫米（1英寸）直径的冰雹；

（ii）对于进气道面积大于0.064平方米（100平方英寸）的发动机，每0.096 8平方米（150平方英寸）的进气道面积或其余数，为1颗25毫米（1英寸）直径和1颗50毫米（2英寸）直径的冰雹。

（2）除了遵照本条（a）（1）的规定外，但本条（b）的规定除外，每型发动机必须证明当其突然遭遇浓度达到本规定附录B中定义的审定标准的雨和冰雹时，在其整个规定的工作包线范围内仍有可接受的工作能力。发动机可接受的工作能力是指在任何连续3分钟的降雨周期内，和任何连续30秒的降冰雹周期内发动机不熄火、不降转、不发生持续或不可恢复的喘振或失速，或不失去加速和减速的能力。还必须证明吸入之后没有不可接受的机械损坏，不可接受的功率或推力损失或其他不利的发动机异常情况。

（b）旋翼航空器发动机

作为对本条（a）（2）规定要求的另一种验证方法仅适用于旋翼航空器涡轮发动机。当吸入的雨在进气道平面上均匀分布、水滴流量与空气流量的总重量比至少为4%时，必须证明每型发动机在吸雨期间和之后，具有满意的工作能力，即发动机不熄火、不降转、不发生持续或不可恢复的喘振或失速、或不失去加速和减速的能力。还必须证明吸雨之后没有不可接受的机械损坏、不可接受的功率损失或其他不利的发动机异常情况。吸雨必须在下列地面静止条件下进行：

（1）在无吸雨条件下在起飞功率状态稳定一正常的时间周期，随后立即在起飞功率状态突然开始吸雨3分钟，然后

（2）在快速减速到最小慢车期间持续吸雨，然后

（3）在审定的最小空中慢车功率状态运转3分钟期间持续吸雨，然后

（4）在快速加速到起飞功率期间持续吸雨。

（c）超音速飞机发动机

除了符合本条（a）（1）和（a）（2）款的规定外，应仅对超音速飞机发动机进行单独的试验。试验时发动机应以超音速巡航速度吸入不同的3颗冰雹。这些冰雹应投向发动机正面的关键区域，并且吸雹后不能造成不可接受的机械损坏、或不可接受的功率或推力损失或要求发动机停车。试验冰雹的尺寸应根据在10 500米（35 000英尺）时冰雹直径为25毫米（1英寸），到18 000米（60 000英尺）时冰雹直径为6毫米（1/4英寸）的线性关系来确定。所使用的冰雹直径应与所预期的最低超音速巡航高度相对应。另一种替代方法是，在亚音速下吸入三颗较大的冰雹，但这三颗冰雹的动能应与超音速时吸入的冰雹的动能等效。

（d）对于已安装或要求使用防护装置的发动机，如果申请人能证明符合下列条件，则中国民用航空局可以全部或部分地免除本条（a）、（b）和（c）中关于发动机吸雨和吸雹能力的验证要求：

（1）所遭遇的雨和冰雹构成物的尺寸大到不能通过该防护装置。

（2）该防护装置能够承受所遭遇的雨和冰雹构成物的打击。

（3）防护装置阻挡的雨和冰雹构成物，不会阻碍进入发动机的空气流量，至使所造成的损坏、功率或推力损失、或其他对发动机不利的情况超过本条（a）、（b）和（c）中可接受的水平。

30.2　条款演变历程

条款修订历史如表30-1所示。

表30-1　条款修订历史

序号	修正案	生效日期	Final Rule 名称	NPRM
1	33-6	1974.10.31	Aircraft and Aircraft Engines, Certification Procedures and Type Certification Standards	71-12
2	33-10	1984.03.26	Aircraft Engine Regulatory Review Program; Aircraft Engine and Related Powerplant Installation Amendments	80-21
3	33-19	1998.04.30	Airworthiness Standards; Rain and Hail Ingestion Standards	96-12

CCAR - 33R2 版中的第 33.78 条与 FAR - 33 部的第 19 修正案中的第 33.78 条内容一致。FAR - 33 部中的第 33.78 条有 3 次修订。主要内容修订包括以下几条: 1974 年第 6 修正案,增加了包括吸雨吸雹在内的外物吸入审定要求第 33.77 条。1984 年第 10 修正案,增加在加速和减速的过渡状态中保持水占空气质量流量的 4% 来模拟降雨环境。1998 年第 19 修正案,发动机吸雨吸雹适航标准独立为新的第 33.78 条,且基本与 JAR - E 的吸雨吸雹适航标准一致。新增的第 33.78 条整合协调了现有的涡扇发动机吸雨吸雹适航标准,同时引入了新的涡扇发动机吸雨吸雹标准。新条款将之前的第 33.77 条(c)和条(e)中的大冰雹的吸入标准放在第 33.78 条(a)(1)和条(c);将第 33.77 条(c)和条(e)中指定的水占空气流量 4% 的吸入标准放在第 33.78 条(b),作为旋翼航空器涡轮发动机吸雨吸雹适航标准的替代标准;第 33.78 条(a)(2)规定了适用于所有发动机吸雨吸雹的新的适航标准;新增附件 B,通过详细的气象调研和统计分析给出雨和冰雹的大气浓度和尺寸分布。

30.3　条款实质性要求

吸入大冰雹后,发动机的持续推力或功率损失不超过 3%,修正推力或功率和额定或试验前相比下降不超过 10%,不得引起不可接受的机械损坏,不得要求发动机停车。

在持续吸雨 3 分钟和持续吸雹 30 秒的周期内,发动机不熄火、不降转、不发生持续或不可恢复的喘振或失速,不失去加速和减速的能力,没有不可接受的机械损坏,发动机的持续推力或功率损失不超过 3%,修正推力或功率和额定或试验前相比下降不超过 10%,没有其他不利的发动机异常情况。

30.4　条款设计需求

30.4.1　整机级

30.4.1.1　整机大冰雹吸入性能分析

分析发动机吸入大冰雹后的整机工作特性,评估其推力或功率损失。

要求如下:

(a) 整机大冰雹吸入特性分析方法和工具经过试验验证;

(b) 发动机的持续推力或功率损失不超过 3%;

(c) 发动机的修正推力或功率和额定或试验前相比下降不超过 10%;

(d) 不得引起不可接受的机械损坏;

(e) 不得要求发动机停车。

30.4.1.2　整机持续吸雨吸雹性能分析

（a）在飞行包线内进行核心机进水量分析；

（b）分析不同核心机进水量条件下高压压气机、燃烧室的工作特性；

（c）分析发动机吸雨吸雹后整机工作特性，获得燃油控制降转裕度和推力损失等。

要求如下。

（a）整机吸雨吸雹特性分析方法和工具经过试验验证。

（b）在整个飞行包线内，在 CCAR33 部附件 B 中规定的冰雹浓度和尺寸分布下，在任何连续 30 秒的吸雹周期内和吸雹后：

（1）不熄火；

（2）不降转；

（3）不发生持续或不可恢复的喘振或失速；

（4）不失去加速和减速的能力；

（5）发动机的持续推力或功率损失不超过 3%；

（6）发动机的修正推力或功率和额定或试验前相比下降不超过 10%；

（7）不得引起不可接受的机械损坏；

（8）不发生其他不利的发动机异常情况。

（c）在整个飞行包线内，在 CCAR33 部附件 B 中规定的雨水浓度和尺寸分布下，在任何连续 3 分钟的吸雨周期内和吸雨后：

（1）不熄火；

（2）不降转；

（3）不发生持续或不可恢复的喘振或失速；

（4）不失去加速和减速的能力；

（5）发动机的持续推力或功率损失不超过 3%；

（6）发动机的修正推力或功率和额定或试验前相比下降不超过 10%；

（7）不得引起不可接受的机械损坏；

（8）不发生其他不利的发动机异常情况。

（d）根据整机吸雨吸雹分析获得的降转裕度和熄火裕度等结果，确定整机工作裕度最低的状态，以此状态作为整机持续吸雨和吸雹试验的关键点。

30.4.2　系统级

30.4.2.1　风扇大冰雹吸入特性分析

（a）风扇大冰雹撞击分析及验证；

（b）根据第 33.78 条（a）（1）的要求分析确定大冰雹撞击的关键工况点，和冰雹撞击参数；

（c）根据撞击损伤形态分析对风扇气动性能的影响。

要求如下：

（a）风扇大冰雹撞击分析方法经过旋转件的撞击试验验证，并获得大冰雹撞击损伤的关键区域；

（b）不得引起不可接受的机械损坏；

（c）对风扇造成的损伤不得引起不可接受的功率或推力损失；

（d）引起的低压转子振动特性应作为第 33.63 条的输入。

30.4.2.2　风扇增压级持续吸雨吸雹特性分析

（a）风扇增压级排雨排雹仿真分析；

（b）风扇增压级吸雨吸雹特性分析。

要求如下：

（a）风扇增压级排雨排雹分析方法经过试验验证；

（b）风扇增压级吸雨吸雹特性分析方法经过试验验证；

（c）风扇帽罩、风扇轮毂、风扇叶片、分流环和放气活门的设计考虑雨水和冰雹的排出，应控制核心机进水量；

（d）风扇增压级应留有足够的喘振和失速裕度，以确保吸雨吸雹后不发生喘振或失速；

（e）吸雨吸雹对风扇增压级造成的损伤不得引起不可接受的功率或推力损失；

（f）吸雨吸雹引起的低压转子振动特性应作为第 33.63 条的输入。

30.4.2.3　高压压气机持续吸雨吸雹特性分析

高压压气机吸雨吸雹特性分析。

要求如下：

（a）高压压气机吸雨吸雹特性分析方法经过试验验证；

（b）吸雨吸雹引起的高压转子振动特性应作为第 33.63 条的输入；

（c）高压压气机应留有足够的喘振和失速裕度，以确保吸雨吸雹后不发生喘振或失速。

30.4.2.4　燃烧室持续吸雨吸雹特性分析

（a）发动机吸雨吸雹后燃烧室燃烧效率分析；

（b）发动机吸雨吸雹后燃烧室熄火裕度分析。

要求如下：

（a）发动机吸雨吸雹后燃烧室燃烧效率分析方法经过试验验证；

（b）发动机吸雨吸雹后燃烧室熄火裕度分析方法经过试验验证；

（c）不熄火；

（d）如果能够表明瞬时熄火（燃烧脉动）不至于引起飞机机组注意并且不影

响飞机运行,1~2 s 内的瞬时熄火是可以接受的;

(e) 如果发生了瞬时熄火,同时应该进行分析,考虑发动机引气、部件性能以及预期瞬变的最坏组合,以表明在所有的构型和预期条件下有足够的再点火裕度;

(f) 吸雨吸雹后燃烧室应留有足够的燃烧效率,以满足不降转和推力损失要求。

30.4.2.5 持续吸雨吸雹对控制系统影响的分析

(a) 分析吸雨吸雹引起的传感器信号失真;

(b) 分析传感器信号失真对发动机控制系统工作特性的影响。

要求如下:

(a) 吸雨吸雹引起的传感器信号失真分析方法经过试验验证;

(b) 吸雨吸雹引起的传感器信号失真不得导致发动机发生不可接受的推力或功率损失、喘振、失速、熄火等不利情况。

30.4.3 组件级

30.4.3.1 风扇叶片及流道板大冰雹撞击分析

风扇叶片及流道板大冰雹撞击分析要求如下:

风扇叶片及流道板大冰雹撞击分析方法经过旋转件的撞击试验验证。风扇叶片及流道板受大冰雹撞击后,不得引起不可接受的机械损伤。

30.4.3.2 风扇叶片及流道板持续冰雹撞击分析

风扇叶片及流道板持续冰雹撞击分析要求如下:

风扇叶片及流道板持续冰雹撞击分析方法经过撞击试验验证。风扇叶片及流道板受持续冰雹撞击后,不得引起不可接受的机械损伤。

30.4.3.3 高压压气机持续吸雨吸雹机匣收缩分析

(a) 通过高压压气机吸雨吸雹特性分析获得高压压气机机匣温度变化;

(b) 根据吸雨吸雹后高压压气机机匣温度变化计算机匣收缩尺寸。

要求如下:

分析方法经过试验验证。吸雨吸雹后,高压压气机叶片和机匣刮磨不得引起不可接受的机械损伤。

30.4.3.4 高压压气机吸雨吸雹 VSV 的 β 角打开裕度分析

分析吸雨吸雹条件下高压压气机 VSV 的 β 角打开裕度。

要求如下:

分析方法经过试验验证。高压压气机 VSV 应留有足够的 β 角打开裕度,以满足持续吸雨吸雹过程中及退出吸雨吸雹后不发生喘振或失速。

30.5 条款验证需求

30.5.1 材料级

30.5.1.1 大冰雹材料

开展大冰雹制备方法研究,要求如下:

(a) 制备的冰雹尺寸满足 50 毫米、25 毫米直径球形的要求;

(b) 冰雹比重为 0.8~0.9。

30.5.1.2 持续冰雹材料

开展持续冰雹制备方法研究,要求如下:

制备的冰雹的尺寸、流量等特性满足附件 B 的要求。

30.5.1.3 雨水材料

(a) 雨水颗粒粒径、速度、流量等特性标定;

(b) 去矿物质水制备方法研究。

要求如下:

(a) 雨水颗粒粒径、流量等特性满足附件 B 的要求;

(b) 如果水滴颗粒大小达不到条款要求,用增大喷水量进行补偿的方案保证核心机进水量。

30.5.2 组件级

30.5.2.1 风扇叶片及流道板大冰雹撞击试验

开展风扇叶片及流道板大冰雹撞击试验,要求如下:

(a) 冰雹撞击参数满足等效性;

(b) 试验结果无不可接受的机械损伤。

30.5.2.2 风扇叶片及流道板持续冰雹撞击试验

开展风扇叶片及流道板持续冰雹撞击试验,要求如下:

(a) 冰雹撞击参数满足等效性;

(b) 试验结果无不可接受的机械损伤。

30.5.3 系统级

30.5.3.1 大冰雹撞击风扇部件试验

开展大冰雹撞击风扇部件试验,要求如下:

(a) 大冰雹撞击参数满足第 33.78 条(a)(1)要求;

(b) 不得引起不可接受的机械损坏;

(c) 对风扇造成的损伤不得引起不可接受的功率或推力损失;

(d) 引起的低压转子振动特性应作为第 33.63 条的输入。

30.5.3.2　风扇增压级持续吸雨吸雹试验

开展风扇增压级持续吸雨吸雹试验,要求如下:

(a) 雨水、冰雹参数满足适航规章要求或具有等效性;

(b) 风扇帽罩、风扇轮毂、风扇叶片、分流环和放气活门的设计考虑雨水和冰雹的排出,应控制核心机进水量;

(c) 风扇增压级应留有足够的喘振和失速裕度,以确保吸雨吸雹后不发生喘振或失速;

(d) 吸雨吸雹对风扇增压级造成的损伤不得引起不可接受的功率或推力损失;

(e) 吸雨吸雹引起的低压转子振动特性应作为第 33.63 条的输入。

30.5.3.3　高压压气机持续吸雨吸雹试验

开展高压压气机持续吸雨吸雹试验,要求如下:

(a) 吸雨吸雹引起的高压转子振动特性应作为第 33.63 条的输入;

(b) 高压压气机应留有足够的喘振和失速裕度,以确保吸雨吸雹后不发生喘振或失速;

(c) 吸雨吸雹后,高压压气机叶片和机匣刮磨不得引起不可接受的机械损伤;

(d) 高压压气机 VSV 应留有足够的 β 角打开裕度,以满足持续吸雨吸雹过程中及退出吸雨吸雹后不发生喘振或失速。

30.5.3.4　燃烧室持续吸雨吸雹试验

开展燃烧室持续吸雨吸雹试验,试验结果需要满足以下要求:

(1) 不熄火;

(2) 如果能够表明瞬时熄火(燃烧脉动)不至于引起飞机机组注意并且不影响飞机运行,1 到 2 秒钟内的瞬时熄火是可以接受的;

(3) 如果发生了瞬时熄火,同时应该进行分析,考虑发动机引气、部件性能以及预期瞬变的最坏组合,以表明在所有的构型和预期条件下有足够的再点火裕度;

(4) 吸雨吸雹后燃烧室应留有足够的燃烧效率,以满足不降转和推力损失要求。

30.5.3.5　持续吸雨吸雹对控制系统影响的试验

(a) 持续吸雨吸雹条件下 T25、T3 等温度传感器信号失真影响试验;

(b) 持续吸雨吸雹条件下 P25、Ps3 等压力传感器信号失真影响试验;

(c) 持续吸雨吸雹导致的传感器信号失真对控制系统的影响试验。

要求如下。

试验结果满足:吸雨吸雹引起的传感器信号失真不得导致发动机发生不可接

受的推力或功率损失、喘振、失速、熄火等不利情况的要求。

30.5.4　整机级

30.5.4.1　整机大冰雹吸入分析工具验证试验

通过整机大冰雹吸入试验,获得整机吸入大冰雹工作特性,验证整机大冰雹吸入特性分析方法和工具。

要求如下。

(a) 验证整机大冰雹吸入特性分析方法和工具。

(b) 试验结果满足以下要求:

(1) 不得引起不可接受的机械损坏;

(2) 对风扇造成的损伤不得引起不可接受的功率或推力损失;

(3) 引起的低压转子振动特性应作为第 33.63 条的输入。

(c) 发动机整机工作特性满足以下要求:

(1) 发动机的持续推力或功率损失不超过 3%;

(2) 发动机的修正推力或功率和额定或试验前相比下降不超过 10%;

(3) 不得引起不可接受的机械损坏;

(4) 不得要求发动机停车。

30.5.4.2　整机持续吸雹关键点分析工具验证试验

通过整机持续吸雹试验,获得整机持续吸雹工作特性,验证发动机持续吸雹关键点分析方法和工具。

要求如下。

(a) 高压压气机机匣刮磨损伤可接受。

(b) 高压压气机 β 角打开裕度满足持续吸雨吸雹过程中及退出吸雨吸雹后不发生喘振或失速的要求。

(c) 风扇增压级、高压压气机、燃烧室和控制系统的工作特性满足需求。

(d) 发动机整机工作特性满足以下要求:

(1) 不熄火;

(2) 不降转;

(3) 不发生持续或不可恢复的喘振或失速;

(4) 不失去加速和减速的能力;

(5) 发动机的持续推力或功率损失不超过 3%;

(6) 发动机的修正推力或功率和额定或试验前相比下降不超过 10%;

(7) 不得引起不可接受的机械损坏;

(8) 不发生其他不利的发动机异常情况。

(e) 通过整机持续吸雹试验验证 30.4.1.2 小节的发动机持续吸雹关键点分

析方法和工具。

30.5.4.3　整机持续吸雨关键点分析工具验证试验

通过整机持续吸雨试验,获得整机持续吸雨工作特性,验证发动机持续吸雨关键点分析方法和工具。

要求如下:

(a) 高压压气机机匣刮磨损伤可接受。

(b) 高压压气机 β 角打开裕度满足持续吸雨吸雹过程中及退出吸雨吸雹后不发生喘振或失速的要求。

(c) 风扇增压级、高压压气机、燃烧室和控制系统的工作特性满足需求。

(d) 发动机整机工作特性满足以下要求:

(1) 不熄火;

(2) 不降转;

(3) 不发生持续或不可恢复的喘振或失速;

(4) 不失去加速和减速的能力;

(5) 发动机的持续推力或功率损失不超过 3%;

(6) 发动机的修正推力或功率和额定或试验前相比下降不超过 10%;

(7) 不得引起不可接受的机械损坏;

(8) 不发生其他不利的发动机异常情况。

(e) 通过整机喷水试验验证 30.4.1.2 小节的发动机吸雨关键点分析方法和工具。

30.5.4.4　大冰雹吸入关键点分析

(a) 根据第 33.78 条(a)(1)的要求确定 50 毫米和 25 毫米的大冰雹吸入数量;

(b) 在第 33.78 条(a)(1)要求的飞行高度、飞行速度和发动机功率状态范围内,对大冰雹撞击的影响进行分析,确定大冰雹吸入时最苛刻的发动机状态和飞行速度组合,以及大冰雹撞击损伤最严重的关键区域;

(c) 根据大冰雹吸入最苛刻的发动机状态和飞行速度组合,确定地面大冰雹吸入试验的发动机运行参数和大冰雹投射速度,大冰雹吸入速度和风扇转速是大冰雹吸入试验中较重要的参数,在地面试验中应保持大冰雹吸入速度和风扇转速与飞行工况点一致;

(d) 根据第 33.78 条(a)(1)的要求,结合大冰雹撞击损伤最严重的关键区域,确定一半数量的冰雹投向关键区域,另一半数量的冰雹随机投向进气道正前方。

30.5.4.5　整机大冰雹吸入试验

1) 试验内容及要求

(a) 确定试验大纲、试验对象,工作程序符合审定要求;

（b）根据确定的试验参数进行大冰雹吸入试验；

（c）试验前须对大冰雹发射装置进行调试，以确保大冰雹被吸入的速度和目标位置的准确度；

（d）试验过程中利用高速摄影摄像设备对试验进行记录，同时也通过记录判断试验中大冰雹吸入位置和速度是否满足要求；

（e）大冰雹吸入试验中需进行测量的参数包括：N1、N2、EGT、发动机振动量、推力等；

（f）试验前后需要分别对风扇部件进行目视检查并记录，检查应包括风扇帽罩、风扇叶片、风扇端壁、增压级进口导流叶片、增压级第二级动叶、风扇出口导叶、声衬和 OGV 减阻装置，并进行拍照记录存档；

（g）试验中发动机应采用全部的机载控制规律，包括 VBV、VSV 和燃油控制规律等；

（h）如无法在地面试验中达到目标工况，可调整部分控制规律以便能在试验中模拟发动机在空中飞行的真实状态，但应确保这些调整不会降低试验的苛刻程度；

（i）按照试验大纲进行分解检查并记录；

（j）根据试验结果撰写试验报告。

2）试验流程

（a）起动发动机，将风扇物理转速调至关键点工况转速；

（b）打开摄影摄像记录设备，并开始记录发动机参数；

（c）快速连续发射所有大冰雹；

（d）发动机保持吸入前推力设定运行 3 分钟；

（e）将发动机关机。

3）试验通过准则

（a）发动机的持续推力或功率损失不超过 3%；

（b）发动机的修正推力或功率和额定或试验前相比下降不超过 10%；

（c）不得引起不可接受的机械损坏；

（d）不得要求发动机停车。

30.5.4.6 整机持续吸雨和持续吸雹关键点分析

（a）根据 CCAR33‐R2 附件 B 的要求确定发动机吸入的雨水浓度和水滴颗粒尺寸，冰雹浓度和冰雹颗粒尺寸；

（b）在发动机的整个规定工作包线范围内，审查发动机持续吸雨吸雹后的工作裕度（例如压气机喘振和失速、燃烧室熄火、燃油控制降转、仪表传感器误差），并以工作裕度最低的点作为试验的关键点；

（c）以关键点状态核心机的进水量作为试验的关键点目标喷水量；

（d）在地面状态进行发动机试验，应当补偿关键点条件和地面试验设施条件之间的差异，这些差异包括空气密度、聚集系数、发动机转速、可变系统、发动机功率提取等。

30.5.4.7 整机持续吸雹试验

1）试验内容及要求

（a）确定试验大纲、试验对象，工作程序符合审定要求；

（b）根据确定的试验参数进行持续冰雹吸入试验；

（c）冰雹的喷射浓度应当能够实时调节，以满足条款对冰雹浓度的要求；

（d）冰雹喷射的均匀性应当通过校准装置校核；

（e）持续吸雹试验的冰雹喷射范围应当涵盖风扇增压级内涵及分流环；

（f）试验中发动机应采用全部的机载控制规律，包括 VBV、VSV 和燃油控制规律等；

（g）如无法在地面试验中达到目标工况，可调整部分控制规律以便能在试验中模拟发动机在空中飞行的真实状态，但应确保这些调整不会降低试验的苛刻程度；

（h）发动机所有的间隙控制及冷却引气将受 FADEC 系统调节；

（i）FADEC 系统的再点火功能不启动，但是 FADEC 系统需具备对熄火的探测功能；

（j）在所有持续吸雹试验中关闭增压级防冰系统；

（k）按照试验大纲进行分解检查并记录；

（l）根据试验结果撰写试验报告。

2）试验流程

（a）持续吸雹减速试验。

（1）发动机加速至起飞推力，建立试验前目标推力水平，并记录推力和仪表参数；

（2）设定减速试验的发动机转速和控制计划；

（3）稳定发动机至50%最大连续推力；

（4）开启持续冰雹喷射装置，冰雹浓度符合关键点等效要求；

（5）冰雹完全喷射5秒后，1秒之内移动油门杆，将发动机减速至关键点分析定义的空中慢车关键点；

（6）在空中慢车关键点持续吸雹30秒；

（7）关闭冰雹喷射装置，发动机加速至起飞推力，干燥发动机并验证发动机的推力下降水平，记录试验后推力水平和仪表参数。

（b）持续吸雹加速试验。

（1）发动机加速至起飞推力，建立试验前目标推力水平，并记录推力和仪表参数；

（2）设定加速试验的发动机转速和控制计划；

（3）稳定发动机至空中慢车关键点；

（4）开启持续冰雹喷射装置,冰雹浓度符合关键点等效要求；

（5）冰雹完全喷射 5 秒后,1 秒之内移动油门杆,将发动机加速至起飞推力；

（6）在起飞推力持续吸雹 30 秒；

（7）关闭冰雹喷射装置,在起飞推力干燥发动机并验证发动机的推力下降水平,记录试验后推力水平和仪表参数。

（c）稳态持续吸雹试验。

（1）发动机加速至起飞推力,建立试验前目标推力水平,并记录推力和仪表参数；

（2）设定稳态试验的发动机转速和控制计划；

（3）稳定发动机至空中慢车关键点；

（4）开启持续冰雹喷射装置,冰雹浓度符合关键点等效要求；

（5）在空中慢车关键点持续吸雹 30 秒；

（6）快速调节持续冰雹喷射装置,使其喷射的冰雹浓度达到 15 000 英尺高度下环境中雹水浓度为 13 g/m^3 的等效要求,在空中慢车关键点持续吸雹 5 秒；（鼓励开展更高雹水浓度下的试验,但并非强制）

（7）关闭冰雹喷射装置,发动机加速至起飞推力,干燥发动机并验证发动机的推力下降水平,记录试验后推力水平和仪表参数。

3）通过准则

（a）不熄火；

（b）不降转；

（c）不发生持续或不可恢复的喘振或失速；

（d）不失去加速和减速的能力；

（e）发动机的持续推力或功率损失不超过 3%；

（f）发动机的修正推力或功率和额定或试验前相比下降不超过 10%；

（g）不得引起不可接受的机械损坏；

（h）不发生其他不利的发动机异常情况。

30.5.4.8　整机持续吸雨试验

1）试验内容及要求

（a）确定试验大纲、试验对象,工作程序符合审定要求；

（b）根据确定的试验参数进行持续吸雨试验；

（c）试验中发动机应采用全部的机载控制规律,包括 VBV、VSV 和燃油控制规律等；

（d）如无法在地面试验中达到目标工况,可调整部分控制规律以便能在试验

中模拟发动机在空中飞行的真实状态,但应确保这些调整不会降低试验的苛刻程度;

（e）发动机所有的间隙控制及冷却引气将受 FADEC 系统调节;

（f）FADEC 系统的再点火功能不启动,但是 FADEC 系统需具备对熄火的探测功能;

（g）在所有持续吸雨试验中增压级防冰系统需开启;

（h）按照试验大纲进行分解检查并记录;

（i）根据试验结果撰写试验报告。

2）试验流程:

（a）稳态持续吸雨试验。

（1）发动机加速至起飞推力,建立试验前目标推力水平,并记录推力和仪表参数;

（2）设定稳态试验的发动机转速和控制计划;

（3）稳定发动机至空中慢车关键点;

（4）开启持续喷水装置,雨水浓度符合关键点等效要求;

（5）在空中慢车关键点持续吸雨3分钟;

（6）关闭喷水装置,发动机加速至起飞推力,干燥发动机并验证发动机的推力下降水平,记录试验后推力水平和仪表参数。

（b）持续吸雨减速试验。

（1）发动机加速至起飞推力,建立试验前目标推力水平,并记录推力和仪表参数;

（2）设定减速试验的发动机转速和控制计划;

（3）稳定发动机至50%最大连续推力;

（4）开启持续喷水装置,雨水浓度符合关键点等效要求;

（5）稳定吸雨1分钟后,1秒之内移动油门杆,将发动机减速至关键点分析定义的空中慢车;

（6）在空中慢车关键点持续吸雨3分钟;

（7）关闭喷水装置,发动机加速至起飞推力,干燥发动机并验证发动机的推力下降水平,记录试验后推力水平和仪表参数。

（c）持续吸雨加速试验。

（1）发动机加速至起飞推力,建立试验前目标推力水平,并记录推力和仪表参数;

（2）设定加速试验的发动机转速和控制计划;

（3）稳定发动机至空中慢车关键点;

（4）开启持续喷水装置,雨水浓度符合关键点等效要求;

（5）稳定吸雨 3 分钟后,1 秒之内移动油门杆,将发动机加速至起飞推力;

（6）在起飞推力持续吸雨 1 分钟;

（7）关闭喷水装置,在起飞推力干燥发动机并验证发动机的推力下降水平,记录试验后推力水平和仪表参数。

（d）热冲击关键点持续吸雨试验。

（1）无水吸入的情况下正常稳定一段时间;

（2）在关键功率或推力状态下连续吸雨 3 分钟;

（3）喷水量应在喷水启动后 5 秒钟之内达到最大。

3）通过准则

（a）不熄火;

（b）不降转;

（c）不发生持续或不可恢复的喘振或失速;

（d）不失去加速和减速的能力;

（e）发动机的持续推力或功率损失不超过 3%;

（f）发动机的修正推力或功率和额定或试验前相比下降不超过 10%;

（g）不得引起不可接受的机械损坏;

（h）不发生其他不利的发动机异常情况。

参考文献

中国民用航空局. 2011. 航空发动机适航规定：CCAR33－R2[S].

European Aviation Safety Agency. 2003. Certification specifications for engines[S].

Federal Aviation Administration. 1974. Aircraft and aircraft engines, certification procedures and type certification standards：Final Rule 11010[S].

Federal Aviation Administration. 1971. Aircraft and aircraft engines；proposed certification procedures and type certification standards：Notice No. 71－12[S].

Federal Aviation Administration. 1984. Aircraft engine regulatory review program；aircraft engine and related powerplant installation amendments：Final Rule 16919[S].

Federal Aviation Administration. 1980. Aircraft engine regulatory review program；aircraft engine and related powerplant installation proposals：Notice No. 80－21[S].

Federal Aviation Administration. 1996. Airworthiness standards；rain and hail ingestion standards：Notice No. 96－12[S].

Federal Aviation Administration. 1998. Final airworthiness standards；engine control system requirements：Rule 28652[S].

Federal Aviation Administration. 2000. Turbine engine power-loss and instability in extreme conditions of rain and hail：AC33.78－1[S].

附件 B

合格审定标准大气降雨和冰雹的浓度
（2002 年 4 月 19 日第一次修订）

　　为了按照第 33.78 条(a)(2)的要求进行合格审定,图 B1、表 B1、表 B2、表 B3、表 B4 规定了雨和冰雹的大气浓度和尺寸分布。只要申请人能表明所使用的替代方法没有降低试验的严格程度,在通常通过喷洒液态水模拟降雨以及投掷冰块制造的冰雹模拟降冰雹的情况下,允许使用不同于本规定附录 B 规定的这些水滴和冰雹的形状、尺寸和尺寸分布,或者允许使用尺寸和形状单一的水滴或冰雹。

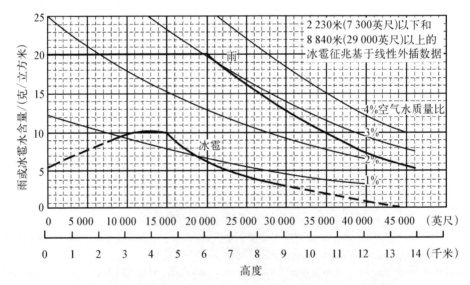

图 B1　雨和冰雹的征兆图表,利用表 B1 和 B2 可获得合格审定浓度

表 B1　合格审定标准的大气雨浓度

高度/ 米(英尺)	雨水含量/ （克水/立方米空气）
0(0)	20.0
6 100(20 000)	20.0

续　表

高度/ 米（英尺）	雨水含量/ （克水/立方米空气）
8 020（26 300）	15.2
9 970（32 700）	10.8
11 980（39 300）	7.7
14 020（46 000）	5.2

注：在其他高度上雨的水含量的值可以由线性内插的方法确定。

表 B2　合格审定标准的大气冰雹浓度

高度/ 米（英尺）	雨水含量/ （克水/立方米空气）
0（0）	6.0
2 230（7 300）	8.9
2 600（8 500）	9.4
3 050（10 000）	9.9
3 660（12 000）	10.0
4 570（15 000）	10.0
4 880（16 000）	8.9
5 400（17 700）	7.8
5 890（19 300）	6.6
6 550（21 500）	5.6
7 410（24 300）	4.4
8 840（29 000）	3.3
14 020（46 000）	0.2

注：在其他高度上的冰雹水含量值可以用线性内插法确定。低于 2 230 米（7 300 英尺）和大于 8 840 米（29 000 英尺）的冰雹征兆可根据线性外插数据获得。

表 B3　合格审定标准的大气雨滴尺寸分布

雨滴直径/ 毫米	总雨水含量分布/ %
0~0.49	0
0.5~0.99	2.25
1.00~1.49	8.75
1.50~1.99	16.25

雨滴直径/ 毫米	总雨水含量分布/ %
2.00~2.49	19.00
2.50~2.99	17.75
3.00~3.49	13.5
3.50~3.99	9.50
4.00~4.49	6.00
4.50~4.99	3.00
5.00~5.49	2.00
5.50~5.99	1.25
6.00~6.49	0.50
6.50~7.00	0.25
合计	100.00

注：雨滴的平均直径为 2.66 毫米。

表 B4　合格审定标准的大气冰雹尺寸分布

冰雹直径/ 毫米	总冰雹水含量分布/ %
0~4.9	0
5.0~9.9	17.00
10.0~14.9	25.00
15.0~19.9	22.50
20.0~24.9	16.00
25.0~29.9	9.75
30.0~34.9	4.75
35.0~39.9	2.50
40.0~44.9	1.50
45.0~49.9	0.75
50.0~55	0.25
合计	100.00

注：冰雹的平均直径为 16 毫米。

第 31 章

第 33.82 条 概述

31.1 条 款 内 容

第 33.82 条 概述

在本章规定的每项持久试验前,必须确定和记录不经装机即可确定其调节器调整位置和功能特性的每个部件的调节器调整位置和功能特性。

31.2 条款演变历程

条款修订历史如表 31-1 所示。

表 31-1 条款修订历史

序号	修正案	生效日期	Final Rule 名称	NPRM
1	33-6	1974.10.31	Aircraft and Aircraft Engines, Certification Procedures and Type Certification Standards	71-12

CCAR-33R2 版中的第 33.82 条与 FAR-33 部的第 6 修正案中的第 33.82 条内容一致。FAR-33 部中的第 33.82 条有 1 次修订。1974 年第 6 修正案中增加了第 33.82 条,一直没有再修订。

31.3 条款实质性要求

该条款的实质性要求如下:

(1)需梳理不经装机即可确定其调节器调整位置和功能特性的部件,在开展持久试验前,记录相关部件的调节器调整位置以及功能特性;

(2)梳理容易因磨损、变形和蠕变等原因发生改变的尺寸以及可接受的尺寸变化范围,进行尺寸测量并形成记录;

(3)除试验需要外,可调装置必须按照发动机构型在试验前进行调节,并且可调装置必须按照发动机构型或发动机安装和使用手册中描述方式的运行。

该条款要求进行持久试验前发动机应满足构型设计,(1)、(2)形成的记录文件为第33.93条分解检查提供依据,共同形成适航符合性验证报告。

31.4　条款设计需求

31.4.1　部件级
31.4.1.1　梳理需记录的相关部件
(a) 根据发动机构型,梳理不经装机即可确定其调节器调整位置和功能特性的部件,形成记录文件,这些部件包括但不限于发动机控制系统部件、泵、传动装置、换热器、阀门、点火装置;

(b) 确定部件的调节器位置和功能特性的限制的范围,为持久试验后分解检查结果提供依据。

31.4.1.2　梳理装配前易改变的尺寸
(a) 根据发动机结构特点、强度、寿命分析结果以及使用经验,梳理相关部件易改变的尺寸,主要包括轮盘内径、轮盘外径、叶片与机匣的间隙等;

(b) 确定许可的尺寸变化范围限制,为持久试验后分解检查结果提供依据。

31.5　条款验证需求

31.5.1　部件级
31.5.1.1　获取部件调节器位置和功能特性
持久试验前,确定相关部件调节器调整位置和功能特性,必要时在持久试验前对相关部件的功能特性进行测量,确定调节器调整位置,并进行记录。持久试验完成后,与第33.93条共同形成适航符合性验证报告。

要求如下:

(a) 除试验需要外,可调装置必须按照发动机构型进行设置,必须按照发动机构型或发动机安装和使用手册中描述的运行;

(b) 应对试验用的发动机型号与发动机构型的差异的进行说明,具体要求参考第33.87条。

31.5.1.2　记录关键尺寸
记录由于磨损、变形和蠕变原因容易改变的尺寸。持久试验前,对部件易改变的尺寸进行测量并进行记录。持久试验完成后,与第33.93条共同形成适航符合性验证报告。

参考文献

中国民用航空局. 2011. 航空发动机适航规定：CCAR33 – R2[S].

European Aviation Safety Agency. 2003. Certification specifications for engines[S].

Federal Aviation Administration. 1974. Aircraft and aircraft engines, certification procedures and type certification standards：Final Rule 11010[S].

Federal Aviation Administration. 1971. Aircraft and aircraft engines；Proposed Certification procedures and type certification standards：Notice No. 71 – 12[S].

Federal Aviation Administration. 2015. Engine overtorque test, calibration test, endurance test and teardown inspection for turbine engine certification：AC33. 87 – 1A[S].

第 32 章
第 33.83 条 振动试验

32.1 条 款 内 容

第 33.83 条 振动试验

（a）每型发动机必须进行振动测试，以确定可能受机械或空气动力导致激振的部件的振动特性在整个声明的飞行包线范围内是可接受的。发动机测试应该以经验、分析和部件试验适当的结合为基础，并且应至少涉及转子叶片、静子叶片、转子盘、隔圈和转子轴。

（b）测试应覆盖对应于声明的整个飞行包线环境条件范围内的功率或推力、每个转子系统的物理和换算转速，从最小转速直到允许工作 2 分钟或更长的额定时间的最大物理转速和换算转速的 103%，并直到所有其他允许工作的物理或换算转速的 100%，包括超转转速。如果测试结果表明应力峰值出现在这些要求的物理或换算转速的最大转速处，则应将测试范围充分扩大到足以找到存在的最大应力值，但该转速范围的扩大不必包括比那些转速再增加 2% 以上的转速。

（c）应该对下列情况进行评估：

（1）在改变可调静子叶片角度（包括其调节容差）、压气机引气、附件加载、发动机制造商声明的最恶劣的进气道进气流场畸变以及在（各）排气管内最恶劣条件等情况下对振动特性的影响；

（2）在对颤振敏感的系统中，可能导致或影响颤振的气动力学和航空力学因素。

（d）除本条（e）规定的以外，为在各种工作条件下允许材料的性能变化留出适当的容差后，与本条确定的振动特性有关的振动应力与适当的稳态应力相加后之和，必须小于有关材料的持久极限。对于每一个被评估的零件，必须证明这些应力裕度的适用性是合理的。如果确定某些工作状态或范围需要加以限制，则应该制定使用和安装限制。

（e）应该通过试验或分析，或参考以往的经验，评估失效情况（例如，但不限于，失去平衡，静子叶片通道局部堵塞或扩大，燃油喷嘴堵塞，不正确的压气机调节变量等等)所引起的激振力对振动特性的影响,并且证明不会产生有害的情况。

(f) 应对可能影响发动机振动特性的每一具体安装构型进行对本条的符合性验证。如果在发动机型号合格审查期间不能完全地查明这些振动影响,应该对评估的方法和证明符合性的方法加以验证,并应在第 33.5 条要求的安装说明中定义这些方法。

32.2　条款演变历程

条款修订历史如表 32-1 所示。

表 32-1　条款修订历史

序号	修正案	生效日期	Final Rule 名称	NPRM
1	33-0	1965.02.01	Miscellaneous Amendments	63-47
2	33-6	1974.10.31	Aircraft and Aircraft Engines, Certification Procedures and Type Certification Standards	71-12
3	33-10	1984.03.26	Aircraft Engine Regulatory Review Program; Aircraft Engine and Related Powerplant Installation Amendments	80-21
4	33-17	1996.07.05	Airworthiness Standards; Continued Rotation and Rotor Locking Tests, and Vibration and Vibration Tests	95-3
5	33-33	2012.07.05	Airworthiness Standards; Aircraft Engines; Technical Amendment	/
6	33-33 Correction	2012.09.20	Technical Amendment; Airworthiness Standards; Aircraft Engines; Correction	/

CCAR-33R2 版中的第 33.83 条与 FAR-33 部的第 17 修正案中的第 33.83 条内容一致。FAR-33 部中的第 33.83 条有 6 次修订。主要内容修订包括以下几条:1965 年第 0 修正案,基于 CAR 第 13.251 条相关内容制定了 FAR 第 33.83 条。1974 年第 6 修正案,提出需要确定转子、转子轴、以及动叶和静叶的振动特性;提出了试验条件要求,满足最大进气畸变,整个发动机功率推力范围内,以及稳态和瞬态情况;提出将发动机由慢车加速至最大额定起飞转速的 103%;提出发动机附件加载的要求;提出评价试验结果符合性的准则条件。1984 年第 10 修正案,在条(a) 中增加在特定的环境下,允许在振动试验中用改进的持久试验载荷形式;在条(b) 中增加对局方可接受的、应力裕度足够的要求。1996 年第 17 修正案,对 FAR 第 33.83 条进行了非常重大的修正:第 33.83 条描述了要求涡轮发动机必须通过试验建立部件振动特性以及颤振特性;本提案采用与该要求一致的描述代替了原先的,并且涉及到了一些目前在第 33.75 条分析中的工况;替换了目前规章原文以明确第 33.83 条(a) 的相关要求;用"声明的整个飞行包线"代替了"最大入口进气畸变";修订了第 33.83 条(b) 的相关内容,使得与 JAR-E 更为一致。对于转速,

如果在最大转速处出现应力峰值,那么需要试验继续增大转速,这是为了考虑相同型号发动机与发动机之间以及叶片与叶片之间的差异导致振动响应的不同;修订了第33.83条(c),提案中要求评估可调静叶、压气机引气、附件加载以及最严苛入口进气畸变以及排气管内最恶劣条件对振动特性的影响,增加颤振的要求;增加了第33.83条(d),提案要求评估可能的失效情况对振动特性的影响,该要求与JAR - E一致;增加了第33.83条(e),该要求结合了目前工业方的实际经验,并且与JAR - E一致;增加了第33.83条(f),要求评估每一个安装构型对振动特性的影响,或者提供评估方法;明确了在振动应力和材料的耐久极限比较时,需要结合稳态应力。2012年第33修正案,在第33.83条(a)中增加"必须通过发动机试验验证本条的符合性",但是在2012年的修正案(Correction)中又改回了。

32.3　条款实质性要求

（a）在考虑材料性能差异的情况下,在声明的整个飞行包线内,结合适当的稳态应力后,发动机转子叶片、静子叶片、转子盘、转子轴、隔圈等部件的振动应力应小于材料的疲劳极限,并具有适当的裕度;发动机叶片在声明的整个飞行包线内不发生颤振,除非颤振发生在极端瞬态条件下,并且对发动机结构和工作完整性没有产生负面影响;

（b）当发生某些故障时,发动机应可以继续安全工作或停车,不应引起过大振动进而造成危害性发动机后果,至少应评估以下故障的影响：失去平衡、静子叶片通道局部堵塞或扩大、燃油喷嘴堵塞、不正确的压气机调节变量等;

（c）对于不同的发动机安装构型,满足以上要求。

32.4　条款设计需求

构件级

32.4.1.1　叶片高周疲劳性能分析

（a）发动机各叶片的模态分析,确定叶片各阶模态频率、对应的振型及相对应变分布,并且应涵盖静止状态、慢车转速、巡航转速、红线转速、各起飞状态等;

（b）发动机各叶片的坎贝尔(Campbell)图及共振(频率)裕度分析,确定各叶片在飞行包线内可能的共振转速(关键转速)及相应模态(不满足共振裕度要求),转速范围应覆盖105%红线转速;

（c）根据相关标准及要求,选取叶片动应力经验值;

（d）发动机各叶片的静应力分析,分析应覆盖最严苛状态,最严苛状态一般为发动机正常状态可能达到的最高转速或最高温度状态(红线值);

（e）由（d）中确定的静应力和温度对应的材料古德曼（Goodman）曲线，确定叶片所有位置的许用振动应力；

（f）结合（c）中叶片的振动应力值、（e）中许用振动应力，分析叶片的耐久极限百分比，耐久极限百分比为实际振动应力值与许用振动应力的比值；

（g）叶片在飞行包线内各状态点的颤振特性分析。

要求如下：

（a）叶片模态分析中的约束条件，应与叶片在发动机工作时的约束条件一致；

（b）各叶片共振（频率）裕度应满足各部件相关强度设计要求；

（c）静应力分析中，应包含惯性载荷、热载荷、气动载荷等所有载荷；

（d）材料的 Goodman 曲线应采用-3σ值；

（e）叶片在飞行包线内的耐久极限百分比评估应参考型号设计相关准则；

（f）应避免叶片发生颤振，在评估叶片颤振特性时，应考虑叶顶间隙的极值和标称值之间的变化、机械阻尼、运行线、引气流量等因素。

32.4.1.2　转子盘高周疲劳性能分析

（a）发动机各转子盘的模态分析，应包括静止状态、慢车转速、巡航转速、红线转速、各起飞状态等；

（b）发动机各转子盘的 Campbell 图及共振（频率）裕度分析，转速范围应覆盖105%红线转速；

（c）分析发动机各转子盘的静应力，应覆盖最严苛的状态，一般为发动机正常状态可能达到的最高转速或最高温度状态（红线值）；

（d）根据相关标准及要求，选取转子盘动应力经验值；

（e）根据（c）和（d）中结果，分析转子盘的耐久极限百分比。

要求如下：

（a）转子盘模态分析中的约束条件，应与转子盘在发动机工作时的实际情况一致；

（b）发动机各转子盘共振频率裕度应满足部件相关强度设计准则要求；

（c）静应力分析中，应包含惯性载荷、热载荷、气动载荷等所有载荷；

（d）材料的 Goodman 曲线应采用-3σ值；

（e）各转子盘的耐久极限百分比评估应参考型号设计相关准则。

32.4.1.3　转子轴高周疲劳性能分析

（a）发动机各转子轴的模态分析包括静止状态、慢车转速、巡航转速、红线转速、各起飞状态等；

（b）发动机各转子轴的 Campbell 图及共振（频率）裕度分析，转速范围应覆盖105%红线转速；

（c）分析各转子轴的静应力，应覆盖最严苛的状态，一般为发动机正常状态可能达到的最高转速或最高温度状态(红线值)；

(d) 分析垂直于转子轴的过载和陀螺力矩,在轴颈、联轴器以及盘与轴连接处的应力集中区产生高频弯曲应力；

(e) 根据相关标准及要求,选取转子轴动应力经验值；

(f) 结合(c)、(d)、(e)的分析结果,分析转子轴的耐久极限百分比。

要求如下：

(a) 分析时,应尽量将转子轴系(包含轴、盘、毂、隔圈等)组合在一起；

(b) 静应力分析中,应包含惯性载荷、热载荷、气动载荷等所有载荷；

(c) 材料的 Goodman 曲线应采用-3σ 值；

(d) 各转子轴的耐久极限百分比评估应参考公司相关准则。

32.4.1.4　隔圈高周疲劳性能分析

参照 32.4.1.2 节。

32.5　条款验证需求

32.5.1　构件级

32.5.1.1　叶片模态试验

开展叶片模态试验,要求如下：

(a) 对于某一型叶片,应选取多个进行试验,取其平均值；

(b) 测量的叶片固有频率范围应覆盖飞行包线内所有可能被激起的模态,至少为上一级叶片数×转速；

(c) 试验中叶片的固定方式应与发动机正常工作时叶片的固定方式一致,例如：

(1) 高压压气机转子叶片,叶片被固定在一个夹具上,叶尖自由；高压压气机可调静子叶片,可调静子叶片的外径被固定在一个夹具上,做两种方式的试验。一种是内径也固定,另外一种和前一种类似,不同的是内径可以有相对较高的自由性；

(2) 高压涡轮转子叶片,试验时,叶片榫头被固定在一个夹具上,做两种方式的试验,一种是无阻尼的,即单个叶片被固定夹具上；一种是有阻尼的,即多个叶片(如 3 个)挨着被固定在夹具上,从而可以模拟叶片缘板之间的相互作用,叶片的离心力通过钢丝施加径向的力来模拟；

(3) 低压涡轮转子叶片,试验时,叶片榫头被固定在一个夹具上,并进行叶冠自由和叶冠约束两种试验,其中叶冠自由用来模拟发动机低转速运转时的情况,叶冠约束用来模拟发动机高转速运转时的情况,振动应力裕度评估时在不同的转速下应采用对应的振动特性数据。

(d) 叶片模态分析与模态试验获得的固有频率误差不得超过限制值,该限制值应经局方认可;振型应基本一致。

32.5.1.2　叶片相对应变/应力分布试验

发动机各叶片在各阶模态下的相对应变/应力分布试验。

要求如下:

(a) 应变片长度不超过 5 mm,其规格、型号、性能等参数应满足相关标准及要求,可参考的标准有 GB/T 13992 - 2010、HB 5277 - 1984 等;

(b) 应变片的粘贴精度直接影响动应力的评估结果,因此应变片的粘贴应满足一定的精度要求;

(c) 应变片的数量应足以表征各模态下叶片的相对应变/应力,至少应覆盖以下位置: 叶背中部、叶盆及叶背的进排气边。

32.5.2　系统级

32.5.2.1　发动机核心机振动试验

当核心机进气条件与整机试验中一致时,发动机核心机试验的结果可以视为整机试验结果。

开展核心机振动试验,要求如下。

(a) 试验中核心机的进排气条件与核心机在整机中工作条件一致。

(b) 应针对各部件制定相应的试验矩阵。

(c) 试验矩阵应覆盖整个声明的飞行包线,应包括但不限于以下因素: 转速、可调静子叶片角度、压气机引气、附件加载等。

(d) 转速范围为地面慢车到红线转速的 103%,包括物理转速和换算转速,若试验结果表明在最大转速处出现应力峰值,则转速应再增加 2%,即 105% 红线转速。

(e) 为了达到某些试验条件,可能会对发动机进行改装,应该对所做的改装进行评估,表明不会对发动机产生有害影响,或影响试验及其结果。

(f) 除高压涡轮静子叶片,其他零部件应通过粘贴应变片或其他测量装置测量动应力。

(g) 测量装置在整个试验过程中应保持精度。

(h) 测量装置应可以在高转速和高温环境下工作,如果只能进行短周期的工作,那可以采用一些形式的分析,但失效的测量装置数应尽量小,并且分析应主要基于未失效的测量装置的数据。

(i) 若采用应变片测量动应力,应满足以下要求:

(1) 叶片上的应变片数量在 5 个以内,应变片的粘贴不应对叶片的振动特性产生影响;

（2）对于同一型号叶片，应在周向 3~5 个叶片的相同位置布置应变片，防止个别应变片失效；

（3）对于关注的振动模态，应变片应具有较高的相对应变；

（4）尽量避开高应变梯度的位置；

（5）所选位置应便于粘贴应变片，减少应变片的失效率；

（6）优先选择可以监测到低频模态和在高转速下可能引起共振的模态的位置；

（7）可在转子轴同一轴向位置处沿周向布置 2 或 4 个应变片以测量振动扭矩；

（j）处理及解释试验数据时，应基于以下过程：

（1）将测量的振动应变值转化为振动应力；

（2）利用相关数据处理方法，将时域信号转化为频域信号，并绘制相应的 Campbell 图；

（3）选取几个主要阶次振幅较大的转速位置（关键转速），将各阶次振动应力叠加，一般来说，忽略 0.2 p. s. i.（1.379 MPa）以下的振动分量，因此，计算某转速下的主要阶次振动应力时需要乘以一个大于 1 的系数。另外，还应考虑相同构件间由于加工等因素造成的振动特性的差异以及试验设备的误差等因素，对上述主要阶次的振动应力进行修正。利用该方法，计算部件上所有应变片位置在关键转速下的振动应力；

（4）根据振动应变分布测试/分析结果，计算关键转速下所有位置的振动应力；

（5）计算所有位置的耐久极限百分比，评估结果应参考公司相关准则。

（k）应搜集试验中的故障数据，并对故障进行安全性评估，从而表明不会产生危害性后果。

32.5.3　整机级

32.5.3.1　发动机整机振动试验

开展发动机整机试验，要求如下：

（a）应针对各部件制定相应的试验矩阵；

（b）试验矩阵应覆盖整个声明的飞行包线，应包括但不限于以下因素：转速、附件加载、进气流场畸变等；

（c）转速范围为地面慢车到红线转速的 103%，包括物理转速和换算转速，若试验结果表明在最大转速处出现应力峰值，则转速应再增加 2%，即 105% 红线转速；

（d）为了达到某些试验条件，可能会对发动机进行改装，应该对所做的改装进

行评估,表明不会对发动机产生有害影响,或影响试验及其结果;

(e) 应通过应变片或其他测量装置测量相关零部件动应力;

(f) 测量装置以及整机振动试验数据后处理的相关要求参照核心机试验;

(g) 应确定叶片颤振的判据,从而监测整个试验过程中叶片是否发生颤振;

(h) 应搜集试验中的故障数据,并对故障进行安全性评估,从而表明不会产生危害性后果;

(i) 试验中,发动机的安装特性应与第 33.5 条中声明的一致。

32.5.3.2　飞行试验

开展发动机飞行试验,要求如下:

(a) 试验进气条件应能覆盖声明的整个飞行包线内所有海拔高度下的进气条件;

(b) 一般在试验设备不能满足要求的高度条件时,进行飞行试验;

(c) 飞行试验获得的相关数据只在相应工况下有效;

(d) 其他要求参照整机试验。

参考文献

航空工业部. 1984. 发动机叶片及材料振动疲劳试验方法:HB5277 - 1984[S].

中国民用航空局. 2011. 航空发动机适航规定:CCAR33 - R2[S].

European Aviation Safety Agency. 2015. Certification specification for engine:CS-E Amdt4[S].

Federal Aviation Administration. 2006. Turbine engine vibration test:AC - 33.83A[S].

第 33 章
第 33.85 条 校准试验

33.1 条 款 内 容

第33.85条 校准试验

（a）每型发动机必须进行为确定第33.87条规定的有关持久试验的发动机功率特性和条件所必需的校准试验。功率特性校准试验的结果是确定在整个转速、压力、温度和高度工作范围内发动机特性的依据。功率额定值以标准大气条件为基准，无供航空器使用的引气，并且只装有发动机正常工作所必需的那些附件。

（b）进行持久试验的发动机在持久试验后必须进行在海平面条件下的功率检查，必须确定在持久试验期间出现的任何功率特性变化。在持久试验最后阶段取得的测量值可以用于证明对本款要求的符合性。

（c）在证明对本条的符合性时，除本条（d）允许的情况外，在进行测量前，发动机在每一状态必须是稳定的。

（d）在发动机有30秒钟一台发动机不工作（OEI）和2分钟一台发动机不工作（OEI）功率额定值的情况下，可以使用第33.87（f）（1）至（8）规定的适用的持久试验所取得的测量结果，以证明符合本条对这些一台发动机不工作（OEI）额定值的要求。①

33.2 条款演变历程

条款修订历史如表33-1所示。

CCAR-33R2版中的第33.85条与FAR-33部的第18修正案中的第33.85条内容一致。FAR-33部中的第33.85条有3次修订。主要内容修订包括以下几条：1965年第0修正案，将原CAR第13.252条内容转化为FAR第33.85条的初始版本。1974年第6修正案，在条（a）最后增加了"无供航空器使用的引气，并且只装有发动机正常工作所必需的那些附件"；条（b）改为"进行持久试验的发动机

---

① 注：第33.85条（d）针对旋翼航空器发动机，对涡扇发动机不适用，故该部分不展开讨论。

表 33-1 条款修订历史

序号	修正案	生效日期	Final Rule 名称	NPRM
1	33-0	1965.02.01	Miscellaneous Amendments	63-47
2	33-6	1974.10.31	Aircraft and Aircraft Engines, Certification Procedures and Type Certification Standards	71-12
3	33-18	1996.08.19	Airworthiness Standards: Aircraft Engines New One-Engine-Inoperative (OEI) Ratings, Definitions and Type Certification Standards	89-27A

在持久试验后必须进行在海平面条件下的功率检查,必须确定在持久试验期间出现的任何功率特性变化。在持久试验最后阶段取得的测量值可以用于证明对本款要求的符合性。"。1996 年第 18 修正案,新增了条(c)和条(d)。

33.3 条款实质性要求

(a) 持久试验前,确立发动机在整个转速、压力和温度范围内的功率特性;

(b) 持久试验后,测量持久试验造成的发动机功率/推力衰退;

(c) 表明持久试验完成后,发动机在不超速、不超温,并且不超出运行限制(TCDS)前提下可以达到额定功率或推力。

33.4 条款设计需求

整机级

(a) 确定校准试验所需测量的发动机典型参数,如转速、压力、温度等;

(b) 确定校准试验所需测量的发动机工况点,如地面慢车、空中慢车、最大巡航、最大爬升、最大连续、正常起飞及最大起飞状态;

(c) 建立功率换算公式(从实际试验条件换算到标准大气条件);

(d) 确定发动机在标准大气条件下的额定功率/推力。

要求如下:

(a) 确保发动机在每个额定状态稳定时,才可以记录校准试验测量值;

(b) 额定功率值以标准大气条件为准。

33.5 条款验证需求

整机级

33.5.1.1 持久试验前校准试验

(a) 在持久试验前,在海平面、无引气、只装有发动机正常工作所必需的附件等条件下,开展持久试验前的校准试验。

（b）测量从最小慢车到起飞工况的发动机推力值以及其他限制值,其他限制值至少包括以下发动机参数：

（1）低压转子转速（N1）；

（2）高压转子转速（N2）；

（3）排气温度（EGT）。

（c）建立功率/推力特性曲线。

（d）确定额定推力值。

要求如下：

（a）确保发动机在每个额定状态稳定时,才可以记录校准试验测量值；

（b）进行校准试验时,申请人应该保证发动机进口和排气口无多余的试验装置,如进气网、预旋器或混合屏,或非型号设计排气喷嘴等额外试验设备；试验的硬件设备要类似于产品试验台,例如发动机整流罩、喇叭口等。

33.5.1.2　持久试验后校准试验

（a）在海平面、无引气、只装有发动机正常工作所必需的附件等条件下,开展持久试验后的校准试验。

（b）测量从最小慢车到起飞工况的发动机推力值以及其他限制值,其他限制值至少包括以下发动机参数：

（1）低压转子转速（N1）；

（2）高压转子转速（N2）；

（3）排气温度（EGT）；

（c）分析持久试验前后发动机参数（发动机推力以及其他限制值）的变化。

（d）确定功率/推力特性的变化。

（e）确定试验后额定推力值。

（f）确定额定推力状态下各限制参数是否超限。

要求如下：

（a）确保发动机在每个额定状态稳定时,才可以记录校准试验测量值；

（b）试验期间,申请人应该保证发动机进口和排气口无多余的试验装置,如进气网、预旋器或混合屏,或非型号设计排气喷嘴等额外试验设备；试验的硬件设备要类似于产品试验台,例如发动机整流罩、喇叭口等；

（c）在持久试验前后,发动机推力值及其他限制值的变化不超出许可范围。

参考文献

中国民用航空局. 2011. 航空发动机适航规定：CCAR33 - R2[S].

Federal Aviation Administration. 2009. Airworthiness standards：Aircraft engines：14CFR Part 33

Amdt30[S].

Federal Aviation Administration. 2006. Calibration Test, Endurance test and teardown inspection for turbine engine certification: AC33. 87 – 1[S].

Federal Aviation Administration. 2015. Engine overtorque test, calibration test, endurance test and teardown inspection for turbine engine certification: AC33. 87 – 1A[S].

第34章
第33.87条 持久试验

34.1 条款内容

第33.87条 持久试验

（a）概述。每型发动机必须进行持久试验，它包括总时数至少为150小时的试验，并且，根据发动机型号和预期使用情况，持久试验（凡适用时）应由本条（b）至（g）中规定的系列运转中的某一个运转组成。对于按本条（b）、（c）、（d）、（e）或（g）进行试验的发动机，必须进行25次规定的6小时试验程序，以完成要求的总时数为150小时的试验。对要求有30秒钟一台发动机不工作（OEI）和2分钟一台发动机不工作（OEI）功率额定值的发动机必须按本条（f）进一步试验。试验按下列要求进行：

（1）对于待试的特定发动机，各项运转须按中国民用航空局认为合适的顺序进行；

（2）除了一般须由手动控制超控自动控制的那些发动机工作状态，或者必须另外规定进行手动控制的某些特定试验运转情况以外，在持久试验期间，发动机必须在属于发动机组成部分的发动机自动控制装置的控制之下。

（3）除了本条（a）（5）的规定，发动机功率或推力、燃气温度、转子轴的转速，以及如果有限制时，包括发动机外表面的温度，必须至少是被试的特定发动机相应规定值的100%。如果所有参数值不能同时保持在100%的水平，则可以进行若干次试验；

（4）在进行发动机运转时必须使用符合第33.7条（c）规定规格的燃油、润滑油和液压油；

（5）除了（f）条要求的试验且该试验的有效性没有受到影响之外，那么在至少1/5的运转期间，必须使用供发动机和航空器使用的最大引气量。但是，若中国民用航空局发现在进行这样的运转时，持久试验的有效性没有受到影响，则功率、推力或转子轴转速可以比被试的特定工作状态的相应规定值的100%低；

（6）除了（f）条要求的试验需满足（a）（6）（iii）条加载之外，每一附件驱动和安装连接件必须按照(a)(6)(i)和(ii)条加载。

(i) 仅为飞机使用所需的每个附件施加的载荷,必须是由申请人确定的在发动机驱动和连接点处,输出额定最大连续功率或推力和更高功率时的限制载荷。

(ii) 如果持久试验的有效性被已批准的分析所证实,则在加载作用下,任何附件驱动和安装连接件的持久试验可以在单独的试验器上完成。

(iii) 如果申请人可以证实下述情况不会对任何附件传动或发动机部件的耐用性造成影响,则当按照(f)(1)到(f)(8)条要求进行试验时,申请人不需要加载附件传动装置和安装连接件。但是申请人必须给发动机轴输出端增加从动力涡轮转子组件提取的等效发动机输出功率。

(7) 除了试验时间不超过 5 分钟和不允许稳定的场合外,在以任何额定功率或推力运转期间,燃气温度和滑油进口温度必须保持在限制温度。至少有一次运转必须在燃油,滑油和液压油的最小限制压力下进行;并且至少有一次运转必须在燃油、滑油和液压油最大限制压力下进行,同时,必要时可以降低油液温度以便允许获得最大压力;

(8) 如果转子轴瞬时超转、燃气瞬时超温或发动机瞬时超扭的出现次数有限制,则本条(b)至(g)所规定的加速次数必须在限制超转、超温或超扭的情况下进行。如果出现上述超转、超温或超扭的次数没有限制,则所规定的加速次数中有一半必须在限制超转、超温或超扭的情况下进行。

(9) 下列附加试验要求适用于装在超音速航空器上的每型发动机的型号合格审定:

(i) 为了改变推力调定值,功率控制杆必须在不超过 1 秒的时间内从初始位置推到最终位置,但如果为确保点火必须增加时间,以便将功率控制杆推到用燃油产生加力推力的加力位置的情况除外。

(ii) 在以任何额定加力推力的运转期间,除了试验时间不足以使温度稳定的场合外,液压油温度必须保持在限制温度下。

(iii) 在模拟超音速运转期间,燃油温度和进气温度不得低于限制温度。

(iv) 持久试验必须在装有燃料加力装置和主尾喷管、副尾喷管并在使用可调面积喷管的情况下进行。在每次运转期间,按第 33.5(b)规定的方法实施。

(v) 在以最大连续推力和其相应百分比的推力调定值进行运转期间,发动机必须在上述推力调定值的极限进气畸变条件下工作。

(b) 除某些旋翼航空器发动机以外的发动机除了本条(c)、(d)或(e)款中要求额定值的旋翼机发动机外,对于每型发动机,申请人必须进行下列运转:

(1) 起飞和慢车。1 小时试验,由 5 分钟额定起飞功率或推力及 5 分钟慢车功率或推力交替组成。在起飞和慢车状态及其相应的转子转速和燃气温度条件下发出的功率或推力必须通过用功率控制杆按制造者确定的程序加以调定。在任一个运转周期内,申请人可以在录取检查性能数据时,手动控制转子转速,功率或推力。对于具有加大起飞功率额定值,包括提高涡轮前温度、转子转速或轴功率的发动机,在以起飞功率运转的该周期必须在加大功率额定值的情况下进行。对于实质上不会增加工作苛刻程度的具有加大起飞功率额定值的发动机,以加大功率额定值进行运转的次数由中国民用航空局决定。在每次 5 分钟周期后更改功率调定值时,必须按本条(b)(5)规定的方式移动功率控制杆。

(2)额定最大连续和起飞功率或推力。在下列情况下各运转 30 分钟:

(i)在 25 次 6 小时持久试验循环中的 15 次期间,应在额定最大连续功率或推力下进行运转。

(ii)在 25 次 6 小时持久试验循环中的 10 次期间,应在额定起飞功率或推力下进行运转。

(3)额定最大连续功率或推力。应以额定最大连续功率或推力进行 1 小时 30 分钟运转。

(4)递增的巡航功率或推力。在最大连续发动机转速和地面或最小慢车转速之间应至少分成 15 个大致相同的转速和时间增量,依次在与这 15 个转速和时间增量相对应的功率控制杆位置连续进行 2 小时 30 分钟的试验。对于以恒定转速工作的发动机,可以用改变推力和功率来代替改变转速。如果在地面慢车和最大连续之间任何状态有显著的峰值振动,则可以变更所选择的增量个数,以便使承受峰值振动影响的运转时数增加到不超过递增运转总时数的 50%。

(5)加速和减速运转。30 分钟加速和减速运转应由 6 个循环组成,而每个循环应由慢车功率或推力到额定起飞功率或推力所组成,并且须在起飞功率控制杆位置保持 30 秒,在慢车功率控制杆位置保持约 4½分钟。为符合本款规定,功率控制杆必须在不超过 1 秒内从一个极端位置推到另一极端位置;但是,如果采用了必须按时间程序把功率控制杆从一个极端位置移动到另一极端位置的不同的调节工作方式,允许使用较长时间的情况除外。但移动功率杆的时间最长不能超过 2 秒。

(6)起动。必须进行 100 次起动试验,其中的 25 次必须在发动机停车至少 2 小时后进行。其中必须至少有 10 次发动机假起动。每次假起动后准备正常起动前,按申请人规定的最短排油时间暂停起动。其中至少有 10 次正常再起动必须在发动机停车后 15 分钟内进行。其余的起动可以在 150 小时的持久试验完成后进行。

(c)要求 30 分钟一台发动机不工作(OEI)功率额定值的旋翼航空器发动机。

对于要求 30 分钟一台发动机不工作(OEI)功率额定值的每型旋翼航空器发动机,申请人必须进行下列一系列试验:

(1)起飞和慢车。1 小时试验,由 5 分钟额定起飞功率及 5 分钟慢车功率交替组成。在起飞和慢车状态及其相应的转子转速和燃气温度条件下发出的功率必须通过功率控制杆按制造者规定的程序加以确定。在任何一个运转周期内,可以在录取检查性能的数据时,手动控制转子转速和功率和推力。具有加大起飞功率额定值包括增加涡轮进气温度、转子转速或轴功率的发动机,在以额定起飞功率运转期间,必须以加大额定值进行。在每次 5 分钟试验后变更功率调定值时,必须按本条(c)(5)规定的方式移动功率控制杆。

(2) 额定最大连续和起飞功率。在下列情况下各运转 30 分钟

(ⅰ) 在 25 次 6 小时持久循环中的 15 次期间,应在额定最大连续功率下进行运转。

(ⅱ) 在 25 次 6 小时持久试验循环中 10 次期间,应在额定起飞功率下进行运转。

(3) 额定最大连续功率以确定最大连续功率运转 1 小时。

(4) 额定 30 分钟一台发动机不工作(OEI)功率以额定 30 分钟一台发动机不工作(OEI)功率进行 30 分钟试验。

(5) 递增的巡航功率。在最大连续发动机转速和地面或最小慢车转速之间应至少分成 12 个大致相同的转速和时间增量,依次在与这 12 个转速和时间增量相对应的功率控制杆位置连续进行 2 小时的试验。对于以恒定转速工作的发动机,可以用改变功率来代替改变转速。如果在地面慢车和最大连续功率之间任何状态有显著的峰值振动,则可以变更所选择的增量个数,以便使承受峰值振动影响的运转时数增加到不超过递增运转总时数的 50%。

(6) 加速和减速运转。30 分钟加速和减速运转应由 6 个循环组成,而每个循环应由慢车功率到额定起飞功率所组成,并且须在起飞功率控制杆位置保持 30 秒,在慢车功率控制杆位置保持约 4½ 分钟。为符合本款规定,功率控制杆必须在不超过 1 秒内从一个极端位置推到另一极端位置;但是,如果采用了必须按时间程序把功率控制杆从一个极端位置移动到另一极端位置的不同的调节工作方式,允许使用较长时间的情况除外。但移动功率杆的时间最长不能超过 2 秒。

(7) 起动。必须进行 100 次起动试验,其中的 25 次必须在发动机停车至少 2 小时后进行。其中必须至少有 10 次发动机假起动。每次假起动后准备正常起动前,按申请人规定的最短排油时间暂停起动。其中至少有 10 次正常再起动必须在发动机停车后 15 分钟内进行。其余的起动可以在 150 小时的持久试验完成后进行。

(d) 要求连续一台发动机不工作功率额定值的旋翼航空器发动机。

对于要求连续一台发动机不工作功率额定值的每型旋翼航空器发动机,申请人必须进行下述一系列试验:

(1) 起飞和慢车。1 小时试验,由 5 分钟额定起飞功率及 5 分钟慢车功率交替组成。在起飞和慢车状态及其相应的转子转速和燃气温度条件下发出的功率和推

力必须通过功率控制杆按制造者规定的程序加以确定。在任何一个运转周期内，可以在录取检查性能的数据时，手动控制转子转速和功率。具有加大起飞功率额定值包括增加涡轮进气温度、转子转速或轴功率的发动机，在以额定起飞功率运转期间，必须以加大额定值进行。在每次5分钟试验后变更功率调定值时，必须按本条(c)(5)规定的方式移动功率控制杆。

(2) 额定最大连续功率和起飞功率。在下列情况下各运转30分钟：

(i) 在25次6小时持久试验循环中的15次期间，以额定最大连续功率进行运转；

(ii) 在25次6小时持久试验循环中的10次期间，以额定起飞功率进行运转。

(3) 额定连续一台发动机不工作(OEI)功率。以额定连续一台发动机不工作(OEI)功率运转1小时。

(4) 额定最大连续功率。以额定最大连续功率运转1小时。

(5) 递增的巡航功率。在最大连续发动机转速和地面或最小慢车转速之间应至少分成12个大致相同的转速和时间增量，依次在与这12个转速和时间增量相对应的功率控制杆位置连续进行2小时的试验。对于以恒定转速工作的发动机，可以用改变功率来代替改变转速。如果在地面慢车和最大连续功率之间任何状态有显著的峰值振动，则可以变更所选择的增量个数，以便使承受峰值振动影响的运转时数增加到不超过递增运转总时数的50%。

(6) 加速和减速运转。30分钟加速和减速运转应由6个循环组成，而每个循环应由慢车功率到额定起飞功率所组成，并且须在起飞功率控制杆位置保持30秒，在慢车功率控制杆位置保持约4½分钟。为符合本款规定，功率控制杆必须在不超过1秒内从一个极端位置推到另一极端位置；但是，如果采用了必须按时间程序把功率控制杆从一个极端位置移动到另一极端位置的不同的调节工作方式，允许使用较长时间的情况除外。移动功率杆的时间最长不能超过2秒。

(7) 起动。必须进行100次起动试验，其中的25次必须在发动机停车至少2小时后进行。其中必须至少有10次发动机假起动。每次假起动后准备正常起动前，按申请人规定的最短排油时间暂停起动。其中至少有10次正常再起动必须在发动机停车后15分钟内进行。其余的起动可以在150小时的持久试验完成后进行。

(e) 要求2½分钟一台发动机不工作(OEI)功率额定值的旋翼航空器发动机

对于要求2½分钟一台发动机不工作(OEI)功率额定值的旋翼航空器发动机，申请人必须进行以下一系列试验：

(1) 起飞，2½分钟一台发动机不工作(OEI)功率和慢车。1小时试验，由5分钟额定起飞功率及5分钟慢车功率交替组成。但是，在第3次和第6次起飞功率期间，仅需以额定起飞功率试验2½分钟，余下的2½分钟必须以额定的2½分钟OEI功率进行试验的情况除外。在发动机起飞、2½分钟OEI和慢车状态及其相应的转子转速和燃气温度状态下发出的功率，必须通过使用功率控制杆按制造者确定的程序加以调定。在任一个运转期间,申请人在录取检查性能用的数据时,可以手动控制转子转速和功率。具有加大起飞功率额定值,包括增加涡轮前温度、转子转速或轴功率的发动机,在以额定起飞功率运转期间,必须以加大额定值进行。在每次 5 分钟试验后或试验期间变更功率调定值时,必须按本条(d)(6)规定的方式移动功率控制杆。

(2)除了 25 次在每 6 小时试验程序中的 1 次外,以及除了在本条(b)(2)规定的 30 分钟起飞功率试验周期内的最后 5 分钟,或本条(c)(2)规定的以 30 分钟 OEI 功率进行 30 分钟试验周期内的最后 5 分钟,或本条(d)(3)规定的 1 小时连续 OEI 功率试验周期内的最后 5 分钟外,按本条(b)(2)至(b)(6),或(c)(2)至(c)(6),或(d)(2)至(d)(7)所要求的试验,在适用时,必须在 2½ 分钟 OEI 功率状态运转。

(f)要求 30 秒钟一台发动机不工作(OEI)和 2 分钟一台发动机不工作(OEI)功率额定值的旋翼航空器发动机对于要求 30 秒钟一台发动机不工作(OEI)和 2 分钟一台发动机不工作(OEI)功率额定值的旋翼航空器发动机,在完成了本条(b)、(c)、(d)或(e)规定的试验后,申请人可以分解试验后的发动机至能证明符合第 33.93 条(a)的要求所需要的程度。此试验发动机必须用按本条(b)、(c)、(d)或(e)试验用的相同零部件重新装配,但持续适航性说明文件规定的消耗件除外。然后,申请人必须进行下列试验程序 4 次,总时数不低于 120 分钟:

(1)起飞功率。以额定起飞功率进行 3 分钟运转。

(2)30 秒钟一台发动机不工作(OEI)功率。以额定 30 秒钟一台发动机不工作(OEI)功率进行 30 秒钟运转。

(3)2 分钟一台发动机不工作(OEI)功率。以额定 2 分钟一台发动机不工作(OEI)功率进行 2 分钟运转。

(4)30 分钟一台发动机不工作(OEI)功率、连续一台发动机不工作(OEI)功率或最大连续功率。以额定 30 分钟一台发动机不工作(OEI)功率、额定连续一台发动机不工作(OEI)功率或额定最大连续功率(取大者)进行 5 分钟运转。第一次试验程序期间,该时间周期应该为 65 分钟的情况除外。

(5)50%起飞功率。以 50%起飞功率进行 1 分钟运转。

(6)30 秒钟一台发动机不工作(OEI)功率。以额定 30 秒钟一台发动机不工作(OEI)功率进行 30 秒钟运转。

(7)2 分钟一台发动机不工作(OEI)功率。以额定 2 分钟一台发动机不工作(OEI)功率进行 2 分钟运转。

(8)慢车。以慢车功率进行 1 分钟运转。

(g)超音速航空器发动机。对于用于超音速航空器的每型发动机的型号合格审定,申请人必须进行下列试验:

(1)在海平面环境大气条件下的亚音速试验必须进行每阶段 1 小时共 30 阶

段的运转,每阶段运转由下列各项组成:

(i) 2 次 5 分钟的额定起飞加力推力,每次接着 5 分钟的慢车推力;

(ii) 1 次 5 分钟的额定起飞推力,接着 5 分钟的不超过 15%额定起飞推力;

(iii) 1 次 10 分钟的额定起飞加力推力,接着 2 分钟的慢车推力。但是,如果额定最大连续加力推力低于额定起飞加力推力,则 10 分钟周期中的 5 分钟为额定最大连续加力推力的情况除外;

(iv) 6 次 1 分钟的额定起飞加力推力,每次接着 2 分钟的慢车推力,包括加速和减速的时间在内。

(2) 模拟超音速试验。必须在模拟超音速试验的每次运转前,把亚音速状态所达到的进气温度和压力变换到超音速所达到的温度和压力,随后必须再返回到亚音速状态所达到的温度。必须进行每阶段 4 小时共计 30 阶段的运转,每次运转由下列各项组成:

(i) 一个以功率控制杆在额定最大连续加力推力位置上所获得的推力进行 30 分钟运转周期,接着以功率控制杆在 90%额定最大连续加力推力位置上所获得的推力进行 10 分钟运转。在前 5 个阶段该运转周期的末尾,空气进气温度必须在瞬时超温的极限条件下进行,但在本条(g)(2)(ii)至(iv)中规定的试验期间不必重复该运转;

(ii) 重复进行一次本条(g)(2)(i)规定的运转周期。但是,必须接着以功率控制杆在 80%额定最大连续加力推力位置上所获得的推力进行 10 分钟运转的情况除外;

(iii) 重复进行一次本条(g)(2)(i)规定的运转周期。但是,必须接着以功率操纵杆在 60%额定最大连续加力推力位置上所获得的推力进行 10 分钟运转,然后以不超过 15%的额定起飞推力运转 10 分钟的情况除外;

(iv) 重复进行本条(g)(2)(i)和(ii)规定的运转各一次;

(v) 进行一次 30 分钟的运转周期,30 个阶段中的 25 个运转阶段以功率控制杆在额定最大连续加力推力位置上所获得的推力进行,并且每阶段运转后接着在慢车推力状态下工作;其余的 5 个运转阶段以功率控制杆在额定最大连续加力推力位置上所获得的推力试验 25 分钟,每阶段接着用热燃油以不大于 15%的额定起飞推力进行亚音速工作,并加速到额定起飞推力工作 5 分钟。

(3) 起动必须进行 100 次起动试验,其中的 25 次必须在发动机停车至少 2 小时后进行。其中必须至少有 10 次发动机假起动。每次假起动后准备正常起动前,按申请人规定的最短排油时间暂停起动。其中至少有 10 次正常再起动必须在发动机停车后 15 分钟内进行。起动可以在包括持久试验期间的任何时候进行。①

---

① 注:第 33.87 条(c)~(f)针对旋翼航空器发动机;此外,第 33.87 条(a)(9)及第 33.87 条(g)条款针对超音速航空器发动机,对涡扇发动机不适用,故该部分不在本文中列出。

34.2　条款演变历程

条款修订历史如表 34-1 所示。

表 34-1　条款修订历史

序号	修正案	生效日期	Final Rule 名称	NPRM
1	33-0	1965.02.01	Miscellaneous Amendments	63-47
2	33-3	1967.04.03	Powerplant Design Requirements for Aircraft Engines and Propellers	66-3
3	33-6	1974.10.31	Aircraft and Aircraft Engines, Certification Procedures and Type Certification Standards	71-12
4	33-10	1984.03.26	Aircraft Engine Regulatory Review Program; Aircraft Engine and Related Powerplant Installation Amendments	80-21
5	33-12	1988.10.03	Rotorcraft Regulatory Review Program	84-19
6	33-18	1996.08.19	Airworthiness Standards: Aircraft Engines New One-Engine-Inoperative (OEI) Ratings, Definitions and Type Certification Standards	89-27A
7	33-25	2008.10.17	Airworthiness Standards: Rotorcraft Turbine Engines One-Engine-Inoperative (OEI) Ratings, Type Certification Standards	89-27A
8	33-30	2009.11.02	Airworthiness Standards: Aircraft Engine Standards Overtorque Limits	89-27A
9	33-32	2012.04.13	Technical Amendment; Airworthiness Standards – Aircraft Engines	/

CCAR-33R2 版中的第 33.87 条与 FAR-33 部的第 30 修正案中的第 33.87 条内容一致。FAR-33 部中的第 33.87 条有 9 次修订。主要内容修订包括以下几条：1965 年第 0 修正案，基于 CAR-13 部中的持久试验的适航要求形成 FAR 第 33.87 条持久试验条款。1974 年第 6 修正案，对第 33.87 条进行调整，删除了条(b)(7)，条(c)(7)和条(d)(3)；新增条(e)超音速飞机发动机的持久试验计划；更新对涡轮发动机的要求，除了"在最大空气引气量的情况下运转，功率或推力或转速可能达不到第 33.87 条(a)(3)规定值的 100%"和"附件传动和安装连接可以在第 33.87 条(a)(6)要求的同一个试验台上完成"内容以外，第 33.87 条(a)扩展为现行条款。1984 年第 10 修正案，对第 33.87 条(a)和 2½分钟 OEI 额定功率值试验方案进行修订。1988 年第 12 修正案，增加了对于要求连续一台发动机不工作功率额定值的旋翼航空器发动机的持久试验要求。1996 年第 18 修正案，增加了对要求有 30 秒钟一台发动机不工作和 2 分钟一台发动机不工作功率额定值的旋翼航空器发动机的持久试验要求。

34.3　条款实质性要求

（a）采用加速耐久试验循环（accelerated durability test）验证发动机操作性、耐久性的最低水平；

（b）验证发动机初始工作能力和寿命；

（c）验证发动机的额定值和使用限制在整个寿命期内可以得到保持。

34.4　条款设计需求

34.4.1　部件级

流道部件三重红线蠕变/持久寿命分析：

（a）三重红线状态下高压压气机、高低压涡轮、燃烧室零部件温度场分析；

（b）三重红线状态下高压压气机、高低压涡轮、燃烧室零部件应力分析；

（c）三重红线状态下高压压气机、高低压涡轮、燃烧室零部件蠕变/持久寿命分析。

要求如下：

（a）高压压气机、高低压涡轮、燃烧室等零部件持久寿命大于100小时；

（b）高压压气机、高低压涡轮、燃烧室零部件的蠕变变形在可使用的限制范围内；

（c）蠕变持久分析方法及模型经过材料级试验验证。

34.4.2　材料级

材料蠕变/持久寿命分析模型建立：

（a）获得高压压气机叶片、高低压涡轮叶片、高低压涡轮轮盘、高低压涡轮静子燃烧室火焰筒等流道件材料蠕变本构模型参数及持久寿命模型参数；

（b）通过数值仿真，标定材料本构模型参数。

要求如下：

（a）考虑材料的温度、应力，温度应力覆盖持久试验要求的温度、应力范围；

（b）考虑材料的应力松弛。

34.5　条款验证需求

34.5.1　材料级

材料蠕变持久寿命试验：

高温材料蠕变持久试验,要求如下:

(a)测试方法选用或参考 ASTM 标准/国家标准/行业标准;

(b)试验矩阵需考虑批次影响。

34.5.2 部件级

流道零部件蠕变持久试验,要求如下:

(a)试验温度和应力为持久试车条件的温度和应力;

(b)流道件蠕变持久寿命大于 100 小时;

(c)流道件蠕变变形在可使用的限制范围内。

34.5.3 整机级

34.5.3.1 振动测试

持久试验前后进行整机振动测试,要求如下:

参照第 33.63 条振动适航性设计与验证需求部分。

34.5.3.2 150 小时(25 次 6 小时)持久试验循环

150 小时(25 次 6 小时)持久试验循环谱见图 34-1。

1)起飞/慢车交替运转

(a)由 5 分钟额定起飞推力及 5 分钟地面慢车推力交替组成,时长为 1 小时;

(b)在 5 分钟起飞阶段试验开始计时之前,确定转子转速、燃气温度和推力或功率值达到或高于其在起飞功率的红线值,除非申请人选择进行不止一次的 150 小时持久试验;

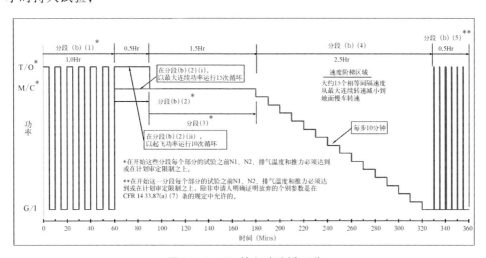

图 34-1 6 h 持久试验循环谱

（c）在 5 分钟最小慢车阶段试验开始计时之前,确定转子转速和推力或功率值等于或小于规定的最小慢车功率运行值;

（d）由慢车加速至起飞的功率/推力,需按第 33.87 条（b）（5）规定的要求移动功率控制杆。

2）交换额定状态运转

（a）时长 30 分钟,其中 25 次 6 小时持久试验循环中的 15 次是在额定最大连续功率或推力下运转;另外 10 次是在额定起飞功率或推力下运转;

（b）在试验开始计时之前,确定转子转速、燃气温度以及推力或功率值达到或高于其在各额定状态下的红线值;如果申请人不打算在额定最大连续状态下定义红线转速的话,则在额定最大连续试验阶段,转子转速也要求达到红线起飞转速;

（c）15 次最大连续功率或推力试验循环的起动,不需要一个一秒内从最小慢车到最大额定功率或推力的快速加速过程;而另外 10 次试验循环之前,从最小慢车到额定起飞功率或推力的加速过程是第 33.87 条（b）试验中 310 个加速至起飞功率或推力的必要组成部分,故由慢车加速至起飞的功率/推力,需按第 33.87 条（b）（5）规定的要求移动功率控制杆。

3）长时额定状态运转

（a）时长 1 小时 30 分钟,在额定最大连续功率或推力下运转;

（b）在试验开始之前,确定转子转速、燃气温度以及推力或功率值达到或高于其在额定最大连续状态下的红线值;如果没有定义红线最大连续转速,转子转速要求达到红线起飞转速。

4）增量运转

（a）时长为 2.5 小时,从最大连续发动机转速开始,以 15 个大致相等的转子转速间隔,在每个间隔上持续 10 分钟,逐渐从最大连续转速减小到最小慢车转速。

（b）确定发动机在最小慢车和最大连续额定之间的任何状态下是否有显著的峰值振动:

（1）当发动机接近或处于已知的共振点时便认为振动是显著的,或者在稳态转速工作时,在工作范围（包含瞬态,在发动机安装和使用手册里面有所描述）内出现以下任一特征:振幅显示应力接近持久极限;振幅或频率可能影响发动机转子、系统或部件的功能;

（2）如果有,增加增量的个数,以便使承受峰值振动影响的运行时间增加到不超过总时间的 50%;

（3）确定需要考虑振动的相关发动机部件（应该包括发动机的内、外部件,比如叶片、静子、涡轮或者压气机安装件、泵以及滑油箱等）。

5）加减速运转

（a）时长为 30 分钟,包含 6 个加速和减速运转组合循环,每个循环由慢车推

力或功率到起飞推力或功率再到慢车推力或功率构成;

(b) 由慢车加速至起飞的功率/推力,需按第 33.87 条(b)(5)规定的要求移动功率控制杆,功率控制杆必须在起飞位置保持 30 秒,在慢车位置保持 4 分 30 秒;

(c) 确定所有的加速必须从最小慢车推力或功率开始,并且所有的减速必须回到最小慢车推力或功率;

(d) 起飞部分试验开始计时之前,确定转子转速、燃气温度以及功率或推力值达到或高于其在起飞功率的红线值,除非申请人证实第 33.87 条(a)(7)中的例外情况(申请人可以选择不将该部分按红线燃气温度运行);

(e) 最小慢车部分试验开始计时之前,确定转子转速和推力或功率值等于或小于规定的最小慢车功率运行值。

34.5.3.3　起动试验

(a) 100 次起动试验包括:

(1) 25 次正常起动,在发动机停车至少 2 小时后进行;

(2) 至少 10 次假起动,每次假起动后的正常起动前,按申请人规定的最短排油时间暂停起动,并且按照发动机操作手册将起动器和点火器上残留的燃油清除;

(3) 10 次正常再起动,在发动机停车后 15 分钟内进行;

(4) 55 次额外的正常起动,发动机停车时间要大于 15 分钟小于 2 个小时,可以在发动机持久试验中或持久试验后的任何时间完成。

(b) 正常起动的测量是从核心转子转速开始到稳态地面慢车转速;确定正常起动是按照发动机安装手册中给出的地面起动程序执行的。

(c) 确定每次起动后,发动机在没有任何非常规指示和没有超过发动机安装和操作手册中指定的最大起动温度限制的情况下,可以完成所有随后的正常起动。

34.5.3.4　最大引气试验

(a) 确定压气机的总引气量;

(b) 确定引气级及每个引气端口的分配量;

(c) 按照持久试验的最大引气要求,对 25 次中的 5 次持久循环进行最大引气试验;

(d) 在最大引气试验期间,发动机功率、推力或转速可以低于其红线值,但燃气温度必须仍保持在红线值。

34.5.3.5　最小/最大油压试验

(a) 至少进行一次试验(25 次中至少有一次运转),使燃油、滑油、液压油保持最低压力限制,燃气温度和滑油进口温度必须保持在限制温度;

(b) 至少进行一次试验(25 次中至少有一次运转),使燃油、滑油、液压油保持最高压力限制,必要时,可以利用热交换器对燃油温度进行人为调节,以达到最大压力。

34.5.3.6　试验条件

申请人在大纲中对试验各相应阶段的额定值、限制值以及发动机运转时间等进行了详细的规定。这些限制值需要在 150 小时持久试验进行验证，并在 TCDS 和使用和安装说明手册中加以规定，一般包括：

（a）额定功率或推力；

（b）对于涡扇发动机，额定值一般包括定起飞推力和额定最大连续推力；

（c）红线转速；

（d）通常对于涡轮风扇发动机，申请人规定的最大允许转速适用于各个额定值；

（e）红线燃气温度；

（f）制定发动机燃气温度的测量位置；

（g）瞬时限制运行次数；

（h）压力值限制（燃油/滑油）；

（i）滑油温度限制；

（j）引气值限制；

（k）附件连接载荷限制值；

（l）最短排油时间。

34.5.3.7　试验判据

（a）持久试验前后校准试验发动机，在额定推力/功率状态下，工作性能符合要求，且发动机性能恶化情况在可接受的范围内；

（b）持久试验前后校准试验发动机，在额定推力/功率状态下，发动机各项参数不超过其限制值；

（c）发动机附件在完成持久试验后仍保持在持久试验开始之前由第 33.82 条要求确定的调整位置和功能特性限定的范围内；

（d）所有被检查的零部件都没有超出申请的发动机维修手册规定的维修限制范围，并未发现零件损坏、过度磨损、变形和强度减弱等现象；

（e）在持久试验之后，分解检查的发动机部件符合型号设计并仍能安装在发动机上，且发动机处于持续适航状态。

34.5.3.8　试验发动机构型

（a）为了达到持久试验所需的工作状态，申请者可以更改发动机结构或者使用特定额外的试验设备；为了使发动机的转速和温度达到试验要求，一般可采用以下方法。

（1）改变入口空气流量和条件：

（i）改变进气道面积；

（ii）安装进气格栅或进气网使进口处压力下降；

（iii）加热进气。

（2）可调压气机静子叶片的非常规调节。

（3）在高压压气机（high pressure compressor，HPC）和/或低压压气机（low pressure compressor，LPC）中引气。

（4）使用可变截面的高温喷嘴。

（5）使用可变截面的排气喷嘴。

（b）在表明本条款符合性的时候，必须表明以下几点：

（1）试验用的发动机构型与型号设计构型相比，所有硬件、软件和系统（包括控制系统构型、油/液构型）的偏离必须出具技术论证并获得批准，并且不会对试验结果和完整程度造成不利影响；

（2）试验用的发动机构型具有不高于型号设计构型的发动机性能、耐久性和操作特性水平。

（c）必须提供那些安装在发动机上或不属于发动机但由发动机驱动的飞机供给部件的信息。这些部件可能影响发动机的运行，进而影响持久试验的结果，这类信息包括重量、悬臂力矩或每个附件的功率提取。

（d）识别持久试验中发动机的试验紧要件。

34.5.3.9　试验大纲

（a）试验大纲应符合《审定工程师手册》中分项审查程序 ECC_CM_IP_010 关于试验大纲内容的要求；

（b）试验大纲必须详细规定各发动机参数以及对试验结果确认具有影响的其他参数的测试和记录方式，包括图像记录。

34.5.3.10　试验报告

（a）试验报告应符合试验报告内容的要求。

（b）试验报告的内容应包含充分的数据、分析及其讨论的信息，至少包括：

（1）试验目的（包括列出试验验证符合性的 33 部相关条款）；

（2）成功的准则；

（3）发动机和设备构型；

（4）发动机的改装；

（5）发动机额定值及红线运行参数；

（6）持久试验前后校准试验工作特性；

（7）持久试验前后振动测试工作特性；

（8）持久试验滑油消耗；

（9）分解检查记录与评估分析；

（10）试验偏离分析；

（11）符合试验大纲的结论。

34.5.3.11　符合性验证报告

（a）符合性报告应符合符合性报告内容的要求。

（b）符合性报告应包含以下内容：

（1）持久试验要求与任务说明（包括校准试验和分解检查的试验要求）；

（2）发动机持久试验改装方案的说明；

（3）持久试验改装及偏离分析；

（4）持久试验验证的额定值；

（5）持久试验验证的使用限制；

（6）发动机分解检查报告；

（7）发动机试验前后的衰退；

（8）发动机分解检查报告；

（9）150 小时持久试验大纲与试验报告（可作为附件或参考文件）；

（10）符合性结论。

参考文献

中国民用航空局. 2011. 航空发动机适航规定：CCAR33 - R2[S].

Federal Aviation Administration. 2009. Airworthiness standards：Aircraft engines：14CFR Part 33 Amdt30［S］.

Federal Aviation Administration. 2006. Calibration test，endurance test and teardown inspection for turbine engine certification：AC33. 87 - 1[S].

Federal Aviation Administration. 2015. Engine overtorque test，calibration test，endurance test and teardown inspection for turbine engine certification：AC33. 87 - 1A[S].

第 35 章

第 33.88 条 发动机超温试验

35.1 条 款 内 容

第 33.88 条 发动机超温试验

(a) 每型发动机必须在比最大额定功率下的稳态工作限制温度高至少 42℃ (75℉)的燃气温度下,以最大允许转速运转 5 分钟。但不包括对应 30 秒钟一台发动机不工作(OEI)和 2 分钟一台发动机不工作(OEI)的转速和燃气温度的最大值。在此运转后,涡轮部件必须在可使用的限制范围内。

(b) 除(a)条的试验要求外,对要求 30 秒一台发动机不工作(OEI)和 2 分钟一台发动机不工作(OEI)功率状态,按第 33.28 条(k)要求进行自动温度控制的每型发动机,必须在 30 秒钟一台发动机不工作(OEI)功率额定值至少超过工作限制温度 19℃(35℉)时,以接通最大功率转速运转 4 分钟。在此运转后,只要通过中国民用航空局认为必要的分析或试验表明发动机能保持涡轮部件的完整性,则在涡轮部件上可以有超出该超温条件限制范围的损伤。

(c) 对每一试验条件,可以使用单独的试验设备。

35.2 条款演变历程

条款修订历史如表 35 - 1 所示。

表 35 - 1 条款修订历史

序号	修正案	生效日期	Final Rule 名称	NPRM
1	33 - 6	1974.10.31	Aircraft and Aircraft Engines, Certification Procedures and Type Certification Standards	71 - 12
2	33 - 10	1984.03.26	Aircraft Engine Regulatory Review Program; Aircraft Engine and Related Powerplant Installation Amendments	80 - 21
3	33 - 25	2008.10.17	Airworthiness Standards: Rotorcraft Turbine Engines One-Engine-Inoperative (OEI) Ratings, Type Certification Standards	89 - 27A
4	33 - 26	2008.10.20	Airworthiness Standards; Engine Control System Requirements	89 - 27A

CCAR-33R2 版中的第 33.88 条与 FAR-33 部的第 26 修正案中的第 33.88 条内容一致。FAR-33 部中的第 33.88 条有 4 次修订。主要内容修订包括以下几条：1974 年第 6 修正案，增加了第 33.88 条转子试验。1984 年第 10 修正案，第 33.88 条名称进行了修改，"转子试验"改为"发动机超温试验"；条款中的超温试验时间从 30 分钟减少到 5 分钟；试验结束后的验收标准"转子不能开裂，转子的伸长量不能超出设计标准的限制"改为"涡轮部件必须在可使用的限制范围内"。2008 年第 25 修正案，增加了 30 秒和 2 分钟 OEI 的要求。

35.3　条款实质性要求

（a）该试验验证的是发动机最小超温能力；

（b）该条款要求在完整的发动机上进行试验。试验构型和试验设备需要设置为对设计型号构型产生最小的偏离；

（c）最大允许转速和温度对应于发动机 TCDS 中批准的最大稳定状态值而言；

（d）试验的超出限制值，必须是涡轮进口温度值（T4），而不是测量点的型号设计限制温度。然而超温试验值（T4 值）是最大稳定状态时指示温度限制（设计测量位置点温度）的函数。为了确定正确的超温试验值，需要确定涡轮进口温度与最大稳定状态指示温度（测量点温度）的函数关系。在涡轮进口温度的基础上增加超温的要求温度（42℃）后，反求测量位置点温度的超温试验值；

（e）第 33.88 条（a）试验要求的试验后可接受准则为分解后发动机涡轮部件与支持部件在使用限制之内。适用的部件包含但不限于：叶片、盘、鼓筒、隔圈、轴、齿轮箱、封严圈、静子和喷嘴。使用限制根据第 33.4 条要求，在 ICA 中详细说明。第 33.88 条（b）试验要求的试验后可接受准则是在试验后分解的涡轮保持其完整性。维持完整性是指没有明显的危险状态征兆，并且，发动机能够在事件发生后持续安全飞行并降落；

（f）确定是否要规定发动机的最大排气超温限制值，如果是，则需开展 CS-E870 规定的排气超温试验，试验结束后，发动机必须保证可以继续运行。（需求来源：CS-E870）。

35.4　条款设计需求

35.4.1　整机级

（a）分析是否要规定发动机的最大排气超温限制值，如果是，需进一步分析发动机在排气超温试验条件下的应力分布和持久蠕变寿命；

（b）分析超温条件下发动机涡轮部件的温度分布，建立指示温度与涡轮前进口温度的关系；

（c）分析发动机涡轮部件在超温条件下的应力分布；

（d）确定实现发动机超温试验所需试验条件的方法，如加热进气、调节压气机引气等；

（e）确定发动机超温试验期间的指示温度测点，并给出温度测量点对应的超温温度；

（f）根据持续适航文件，确定试验后涡轮部件的使用限制；

（g）根据需求指南确定所需的试验设备和测量设备。

要求如下：

使用的分析方法和软件工具需经过验证。

35.4.2　零件级

涡轮零件在超温条件下的持久蠕变寿命分析：

（a）涡轮零件或模拟件超温温度场分析；

（b）涡轮零件或模拟件在超温条件下的应力分析；

（c）涡轮零件或模拟件在超温条件下的持久蠕变寿命分析。

要求如下：

（a）使用的分析方法和软件工具需经过验证；

（b）涡轮零件或模拟件具有一定的持久蠕变寿命；

（c）涡轮零件蠕变变形在可使用的限制范围内（参照持续适航文件）。

35.4.3　材料级

涡轮材料持久蠕变寿命分析模型：

（a）获得涡轮部件材料蠕变本构模型；

（b）通过蠕变试验数据标定材料本构模型。

要求如下：

（a）考虑材料的温度、应力和时间；

（b）考虑材料的应力松弛。

35.5　条款验证需求

35.5.1　材料级

该工作在第 33.15 条的验证工作中完成，为了避免试验验证的重复工作，本指南对此不再进行具体的要求。

35.5.2　零件级

开展涡轮模拟件的持久蠕变试验,要求如下:

(a) 持久蠕变试验温度应不低于最大超温温度,试验的应力应该模拟最大允许转速下的应力;

(b) 涡轮模拟件具有一定的持久蠕变寿命。

35.5.3　整机级

35.5.3.1　发动机超温试验

(a) 编写试验大纲,提交局方审查;

(b) 进行超温试验;

(c) 试验人员在试验前申请局方目击,检查涡轮部件,记录部件是否满足型号设计要求;按工作技术状态安装好涡轮发动机,调节相关参数至预设;

(d) 试验人员启动发动机,通过进气加温或调节压气机引起,达到超温试验要求:测量 EGT 温度,N1、N2 转速,EGT 温度达到预期温度,N1、N2 转速达到红线时开始计时,保持发动机运转稳定,EGT 温度稳定。根据国外成熟发动机关于此条款的试验验证,由于发动机性能将随着运行时间的增长而出现衰退,EGT 会逐渐升高;

(e) 发动机运转 5 分钟后,发动机停车;

(f) 发动机分解检查,记录检查结果,将试验后的涡轮部件数据与试验前的涡轮部件数据进行对比;

(g) 提交超温试验评估报告,提交局方审查。

要求如下:

(a) 试验构型和试验设备需要设置为对设计型号构型产生最小的偏离;

(b) 试验的温度超出限制值,必须以涡轮进口温度值(T4)为基础,而不是型号设计中用到的温度测量点的温度;

(c) 试验中最大允许转速和限制温度必须是稳态值(参照 TCDS);

(d) 试验后,发动机涡轮部件与其支持部件在持续适航文件(instructions for continued airworthiness, ICA)所规定的使用限制内。

35.5.3.2　发动机排气超温试验

确定是否要规定发动机的最大排气超温限制值,如果是,需进一步开展排气超温试验。

要求如下:

(a) 在排气最大超温条件下运行 15 min,对试验可能是重要的每个发动机转子转速为要批准的最大转速［不包括发动机最大超转转速(20 s)］。如果需要,试验可以由分开的运行组成,总时间 15 min,每次单独运行的时间不少于 2.5 min;

(b) 试验后,必须保证发动机可以继续运行。

参考文献

中国民用航空局. 2011. 航空发动机适航规定: CCAR33 - R2[S].

第 36 章
第 33.89 条 工作试验

36.1 条 款 内 容

第 33.89 条 工作试验

（a）工作试验必须包括中国民用航空局认为必要的试验,以验证下列各项:

（1）起动、慢车、加速、超转、点火、螺旋桨功能（如果规定发动机装螺旋桨工作）;

（2）符合第 33.73 条发动机的响应要求;

（3）在下列发动机载荷条件下,从功率操纵杆代表的最小慢车和最小飞行慢车的位置由稳定的慢车工作状态开始到 95% 的额定起飞功率或推力状态的功率或推力最小响应时间:

（i）没有供航空器使用的引气和功率提取;

（ii）供航空器使用的最大允许引气和功率提取值;

（iii）代表航空器进场着陆期间使用的最大的引气和功率提取的某中间值。

（4）如果没有合适的试验设备,则确定本条（a）（3）（ii）和（iii）规定的功率提取可以通过适当的分析方法进行。

（b）工作试验必须包括中国民用航空局认为必要的所有试验,以验证发动机在其规定的整个使用包线内所具有的安全工作特性。

36.2 条款演变历程

条款修订历史如表 36-1 所示。

表 36-1 条款修订历史

序号	修正案	生效日期	Final Rule 名称	NPRM
1	33-0	1965.02.01	Miscellaneous Amendments	63-47
2	33-4	1971.04.23	Fire Detectors and Engine Power Response	69-7

续　表

序号	修正案	生效日期	Final Rule 名称	NPRM
3	33 - 6	1974. 10. 31	Aircraft and Aircraft Engines, Certification Procedures and Type Certification Standards	71 - 12
4	33 - 10	1984. 03. 26	Aircraft Engine Regulatory Review Program; Aircraft Engine and Related Powerplant Installation Amendments	80 - 21

CCAR - 33R2 版中的第 33.89 条与 FAR - 33 部的第 10 修正案中的第 33.89 条内容一致。FAR - 33 部中的第 33.89 条有 4 次修订。主要内容修订包括以下几条：1965 年第 0 修正案,基于 CAR 工作试验要求形成 FAR 第 33.89 条。1971 年第 4 修正案,增加了符合 FAR 第 33.73 条推力响应的要求,增加了发动机在不同载荷下推力响应的要求。1974 年第 6 修正案,原第 33.89 条作为条(a),增加新的条(b)“(b)工作试验必须包括航空管理局认为必要的所有试验,以验证发动机最大和最小工作环境温度及最大工作高度的影响。工作试验必须包括一些功率变化和加力燃烧室燃烧的操作,通过完整的工作循环实现。”。1984 年第 10 修正案,条(b)内容修改为“(b)工作试验必须包括中国民用航空局认为必要的所有试验,以验证发动机在其规定的整个使用包线内所具有的安全工作特性。”。

36.3　条款实质性要求

（a）工作试验应验证发动机的起动、慢车、加速、超转、点火、螺旋桨功能(如果是螺旋桨发动机)；

（b）工作试验应验证发动机符合第 33.73 条的功率或推力响应要求；

（c）工作试验应在第 33.89 条(a)(3)规定的三种引气和功率提取下,验证从代表稳定的最小慢车和最小飞行慢车油门杆位置加速到 95%额定起飞状态的功率或推力响应时间满足申请人提出的设定值。如果试验设备不具备直接按条(a)(3)(ii)和条(a)(3)(iii)的功率提取工况条件测试,试验需要用的功率提取可以应用适当的分析方法确定；

（d）为验证发动机在整个工作包线内能够安全运行,工作试验的试验项目必须是完备的,并得到局方认可。

36.4　条款设计需求

36.4.1　整机级

36.4.1.1　起动特性分析

（a）地面起动关键点分析；

（b）地面起动关键点处起动特性分析；

（c）空中起动关键点分析；

（d）空中起动关键点处起动特性分析；

（e）转子卡滞分析。

要求如下：

（a）地面起动关键点应选择在地面起动包线的边界处；

（b）空中起动关键点应选择在各起动包线的边界处；

（c）应通过试验或分析确定地面起动关键点在边界处的位置，通常应包括高海拔和低海拔，以及高温环境和低温环境；

（d）应通过试验或分析确定空中起动关键点在边界处的位置，通常海拔高度越高、飞行速度越慢的工况点下的起动越困难。

36.4.1.2　慢车及加速特性分析

（a）发动机在无引气和功率提取条件下的过渡态分析；

（b）发动机在最大引气和功率提取条件下的过渡态分析；

（c）发动机在进场着陆状态要求的引气和功率提取条件下的过渡态分析。

要求如下：

（a）在无引气和功率提取条件下，发动机从飞行慢车加速到95%额定起飞推力的推力响应时间设计值不应超过5秒钟；

（b）在最大引气和功率提取条件下，发动机在地面慢车状态下，以及从地面慢车加速到额定起飞推力的过程中不应发生喘振；

（c）在最大引气和功率提取条件下，发动机从地面慢车加速到额定起飞推力的过程中不应发生超温。

36.5　条款验证需求

整机级

36.5.1.1　起动特性验证

（a）根据地面起动关键点进行地面起动试验；

（b）根据空中起动关键点进行空中起动试验，包括起动机辅助起动、快速风车起动、稳态风车起动、冷浸风车起动；

（c）进行发动机停车过程试验，观察转子是否发生卡滞。

要求如下：

（a）当受到试验设备能力限制和环境条件不可控等因素的影响，不能在起动关键点处进行试验时，则需要将起动关键点的工况条件转换为试验环境下的试验工况条件；

（b）试验中应至少记录环境温度、海拔高度、起动时间和最大 EGT 温度,作为判断是否满足发动机起动要求的依据;

（c）试验中最大 EGT 温度不应超过发动机使用手册中规定的起动 EGT 限制值;

（d）应基于（a）中的试验工况条件下得到的试验数据,通过分析表明起动关键点的符合性。

36.5.1.2　最大超转验证

进行最大超转试验。

要求如下:

发动机在最大超转转速下,运行 15 分钟。可以分段运行,每段不少于 2.5 分钟。

36.5.1.3　慢车及加速特性验证

（a）在无引气和功率提取条件下,发动机从地面慢车的加速试验;

（b）在无引气和功率提取条件下,发动机从飞行慢车的加速试验;

（c）在最大引气和功率提取条件下,发动机在地面慢车状态下的稳态试验;

（d）在最大引气和功率提取条件下,发动机从地面慢车的加速试验;

（e）在最大引气和功率提取条件下,发动机从飞行慢车的加速试验;

（f）在发动机进场着陆状态要求的引气和功率提取条件下,发动机从地面慢车的加速试验;

（g）在发动机进场着陆状态要求的引气和功率提取条件下,发动机从飞行慢车的加速试验。

要求如下:

（a）所有状态的推力响应时间不应超过确定的设计值;

（b）在最大引气和功率提取条件下,发动机从地面慢车加速到额定起飞推力的过程中不得发生喘振;

（c）在最大引气和功率提取条件下,发动机从地面慢车加速到额定起飞推力的过程中不得发生超温;

（d）对于第 33.89 条（a）（3）（ii）及条（a）（3）（iii）中规定的功率提取条件,当无法通过试验手段实现时,可通过分析的方法进行模拟。

参考文献

Federal Aviation Administration. 1985. Surge and stall characteristics of aircraft turbine engines: AC 33.65-1[S].

Society of Automotive Engineers. 2002. Gas turbine engine inlet flow distortion guidelines: SAE ARP1420B[S].

Society of Automotive Engineers. 2011. Inlet total-pressure-distortion considerations for gas-turbine engines: SAE AIR1419A[S].

第37章

第33.90条 初始维修检查

37.1 条款内容

第33.90条 初始维修检查

除了正在申请现有发动机型号合格证更改或补充型号合格审定之外,申请人必须在基本符合最终型号设计的发动机上完成下列一项试验,以确定要求初次维修检查的时限:

(a) 批准的发动机运转试验,该试验模拟使用中所预期的发动机工作状态,包括典型的起动—停车循环。

(b) 按照第33.201条(c)至(f)要求进行批准的发动机运转试验。

37.2 条款演变历程

条款修订历史如表37-1所示。

表 37-1 条款修订历史

序号	修正案	生效日期	Final Rule 名称	NPRM
1	33-6	1974.10.31	Aircraft and Aircraft Engines, Certification Procedures and Type Certification Standards	71-12
2	33-10	1984.03.26	Aircraft Engine Regulatory Review Program; Aircraft Engine and Related Powerplant Installation Amendments	80-21
3	33-21	2007.02.15	Extended Operations (ETOPS) of Multi-Engine Airplanes	80-21

CCAR-33R2 版中的第33.90条与 FAR-33 部的第21修正案中的第33.90条内容一致。FAR-33部中的第33.90条有3次修订。主要内容修订包括以下几条:1974年第6修正案,增加了翻修试验的第33.90条。1984年第10修正案,第33.90条名称更改为"初始维修检查";删除运转试验的参考周期,允许基于预期使用情况和使用经验制定试验方案,批准后进行审定试验。2007年第21修正案,条

款名称更新为"初始维修检查试验",并与 FAR – 33 部第 21 修正案中新增第
33.201 条相适应,给出了两种审定试验类型。

37.3　条款实质性要求

(a) 采用整机地面试验的方法帮助确定(建立、更新、按需补充)新申请型号合
格证、采用结构化检查大纲的民用航空涡轮发动机型号刚投入使用时(最初/初始/
V0 版本)维修检查重要件(需要进行在翼计划检查任务的那部分维修重要零件、部
件和组件)的在翼计划检查间隔,或者未采用结构化检查大纲的民用航空涡轮发动
机型号刚投入使用时(最初/初始/V0 版本)的整机固定翻修周期(进厂大修
周期);

(b) 在发动机投入使用之前就暴露并解决型号设计的可靠性、耐久性和完整
性问题,提高发动机投入使用时的成熟度,或证明发动机在投入使用时具有足够高
的成熟度,以降低发动机取得 TC 之后、刚投入使用时的问题数量和故障率;

(c) 支撑发动机在翼计划检查措施(检查手段、检查范围和检查程度)有效性
的验证,以及检查大纲的编制;

(d) 保证发动机在规定或建议的在翼计划维修检查间隔或整机翻修周期内保
持安全可用状态。

总之,发动机整机的第 33.90 条初始维修检查试验是采用模拟使用循环的方
式证实发动机在实际使用中的工作特性、寿命、振动、维护等一系列的工作行为,即
发动机的循环使用特性或实际运行能力,并建立初始维修检查间隔与限制。

37.4　条款设计需求

37.4.1　整机级

37.4.1.1　确定发动机重要维护项目(maintenance significant items, MSI)清单

(a) 参照 ATA 规范将发动机整机分割成几个主要的功能模块—系统/单元
体、子系统/子单元体,建立候选 MSI 项目清单;

(b) 对每一候选项目逐一回答下列四个 MSG – 3 分析中用于 MSI 选择的问
题,以筛选 MSI、制定 MSI 清单、确定最高可管理层。

(1) 在正常职责范围内,故障对空勤人员来说是无法发现或不易察觉的?

(2) 故障影响安全性(地面或空中)吗?

(3) 故障有无重大的使用性(运行)影响?

(4) 故障有无重大的经济性影响?

要求如下。

（a）确保所划分系统和子系统满足功能分割的逻辑，某一功能可能涉及不同 ATA 系统章节下的多个子系统的部件、组件和零件。

（b）以各系统预期的故障后果为基础，采用工程判断法保守评定发动机 MSI：

（1）用于 MSI 筛选的四个问题，只要有一个问题的答案是肯定答案，就需要将其纳入 MSI 清单以继续进行 MSG－3 分析，考虑是否可将分析的候选项目纳入其上一级，即判断此候选项目是否为最高可管理层，以最终确定最高可管理层；

（2）最高可管理层应既能保证后续的分析涵盖所有的功能、功能故障和故障原因的同时，又能避免不必要的分析；

（3）对 MSI 筛选四问题的回答都是否定答案的候选项目，无须再进行 MSG－3 分析，也无须进行更低层次的 MSI 项目筛选分析；

（4）如有必要，可参考相似发动机的 MSI 清单、维修大纲、维修方案和实际维修数据等。

（c）待系统/单元体级完成所有可能的功能、功能故障和故障影响分析后，如有必要，按需调整 MSI 清单。

37.4.1.2 拟定维修检查重要件的初始维修检查间隔或整机的初始固定翻修周期

汇总零件和部件/组件级的相关结果并进行必要的调整，提出整机环境下各维修检查重要件的初始维修检查间隔或整机初始固定翻修周期的初步数值。

要求如下。

基于零件和部件/组件级的设计结果，从整机的角度进行统筹规划，此过程应注意：

（a）从检查手段、接近性等角度优化合并零件级、部件/组件级设计所提供的维修检查间隔或翻修周期，以减少飞机停场次数；

（b）对于直到某个零件、部件、组件、系统被拆卸/更换时才可能完成的维修检查工作，应按照接近确定（access defined）的原则，使检查间隔与零件、部件、组件、系统的拆卸/更换时间相互协调。

37.4.1.3 确定预计的典型发动机飞行循环

从飞机方获取能代表发动机所有预期安装和使用情况的典型任务剖面，根据该任务剖面确定预计的典型发动机飞行循环。

要求如下：

（a）应评估发动机的预期运行条件；

（b）发动机飞行循环应足以代表所有的预期安装和使用情况；

（c）发动机飞行循环应包括从起动到停车整个工作过程的典型航段，一般包括起动、慢车、起飞、爬升、巡航、下降、进近、着陆、反推（适用时）、停车；

（d）发动机飞行循环应在最大额定推力等级（满功率起飞剖面）运行，每个航

段都运行在各自的最大额定推力等级处(最大额定起飞、最大额定爬升等);

(e) 发动机飞行循环各航段的推力设定值应为同系列发动机的最大额定等级。

37.4.1.4　制定加速任务试车谱的编制方法

制定零件、整机协调一致的加速任务试车编谱方法,具体包括:

(a) 确定编谱分析对象零件所对应的加速任务试车循环的方法;

(b) 综合所有编谱分析对象零件的加速任务试车循环结果制定整机加速任务试车循环的方法。

要求如下。

(a) 加速任务试车循环的编制方法应体现如下要求。

(1) 考虑的主损伤模式为低周疲劳,而非磨损。

(2) 运行时间的压缩应在确保严苛(损伤)程度等效于或大于典型发动机飞行循环的前提下进行。

(3) 确定每个编谱分析对象零件所对应的加速任务试车循环时,应以整机提出的预计的典型发动机飞行循环为输入,通过改变发动机飞行循环的下列两种参数获得:

(i) 各推力/功率设定值的运转时间;

(ii) 推力/功率设定值的运转次序。

(4) 确保整机加速任务试车循环能在下列方面代表预期的典型发动机飞行循环:

(i) 零件温度(不限于编谱分析对象);

(ii) 零件振动(不限于编谱分析对象);

(iii) 零件应力(不限于编谱分析对象);

(iv) 循环/运转时间造成的累积损伤(不限于编谱分析对象);

(v) 规定的推力/功率等级;

(vi) EGT;

(vii) 整机振动;

(viii) 反推装置的使用(适用时);

(ix) 其他关键因素。

(5) 应通过对每个受影响的零件(不限于编谱分析对象)进行下列三方面的分析来确定整机加速任务试车循环与发动机飞行循环之间的关系:

(i) 温度;

(ii) 应力;

(iii) 寿命。

(b) 为了达到上述加速任务试车的编谱要求,建议:

(1) 针对每个编谱分析对象,必须考虑低周疲劳损伤,按需考虑蠕变/持久断裂损伤。

（i）根据整机提供的预计的典型发动机飞行循环,按照温度和应力分析规范得到该编谱分析对象在发动机飞行循环下的瞬态温度和瞬态应力结果。

（ii）如果需要改变发动机飞行循环各推力设定值的运转次序,则按照寿命分析规范对瞬态应力结果进行雨流计数,并确定雨流出的各低周疲劳事件(迟滞回线,即主循环和次循环)所对应的损伤,根据低周疲劳事件的损伤程度进行载荷(航段)筛选,剔除掉发动机飞行循环中无损或小损伤的航段,从而改变发动机飞行循环各航段的排列顺序。如果无须改变发动机飞行循环各推力设定值的运转次序,则直接执行(iii)步。

（iii）对于需要保留的航段,根据温度和应力的瞬态分析结果,将各航段建立稳态温度场和稳态应力场所需要的时间定为各段的基本驻留时间,基本驻留时间不能被压缩或删除,必须予以完整保留。

（iv）如果编谱分析对象的主损伤模式仅为低周疲劳,则到此为止即已完成发动机飞行循环各推力设定值运转时间的更改,建立起了该编谱分析对象零件所对应的加速任务试车循环;若编谱分析对象的主损伤模式除了低周疲劳外还包括蠕变/持久断裂,则对需保留航段中的各个中、低功率状态段的保载时间,待该编谱分析对象的温度场和应力场稳定以后,采用零件当量总寿命相当或强度储备相同等蠕变/持久断裂的等损伤折算方法,将基本驻留时间以后的运行时间折算到由整机级确定的某个唯一的特定高功率状态,如起飞,即再次改变发动机飞行循环各推力设定值的运转时间,从而最终确定出基于该编谱分析对象的各需保留航段的最终驻留时间,建立起该编谱分析对象零件所对应的加速任务试车循环。

（2）综合所有编谱分析对象的加速任务试车循环结果,按照航段及驻留时间都只增不减、趋向保守的原则,即航段就多不就少、驻留时间就长不就短,确定整机需保留的航段以及各航段的运转时间,如有必要按需进行适度的再调整以避免过度保守,最终建立起整机的加速任务试车循环。

（3）验证建立的整机加速任务试车循环是否满足本节条(a)(1)的要求。

（4）按照本节条(a)(5)的要求确定建立的整机加速任务试车循环与发动机飞行循环之间的关系,以确认加速任务试车循环的严苛程度不低于发动机飞行循环,即满足条(a)(2)的要求。

37.4.1.5　制定整机审定试车循环

（a）若开展第33.90条(a)的常规飞行循环试验,通常采用37.4.1.4节所述的方法,综合所有编谱分析对象零件的加速任务试车循环结果制定整机加速任务试车循环;

（b）若开展第33.90条(b)模拟ETOPS运行循环试验,其试车循环的制定可参见第33.201条设计与验证需求的相关部分。

要求如下:

(a) 若采用加速任务试车的方式进行第 33.90 条常规飞行循环审定试验,则在综合所有编谱分析对象零件的加速任务试车循环结果制定整机的审定试车循环时,需遵循 37.4.2.4 小节中的相关要求;

(b) 若采用第 33.90 条(b)模拟 ETOPS 运行循环试验,则整机审定试车循环的要求可参见第 33.201 条设计与验证需求的相关部分。

37.4.1.6　特殊维修检查重要件或维修重要件符合性的必要补充

若采用加速任务试车循环进行第 33.90 条(a)常规飞行循环试验,则需根据维修策略和检查大纲类型,开展以下工作:

(a) 梳理耐久性主要影响因素为运行时间的维修检查重要件,分析其主要损伤模式,并根据主损伤模式明确其初始维修检查间隔的确定所需借助的额外试验计划或使用经验;

(b) 梳理耐久性主要影响因素为运行时间的维修重要件,分析其主要损伤模式,并根据主损伤模式明确其初始固定翻修周期的确定所需借助的额外试验计划或使用经验。

要求如下:

(a) 该类机件的梳理应完备无遗漏;

(b) 额外试验计划或使用经验应充分,足以补充表明第 33.90 条的符合性。

37.4.2　系统级

37.4.2.1　确定 MSI 的 FEC 及计划维修任务类型

根据整机制定的 MSI 清单,压气机、燃烧室、涡轮、空气系统、控制系统、机械系统、外部与短舱系统等各个系统/单元体分别:

(a) 列出每个 MSI 所涉及的系统/单元体、子系统/子单元体的 ATA 划分情况,每个 MSI 所有的功能及相应的功能故障、故障影响和故障原因;

(b) 对每个 MSI 进行上层(第一级)逻辑决断分析,借助下面四个问题对每个功能故障进行分析以确定其 FEC,即明显的安全性(第 5 类)、明显的使用性(第 6 类)、明显的经济性(第 7 类)、隐蔽的安全性(第 8 类)、隐蔽的非安全性(第 9 类)。

(1) 明显/隐蔽性功能故障决断:功能故障的发生对在履行正常职责的空勤组来说是明显的吗?

(2) 明显功能故障中对安全性有有害影响的功能故障决断:功能故障或由其引起的二次损伤对使用安全性有直接的负面影响吗?

(3) 隐蔽性功能故障对安全性的影响决断:一个隐蔽功能故障和另一个相关系统或备用功能的故障之综合对使用安全性有负面影响吗?

(4) 明显功能故障中使用性影响决断:功能故障对使用能力有直接的负面影

响吗？

（c）对每个MSI进行下层（第二级）逻辑决断分析，根据每个功能故障的FEC、故障原因、任务类型的适用性和有效性，选择合理的计划维修工作类别。

（1）润滑（lubrication）/勤务保养（servicing）（适用于所有FEC）：润滑或勤务保养工作是适用和有效的吗？（润滑/勤务保养指任何能保持固有设计能力的润滑或勤务保养工作。）

（2）操作检查（operational check）/目视检查（visual check）（只适用于隐蔽功能故障类）：验证使用状况的检查是适用和有效的吗？

（3）操作检查是指确定某一项目能否完成其预定工作目的的任务，这种检查不是一种定量检查，只是一种发现故障的工作。

（4）目视检查是指通过观察确定某一项目能否完成其预定的功能，同样，这项检查不需要定量的检查，是一种发现故障的工作。

（5）检查（inspection）（一般目视检查 general visual inspection、详细检查 detailed inspection、特殊详细检查 special detailed inspection）/功能检查（functional check）（适用于所有FEC）：用检查或功能检查来检测功能衰退是适用和有效的吗？

（6）一般目视检查是对内部或外部区域、装备或零组件进行的目视观察，以寻找明显的损伤、故障或不正常的迹象。这种检查应在可接触到的距离内进行。在检查区域时，为提高目视检查的可达性，有必要借助镜子来检查暴露表面。这种检查可在正常光线下进行，如日光、机库内灯光、照明灯等。为更好地接近检查区域，有时可能需拆掉或打开检查口盖、门、或需要准备工作台、梯子等。

详细检查是指对特定的结构项目、装备或零组件进行的仔细目视检查，以寻找损伤、故障或不正常的迹象。检查者可借助正常的照明设施，也可以使用其他光源，必要时可使用镜子、放大镜和测量设备等，也可以要求进行表面清洁处理、使用复杂的接近手段。

特殊详细检查是指对特定项目、安装或零组件进行的仔细观察，以寻找损伤、故障或不正常的迹象。这种检查需使用特种检查技术和设备，并可能需要进行复杂的清洁，真正的接近甚至分解工作等。

功能检查是一种确定项目的一个或多个功能是否运行在规定的限制范围内的定量检查。

（7）恢复（restoration）（适用于所有FEC）：降低故障率的恢复工作是适用和有效的吗？

恢复就是把一个项目恢复到规定标准水平所需的工作。由于恢复工作可以是单个零件的清洗或更换，也可以是全面的翻修，因此必须规定每个项目对所选工作的工作范围。

（8）报废（discard）（适用于所有FEC）：避免故障或降低故障率的报废工作是

适用和有效的吗？

报废就是按规定的寿命限制拆除项目不再使用。报废工作通常用于单个零件，如滤芯、壳体、简体、发动机轮盘、安全寿命结构件等。

（9）综合（仅安全性类）：有某种工作或综合工作（工作的组合）是适用和有效的吗？

由于对影响类别为安全性的故障必须要做工作以保证安全使用，所以须对前述所有可能的 5 类 8 项工作都进行决断，然后通过审查所有适用的工作，从中选出最有效的工作或综合工作（工作的组合）。

要求如下。

（a）MSI 功能、功能故障、故障影响和故障原因分析时，有以下要求。

（1）功能划分要合理完整，避免功能描述太过笼统，考虑包含所有设计的使用目的；

（2）为了便于后续分析，应对功能、功能故障、故障影响、故障原因进行编号；

（3）若某故障原因所涉及的 LRU 同时还与其他 MSI 的故障原因相关，则应注明实际将由哪一个 MSI 来确定此故障原因所对应的维修任务。

（b）故障影响分析（MSI 上层分析）时，有以下要求。

（1）应对上层分析的每一问题做出尽量明确的回答，避免仅回答是或否，应对判据做出相应说明。

（2）应记录分析过程中用到的参考信息，如航空器飞行手册（aircraft flight manual，AFM）和主最低设备清单（master minimum equipment list，MMEL）的参考章节。

（3）对于"功能故障对于机组是否明显"的判断需要考虑驾驶舱的各种告警信号或信息是否容易被机组获知，由于初始 MSG - 3 分析时还没有批准的 AFM，而 MSI 上层（第一级）分析时的"明显/隐蔽性功能故障决断"却需要 AFM 中的空勤组检查规定，为了初始 MSG - 3 分析的如期进行，会对空勤组检查进行合理的假设，因此，在 AFM 获批之后需核实 MSG - 3 分析时所假设的空勤组检查是否都如期列入了批准的 AFM 中，若没有则必须对受影响的 MSI 进行重新逻辑决断分析。

（4）对于使用性影响的判断主要考虑对运行签派的影响，可能需要参考 MMEL 的相关要求进行辅助判断，即依据 MMEL 或/和其他使用程序文件判断故障对使用性有无影响，若在 MSI 上层分析时 MMEL 尚未完成，可以使用 MMEL 的草稿（PMMEL）并做出相应的假设，同时在分析表格中注明，待 MMEL 最终确定之后要验证所作的假设是否准确，如需要应该对分析结果做出相应的调整。

（5）对于经济性影响的判断，可以考虑由于功能故障引起的相关设备或部件/组件的损伤造成的直接损失、影响运行签派导致的间接损失等后果，与增加维修工作引起的成本增加相衡量。

（6）为便于 MSI 上层（第一级）逻辑决断分析，可以要求每个功能故障只能有一个故障影响,但本条要求并不是强制的。

（c）确定任务类型（MSI 下层分析）时,有以下要求：

（1）任务类型的适用性和有效性需按照表 37 - 2 的维修工作选择准则加以判断；

表 37 - 2 维修工作选择准则

工 作	适 用 性	安全有效性	使用有效性	经济有效性
润滑或勤务保养	耗材补给必须能降低功能恶化速度	工作必须能降低故障风险	工作必须能将故障发生风险降低到一个可接受的水平	工作必须是有经济效果的
操作检查/目视检查	故障必须是能够识别的	工作必须能确保足够的隐蔽功能,以降低发生多重故障的风险	不适用	工作必须能确保足够的隐蔽功能,以避免多重故障导致的经济影响,并且必须是有经济效果的
检查/功能检查	抗故障能力的下降必须是可检测的,并且从恶化状态到出现功能故障有相当稳定的时间间隔	工作必须能降低故障风险以保证安全使用	工作必须能将故障发生风险降低到一个可接受的水平	工作必须是有经济效果的,即维修工作的费用必须低于故障发生后所引发的费用
恢复	项目须在某个确定的时间表现出功能衰退的特征,且该项目的大部分组成部分必须都能工作到该时间。此外,还必须有可能将项目的抗故障能力恢复到某个特定标准水平	工作必须能降低故障风险以保证安全使用	工作必须能将故障发生风险降低到一个可接受的水平	工作必须是有经济效果的,即维修工作的费用必须低于故障发生后所引发的费用
报废	项目须在某个确定的时间表现出功能衰退的特征,且该项目的大部分组成部分必须都能工作到该时间	安全寿命限制必须能降低故障风险以保证安全使用	工作必须能将故障发生风险降低到一个可接受的水平	工作必须是有经济效果的,即维修工作的费用必须低于故障发生后所引发的费用

（2）维修任务类型的选择可借鉴航空公司的经验（若适用）；

（3）若对明显的安全性影响进行分析后,无适用且有效的工作可做,则必须重新设计；

（4）若对明显的使用性影响进行分析后,除了润滑/勤务之外并无工作可做,且使用性故障后果严重,则可以要求重新设计；

（5）若对明显的经济性影响进行分析后,除了润滑/勤务之外并无工作可做,且经济性损失严重,则可以要求重新设计；

（6）若对于隐蔽的安全性影响进行分析后,没有有效的工作可做,则必须重新设计；

（7）若对于隐蔽的非安全性影响进行分析后,除了润滑/勤务之外并无工作可

做,且经济性损失严重,则可以要求重新设计;

(8) 尽管某个项目会被选为 MSI 并被进行逻辑决断分析,但是这并不意味着必须在分析中确定出一项相应的计划维修任务。对于逻辑决断分析后确定无须做预定维修工作的项目,可以通过航空公司的可靠性管理方案进行监控。

37.4.2.2　制定维修检查重要件或维修重要件清单

根据 MSG – 3 的分析结果,压气机、燃烧室、涡轮、空气系统、控制系统、机械系统、外部与短舱系统等系统/单元体梳理出各自结构内部的维修检查重要件或维修重要件(部件/组件和零件)。

要求如下。

(a) 维修重要件应包括在发动机维修和持续适航方面需特别关注的全部零件、部件和组件,如 MSG – 3 分析出的计划维修任务的实施对象、限寿件等。

(b) 维修检查重要件应包括:

(1) 由 MSG – 3 分析确定的需进行"在翼计划检查"任务的维修重要件,即 MSG – 3 逻辑决断确定的 5 类 8 项计划维修任务中的"Inspection"任务的实施对象;

(2) 由其他适航条款析出的需进行"在翼计划检查"任务的维修重要件。

37.4.2.3　提出加速任务试车的编谱分析对象清单

根据 37.4.2.2 小节制定的维修检查重要件或维修重要件清单,压气机、燃烧室、涡轮、空气系统、控制系统(若适用)、机械系统、外部与短舱系统等系统/单元体梳理出各自结构内部的编谱分析对象零件。

要求如下:

编谱分析对象应囊括维修检查重要件或维修重要件清单中所有以低周疲劳为主损伤模式的零件。

37.4.3　部件级

拟定各个被视为维修检查重要件的部件/组件的初始维修检查间隔,或各个被视为维修重要件的部件/组件的初始固定翻修周期。

要求如下:

各个被视为维修检查重要件的部件/组件的初始维修检查间隔或各个被视为维修重要件的部件/组件的初始固定翻修周期的拟定要求与零件级的要求完全相同,亦不再赘述,详情可参见 37.4.4.1 小节。

37.4.4　零件级

37.4.4.1　拟定维修检查重要件(零件)的初始维修检查间隔或维修重要件(零件)的初始固定翻修周期

(a) 采用工程最优估计法拟定各个被视为维修检查重要件的零件的初始维修检

查间隔或各个被视为维修重要件的零件的初始固定翻修周期时应考虑如下因素：

（1）可靠性分析结果；

（2）安全性分析结果；

（3）经济性分析结果；

（4）研发试验结果；

（5）供应商产品数据（安全性、可靠性和维修性数据）和推荐资料；

（6）相似或相同系统/单元体、部件/组件、零件的使用经验；

（7）客户提出的例行维修需求和客户从其他发动机维修中获取的经验；

（8）其他相关审定试验结果；

（9）其他相关数据和结果。

（b）检查时间间隔的拟定应遵循如下准则：

（1）有定义清晰的潜在故障状态；

（2）检查间隔应少于从潜在故障变成可检测故障开始到恶化成功能故障为止的最短的可能间隔（若有具体的故障数据，则该可能间隔可参照 P－F 间隔）；

（3）在这一间隔内完成该项维修工作是可行的；

（4）从发现潜在故障到发生功能故障的最短时间应该足够长，以便在此期间采取适当的措施避免、排除故障或将故障后果降至最轻。

37.4.4.2　提出每个编谱分析对象所对应的加速任务试车谱

（a）拟定各个被视为维修检查重要件的零件的初始维修检查间隔，或各个被视为维修重要件的零件的初始固定翻修周期；

（b）按照整机确定的典型发动机飞行循环和编制加速任务试车谱的统一方法，提出每个编谱分析对象零件所对应的加速任务试车谱。

要求如下：

若采用加速任务试车的方式进行第 33.90 条常规飞行循环审定试验，则在提出每个编谱分析对象零件所对应的加速任务试车谱时，需统一遵循 37.4.1.2 小节所述、由整机制定的编谱分析规范中的相关要求，对整机提供的预计的典型发动机飞行循环进行计算，以确保整机范围内的协调一致。

37.5　条款验证需求

37.5.1　零件级

若采用整机加速任务试车循环试验表明对第 33.90 条的符合性，则针对耐久性主要影响因素为运行时间的维修检查重要件或维修重要件，按需补充开展零件级台架试验，工作内容包括：

（a）制定试验大纲；

（b）执行试验；

（c）编制试验报告。

要求如下：

（a）尽可能借助其他条款的审定试验完成该类机件初始维修检查间隔或初始固定翻修期的确认；

（b）根据具体的主损伤模式设定完备的试验要求。

37.5.2　部件级

若采用整机加速任务试车循环试验表明对第 33.90 条的符合性,则针对耐久性主要影响因素为运行时间的维修检查重要件或维修重要件,按需补充开展部件/组件级台架试验,工作内容包括：

（a）制定试验大纲；

（b）执行试验；

（c）编制试验报告。

要求如下：

（a）尽可能借助其他条款的审定试验完成该类机件初始维修检查间隔或初始固定翻修期的确认；

（b）根据具体的主损伤模式设定完备的试验要求。

37.5.3　系统级

若采用整机加速任务试车循环试验表明对第 33.90 条的符合性,则针对耐久性主要影响因素为运行时间的维修检查重要件或维修重要件,按需补充开展系统/单元体级台架试验,工作内容包括：

（a）制定试验大纲；

（b）执行试验；

（c）编制试验报告。

要求如下：

（a）尽可能借助其他条款的审定试验完成该类机件初始维修检查间隔或初始固定翻修期的确认；

（b）根据具体的主损伤模式设定完备的试验要求。

37.5.4　整机级

37.5.4.1　确定初始维护检查（initial maintenance inspection，IMI）符合性试验的类型

从下列两种可接受的符合性审定试验中选择合适的试验类型：

（a）第33.90条（a）符合性思路的常规飞行循环 IMI 试验；

（b）第33.90条（b）符合性思路的模拟 ETOPS 运行循环 IMI 试验。

要求如下：

（a）应根据实际的取证策略确定 IMI 试验类型；

（b）如果采用常规飞行循环 IMI 试验，应按照 37.5.4.2 小节的指南开展工作；

（c）如果采用模拟 ETOPS 运行循环 IMI 试验

（1）应依据第33.201条适航设计与验证需求的相关要求开展工作；

（2）必须在发动机投入使用之前完成第33.201条所要求的全部试验，以表明模拟 ETOPS 运行循环持久试验的初始维修检查部分不存在潜在的发动机故障。

37.5.4.2 开展常规飞行循环 IMI 试验

如果采用常规飞行循环 IMI 试验表明第33.90条的符合性，则应按照本节的指南开展验证工作。

（a）制定适航符合性试验大纲和方案；

（b）执行试验；

（c）编制试验报告。

要求如下。

（a）在试验大纲和方案中，有如下要求。

（1）试车循环应满足 37.4.1.3 小节、37.4.1.4 小节、37.4.4.2 小节和 37.4.1.5 小节的要求并获得局方批准。

（2）制定试验计划：

（i）应规定 IMI 试验前、后的校准试验以及 IMI 试验期间的推力/功率检查计划；

（ii）试验运转总循环数和运行时间应等效于新发动机型号在典型安装下的预计初始在翼寿命，或至少运行至足以确定各维修检查重要件的初始维修检查间隔，以表明发动机在规定的维修检查之间保持可用状态；

（iii）制定试验全过程的发动机维护计划。

结构化检查大纲发动机应在第33.4条 ICA 或其草案中规定结构化检查工作（检查大纲，拟定待确认的初始维修检查及其间隔），或详细规定试验所必需的维护措施和计划，非结构化检查大纲发动机应规定整机固定翻修周期。

根据预先提交的第33.4条 ICA 或其草案中所规定的发动机维护措施制定试验全过程的检查方案：筛选 IMI 试验期间需检查的零件、部件、组件和系统；制定 IMI 试验前、中、后的定期检查计划；制定 IMI 试验后的分解检查计划。

（3）试验发动机的构型应基本符合最终型号设计，且应满足以下

（i）需安装不属于发动机构型但在使用中对发动机的运行具有影响的硬件，一般包括反推系统、起动机、发动机装配组件（gine build-up unit, EBU）等模拟发动

机负载的硬件；

（ii）尽可能处于典型安装构型,按照使用情况在试验中连接并运行发动机所负载的飞机附件和接口,安排发动机飞行循环中将会遇到的典型附件载荷和引气；

（iii）采用代表性的控制系统构型,分析控制系统构型、功能和控制方案等方面的更改是否影响试验结果；

（iv）应分析为达到试验条件而对发动机进行的改装和偏离是否对试验结果有不利影响。

（4）应规定 IMI 试验期间需监测和记录的参数：

（i）推力/功率；

（ii）转子转速；

（iii）燃气温度；

（iv）发动机振动；

（v）滑油压力；

（vi）滑油温度；

（vii）滑油消耗率。

（5）应规定试验通过与否的判据：

（i）基于第 33.5 条的发动机安装和使用说明手册、第 33.7 条的发动机额定值和使用限制,确定判断发动机能否提供额定推力/功率的判据；

（ii）基于第 33.5 条的发动机安装和使用说明手册、第 33.7 条的发动机额定值和使用限制,确定判断发动机是否超出相关使用限制的判据；

（iii）基于第 33.4 条的持续适航文件（发动机维护手册和翻修手册）确定关键零件、部件和组件可用性检查的判据。

（6）若采用整机加速任务试车循环表明条款符合性,但却有部分维修检查重要件或维修重要件的耐久性主要影响因素为运行时间,则应概述为确定这些机件的初始维修检查间隔或初始固定翻修周期而规划的补充方案。

（b）试验报告应包括：

（1）试验大纲和方案的批复函；

（2）试验发动机的构型,改装和偏离分析；

（3）试车循环；

（4）试验累计的循环次数；

（5）试验累积的运行时间；

（6）发动机重要参数监测结果；

（7）校准试验、推力/功率检查结果；

（8）发动机维护检查记录；

（9）发动机分解检查结果；

（10）发动机故障情况记录。

37.5.4.3　按需开展整机补充试验

若采用整机加速任务试车循环试验表明对第33.90条的符合性,则针对耐久性有主要影响,且影响因素为运行时间的维修检查重要件或维修重要件,按需补充开展整机级试验,工作内容包括：

（a）制定试验大纲；

（b）执行试验；

（c）编制试验报告。

要求如下：

（a）尽可能借助其他条款的审定试验完成该类机件初始维修检查间隔或初始固定翻修期的确认；

（b）根据具体的主损伤模式设定完备的试验要求。

37.5.4.4　编制条款符合性报告

基于整机 IMI 试验结果,耐久性主要影响因素为时间的部分维修检查重要件或维修重要件的补充试验结果或使用经验（按需）,编写第33.90条初始维修检查条款的符合性报告。

要求如下。

条款适航符合性报告应包括：

（a）试验要求与任务说明（规章条款、审定计划等）；

（b）IMI 试验完成概况；

（c）IMI 试验大纲与试验报告（可作为附件或参考文件）；

（d）对耐久性有主要影响,且影响因素为运行时间,并且无法采用加速任务试车循环表明条款符合性的部分维修检查重要件或维修重要件的补充试验大纲和补充试验报告,或使用经验（按需,可作为附件或参考文件）；

（e）根据检查结果和故障分析所做的型号设计更改（可作为附件或参考文件）；

（f）基于上述 IMI 试验结果和补充试验结果提出的对第33.4条持续适航文件中的寿命限制、检查任务及间隔、可用性标准等方面的必要补充和更改（可作为附件或参考文件）；

（g）初始维修检查间隔和检查计划/大纲,或整机初始固定翻修周期（可作为参考文件）；

（h）符合性结论。

参考文献

陈志英,陈光.2013.航空发动机维修性工程[M].北京：北京航空航天大学出版社.

徐超群,闫国华. 2013. 航空维修管理[M]. 北京：中国民航出版社.

中国民用航空局飞行标准司. 2010. MD - FS - AEG003MSG - 3 应用指南[S].

中国民用航空局. 2011. 航空发动机适航规定：CCAR33 - R2[S].

European Aviation Safety Agency. 2017. EASA management board decision 08 - 2017 Annex 1：The european plan for aviation safety (EPAS) 2018 - 2022[R].

European Aviation Safety Agency. 2009. 4-year rulemaking programme 2009 - 2012[R].

Federal Aviation Administration. 1974. Aircraft and aircraft engines, certification procedures and type certification standards：Final Rule 11010[S].

Federal Aviation Administration. 1984. Aircraft engine regulatory review program；aircraft engine and related powerplant installation amendments：Final Rule 16919[S].

Federal Aviation Administration. 1980. Aircraft engine regulatory review program；aircraft engine and related powerplant installation proposals：Notice No. 80 - 21[S].

Federal Aviation Administration. 2010. Extended operations (ETOPS) Eligibility for turbine engines：AC33. 201 - 1[S].

Federal Aviation Administration. 2018. FAA validation of EASA state of design turbine aircraft engines, FAA significant standards difference summary list per FAA - EASA technical validation procedures (TIP) revision 6, 14 CFR part 33 amendment 34 compared to CS - E amendment 4 [R].

Federal Aviation Administration. 2016. Initial maintenance inspection (IMI), 14 CFR § 33. 90, test for turbine engines：AC 33. 90 - 1A[S].

Federal Aviation Administration. Initial maintenance inspection (IMI), 14 CFR § 33. 90, test for turbine engines 2004. AC 33. 90 - 1[S].

Federal Aviation Administration. 1999. Instructions for continued airworthiness：AC 33. 4 - 1[S].

Federal Aviation Administration. 1971. Notice aircraft and aircraft engines；proposed certification procedures and type certification standards：No. 71 - 12[S].

第38章
第33.91条 发动机系统和部件试验

38.1 条款内容

第33.91条 发动机系统和部件试验

（a）对不能按照第33.87条进行持久试车予以充分验证的系统或部件，申请人必须进行附加的试验，以证明这些系统或部件在所有已声明的环境和工作条件下能可靠地完成预定功能。

（b）必须确定在航空器安装中要求温度控制措施的那些部件的温度限制，以确保其良好的功能、可靠性和耐久性。

（c）每个不增压的液压油油箱在受到最大工作温度和5 p.s.i.的内部压力时，不得出现失效或泄漏，并且每个增压的液压油油箱必须满足第33.64条的要求。

（d）对于超声速航空器的发动机型号合格审定，必须确定由于在最高和最低工作温度时可能会发生失效的发动机系统、安装装置及外部附件。并且必须在最高和最低工作温度以及当温度和其他使用条件在最高和最低使用值之间循环时进行试验。

38.2 条款演变历程

条款修订历史如表38-1所示。

表38-1 条款修订历史

序号	修正案	生效日期	Final Rule 名称	NPRM
1	33-0	1965.02.01	Miscellaneous Amendments	63-47
2	33-6	1974.10.31	Aircraft and Aircraft Engines, Certification Procedures and Type Certification Standards	71-12
3	33-26	2008.10.20	Airworthiness Standards; Engine Control System Requirements	71-12
4	33-27	2008.11.24	Airworthiness Standards; Aircraft Engine Standards for Pressurized Engine Static Parts	/

CCAR-33R2 版中的第 33.91 条与 FAR-33 部的第 27 修正案中的第 33.91 条内容一致。FAR-33 部中的第 33.91 条有 4 次修订。主要内容修订包括以下几条:1965 年第 0 修正案,基于 CAR 第 13.256 条内容进行修改,形成 FAR 第 33.91 条发动机部件试验条款的初始版本。1974 年第 6 修正案,在第 33.91 条中新增了条(c)和条(d)。2008 年第 26 修正案,将第 33.91 条的标题"发动机部件试验"改成"发动机系统和部件试验",修改了第 33.91 条(a)部分的描述,将"系统"改成了"系统或部件","预期的飞行和大气条件"改成了"已申明的环境和工作条件"。2008 年第 27 修正案,为了与 CS-E640 压力负荷保持一致,FAA 增加了新条款第 33.64 条发动机静承压件,为了保持第 33.91 条与第 33.64 条内容不冲突,FAA 对第 33.91 条(c)进行了修改。

38.3　条款实质性要求

第 33.87 条持久试验以及 33 部其他条款不能有效覆盖发动机在服役过程中可能遭遇的所有环境,需要通过附加试验来表明适用部件和系统在所有已声明的环境和工作条件下能可靠地完成预定功能。

另外对在航空器安装中要求温度控制措施的部件,需确定其温度限制,以确保其良好的功能、可靠性和耐久性。

第 33.91 条(c)针对的是液压油箱,每个不增压的液压油油箱在受到最大工作温度和 5 p.s.i. 的内部压力时,不得出现失效或泄漏,并且每个增压的液压油油箱必须满足第 33.64 条的要求。

第 33.91 条(d)针对的是超音速飞机用发动机。

38.4　条款设计需求

本条款仅侧重于规范部件试验的验证要求。

38.5　条款验证需求

38.5.1　材料级
材料的流体敏感性试验、霉菌试验可参考组件级试验要求开展。

38.5.2　部件级
38.5.2.1　26 项试验
(a)确定试验矩阵:
(1)确定适用的部件;

（2）确定部件适用的试验项目；

（3）确定部件的试验顺序（单个试验件需进行连续试验及多项试验）；

（4）确定部件的试验组合；

（b）制定验证计划。

（c）开展试验（表38-2列出了发动机部件试验清单）。

（d）编写符合性文件。

表 38-2　发动机部件试验清单

项目号	试 验 名 称	适 用 部 件
1	高温试验	所有部件
2	低温试验	所有部件
3	室温试验	所有部件
4	流体污染试验	与流体接触的部件
5	振动试验	所有部件
6	工作冲击 & 坠撞安全试验	所有部件
7	持久加速试验	所有部件
8	砂尘试验	未密封的部件
9	流体敏感性试验	与流体接触的部件
10	盐雾试验	所有部件
11	燃油系统结冰试验	燃油系统部件
12	进气结冰试验	暴露在发动机流道或引气系统气流中的部件
13	霉菌试验	所有部件
14	温度-高度试验	所有部件
15	热循环试验	电气/电子部件
16	防爆试验	电气/电子部件
17	湿度试验	所有部件
18	防水试验	未密封的部件
19	环境限制试验	电气/电子部件
20	电能输入 & 电压尖峰试验	电气/电子部件
21	耐压试验	传输或容纳燃油、滑油、高压气体的部件
22	过压试验	传输或容纳燃油、滑油、高压气体的部件
23	压力循环试验	传输或容纳燃油、滑油、高压气体的部件
24	防火试验	指定火区的部件
25	发动机电子控制器过热试验	发动机电子控制器
26	包容性试验	涡轮起动机

要求如下。

（a）试验时部件的连接与定位。试验件应采用与其安装在发动机上类似（或功能等效）的方式连接和定位。

（b）试验顺序。若单个试验件需进行连续试验及多项试验时,除了以下要求外,试验可以以任何顺序和任何试验循环来进行:

（1）盐雾试验不能在霉菌试验之前进行;

（2）砂尘试验不能在霉菌、盐雾或湿热试验前进行;

（3）防爆试验不能在第 33.91 条规定的任何试验之前进行;

（4）防火试验不能在第 33.91 条规定的任何试验之前进行。

（c）组合试验:能证实组合试验过程中的所有考核目标的严苛程度能够等效或超过在单一试验过程中的严苛程度,则可进行组合试验。

（d）试验装置校准。这些试验的所有设备应当识别出其制造、单元体、序列号、软件版本、校准有效期,且必须在校准时限内,所有校准都应可溯至公认的标准,而且这些信息应包括在试验计划和最终报告里。

（e）取证试验计划。取证试验计划至少应包含以下信息,且在试验进行前得到民航局批准。试验期间,在试验装置处应有已批准的试验计划副本:

（1）适用规章和目的;

（2）部件名称和运行描述;

（3）零件和编号;

（4）零件详图或草图（如表明所关心的特征）;

（5）安装图或草图（如安装在发动机上的描述）;

（6）符合性要求;

（7）部件运行参数和环境参数的定义和范围;

（8）试验设备要求（校准和安装）;

（9）试验方法和流程;

（10）试验成功/失败准则;

（11）数据记录方法;

（12）可交付的试验数据。

（f）类比符合。除非有证据表明被试部件充分类似于先期已完成相关试验适航认证的部件,且工作环境与其相同或更友好,则被试部件可采用类比的方式表明其对相关试验的符合性,否则须进行试验。

（g）一致性要求。发动机和/或飞机型号合格审定部门将决定试验样品的一致性要求。应开发一个全面的一致性计划用于要求第 33.91 条试验的发动机型号取证工程。

38.5.2.2　高温试验

（a）确定部件最高环境温度和最高内部流体温度:

（1）危险高温工况筛选及性能参数计算；

（2）工作环境温度分析；

（3）内部流体温度和压力分析。

（b）确定试验程序。

（c）开展高温试验。

（d）编写符合性文件。

要求如下。

（a）试验必须评估最高环境温度和最高内部流体温度。

（b）可接受的试验程序有两种：

（1）通过合理分析定义出最严苛的温度状态并在试验中进行模拟；

（2）实验中分别考核最高工作环境温度和最高内部流体温度状态。

（c）对于润滑系统部件,试验中使用对非金属零件(如垫圈、O形环)侵蚀性最强的滑油。

（d）试验循环周期应当模拟部件在典型发动机任务循环中的执行功能。

（e）每 10 个循环周期内,对 CCAR - 33R2 部要求的部件其他功能(如发动机保护或限制等)进行至少一次验证。

（f）整个试验应该至少持续 100 小时。

（g）试验验证的最高温度承受能力应该与声明的发动机环境相一致。

（h）被试部件在试验中和试验后都能正常工作。

（i）试验后,被试部件未发生能够导致其失效的损伤。

38.5.2.3 低温试验

（a）确定部件最低环境温度和最低内部流体温度：

（1）危险低温工况筛选及性能参数计算；

（2）工作环境温度分析；

（3）内部流体温度和压力分析。

（b）确定试验程序。

（c）开展低温试验。

（d）编写符合性文件。

要求如下。

（a）试验必须评估最低环境温度和最低内部流体温度。

（b）可接受的试验程序有两种：

（1）通过合理分析定义出最严苛的温度状态并在试验中进行模拟；

（2）试验中分别考核最低工作环境温度和最低内部流体温度状态。

（c）对于润滑系统部件,试验中使用黏度最大的滑油以达到最不利的流动状态。

（d）试验循环周期应当模拟部件在典型发动机任务循环中的执行功能。

（e）每 10 个循环周期内，对 CCAR - 33R2 部要求的部件其他功能（如发动机保护或限制）进行至少一次验证。

（f）试验时长不少于 20 小时或至少 20 个冷浸状态下的循环。

（g）试验验证的最低温度承受能力应该与声明的发动机环境相一致。

（h）被试部件在试验中和试验后都能正常工作。

（i）试验后，被试部件未发生能够导致其失效的损伤。

38.5.2.4　室温试验

（a）确定试验程序；

（b）开展室温试验；

（c）编写符合性文件。

要求如下：

（a）试验循环周期应当模拟部件在典型发动机任务循环中的执行功能；

（b）每 10 个循环周期内，应该对 CCAR - 33R2 部要求的部件其他功能（如发动机保护或限制）进行至少一次验证；

（c）整个试验应该至少持续 300 小时；

（d）被试部件在试验中和试验后都能正常工作；

（e）试验后，被试部件未发生能够导致失效的损伤。

38.5.2.5　流体污染试验

（a）确定污染物等级（燃油、空气和滑油）；

（b）确定试验程序；

（c）开展流体污染试验；

（d）编写符合性文件。

要求如下：

（a）污染等级应适合于预期的安装和发动机／飞机维修程序；

（b）燃油污染物的组成与浓度应与飞机燃油系统相一致；

（c）可接受的燃油污染试验方法有传送带传送法和浆液注入法；

（d）发动机滑油部件试验的最大污染等级应该与持续适航说明中定义的系统过滤设计和维修程序相一致；

（e）整个试验过程中，被试部件需暴露在燃油、滑油最大污染等级下；

（f）试验循环应当模拟典型的发动机任务循环或者至少是典型发动机任务循环的极限工况；

（g）每 10 个循环周期内，应该对 CCAR - 33R2 部要求的部件其他功能（如发动机保护或限制）进行至少一次验证；

（h）试验至少持续为 300 小时；

（i）污染流体试验可以结合到室温试验中进行；

（j）试验中和试验后被试部件都能正常工作；

（k）被试部件未出现导致其失效的损伤。

38.5.2.6　振动试验

（a）确定发动机生命周期内最大转子不平衡振动量级；

（b）确定试验程序：根据部件的安装区域等条件选择试验类别（标准振动试验、强化振动试验及短时高量级振动试验）；

（c）开展振动试验；

（d）编写符合性文件；

要求如下。

（a）部件振动试验的振动量级与发动机生命周期内最大转子不平衡限制相一致。

（b）如果部件在整机转子最大转子不平衡试验时验证了其工作性能，并且积累了足够的循环数来表明不需在生命周期内进行寿命管理，无须进行单独的部件振动试验。

（c）如果部件在整机转子最大转子不平衡试验时验证了其工作性能，但不能验证设计寿命，可以在非工作状态下进行部件振动试验。

（d）根据部件的构型以及材料持久疲劳属性确定验证的循环次数。

（e）大涵道比涡扇发动机的部件振动试验可参考 DO-160G 第 8 章中标准振动试验（类别 S）、强化振动试验（类别 R）和短时高量级振动试验（类别 H 或 Z）。

（f）标准振动试验（类别 S）要求如下：

（1）适用于经受飞机正常运行产生的振动环境的部件；

（2）使部件处于工作状态进行三个轴向上的正弦扫频，扫描频率按照最低频率~最高频率~最低频率的循环变化，对数扫描速率不超过 1 Oct/min；

（3）根据机械共振峰值大于 2 倍输入加速度振幅或者产品性能或运行状态发生明显变化（不管是否超出部件性能标准）来确定关键频率；

（4）确定关键频率后，继续保持部件工作状态，进行正弦扫频循环至少持续一小时。

（g）强化振动试验（类别 R）要求如下：

（1）适用于长期暴露在振动环境下的部件；

（2）使部件处于工作状态进行三个轴向上的正弦扫频，扫描频率按照最低频率-最高频率-最低频率的循环变化，对数扫描速率不超过 1 oct/min；

（3）根据机械共振峰值大于 2 倍输入加速度振幅或者产品性能或运行状态发生明显变化（不管是否超出部件性能标准）来确定关键频率；

（4）在关键频率（若有）上进行 30 min 的耐久试验；

（5）结束耐久试验后，继续进行正弦扫频循环；

（6）试验总时长 3 h。

（h）短时高量级振动试验（类别 H 或 Z）要求如下：

（1）适用于某一功能的丧失将危及飞机性能的部件；

（2）对于通用试验（类别 H），部件三个正交轴向上的每一轴以不超过 0.167 Hz/s 的扫频速率从 10~250 Hz 进行 1 次正弦线性扫频；

（3）对于低风扇频率发动机上的部件试验（类别 Z），可降低最高频率，但最高频率要大于等于 2 倍的最大风扇转子转速；而且最高试验频率要记录在环境鉴定表中（参考 DO－160 附件 A）。

（i）试验结束后，部件不会出现导致结构失效的损伤。

38.5.2.7　工作冲击和碰撞安全试验

（a）确定试验程序；

（b）开展工作冲击试验和碰撞安全试验；

（c）编写符合性文件。

要求如下。

（a）DO－160G 第 7 章提供了航空器各部件的工作冲击和碰撞安全试验指南可供参考。

（b）如果部件的运行可能导致其对发动机推力/功率的扰动或者导致其无法提供 CCAR－33R2 部要求的功能（如发动机保护或限制），则部件必须处于运行状态，同时在试验期间监视其运行状况，保证其运行在可接受的范围内。

（c）工作冲击试验的要求如下：

（1）在部件三个正交轴的正负方向上各进行 3 次冲击，冲击脉冲波形采用后峰锯齿波，冲击加速度峰值为 $6g$；

（2）对于标准冲击试验，脉冲持续时间为 11 ms，对于低频冲击试验，脉冲持续时间为 20 ms；

（3）冲击试验后，部件未发生导致其失效的损伤。

（d）坠撞安全试验的要求如下：

（1）冲击试验程序和持续载荷试验程序都要进行；

（2）在部件三个正交轴的两个方向上，各进行 1 次冲击，冲击加速度峰值为 $20g$；

（3）完成六次冲击后，允许部件有弯曲和变形，但安装连接件不应出现破坏，并且部件或模拟质量块应保持在原位；

（4）在部件三个正交轴的两个方向上各进行至少 3 秒钟的试验载荷；

（5）对于安装方向固定的部件，根据其在 6 个方向上实际承受的载荷量级进行试验；

（6）对于安装方向未知的部件，其 6 个方向的施加的载荷都为 9g；

（7）在完成六个方向载荷施加后，部件出现弯曲与变形是允许的，但安装连接件不应出现破坏，并且部件或模拟质量块应保持在原位。

38.5.2.8　持久加速试验

（a）确定试验程序；

（b）开展持久加速试验；

（c）编写符合性文件。

要求如下：

（a）MIL‐STD‐810G 第 513 章提供了持久加速试验的验证指南可供参考；

（b）如果部件性能可能导致发动机推力功率振荡或者部件提供 CCAR‐33 部要求的发动机功能（如保护或限制功能）时，试验时部件必须处于工作状态；

（c）试验验证包含损伤评估和性能评估；

（d）试验结束后，部件结构正常功能正常。

38.5.2.9　砂尘试验

（a）确定砂尘介质的组成和浓度；

（b）确定试验程序；

（c）开展砂尘试验；

（d）编写符合性文件。

要求如下。

（a）DO‐160G 第 12 章提供了砂尘试验指南可供参考，适用于本试验的发动机部件为 DO‐160G 第 12.2 节定义的 D 类和 S 类部件。

（b）对于安装在飞机正常飞行情况下会经受吹尘位置的部件（D 类），进行吹尘试验。

（c）对于安装在飞机正常飞行情况下会经受吹尘和吹砂位置的部件（S 类），进行吹尘和吹砂试验。

（d）吹入试验箱内的尘的浓度应该达到并保持在 3.5～8.8 g/m³，并且二氧化硅的含量应该为 97%～99%。

（e）试验用尘应该为中国红土或石英粉，其尺寸分布要满足：100% 重量的颗粒直径尺寸小于 150 μm，其中有 20 μm±5 μm 的中等直径的颗粒（50±2% 重量）。

（f）吹砂试验的砂浓度应是部件可能工作的最坏状况下现场环境的砂浓度；

（g）砂粒的二氧化硅含量指示为 95±2%。

（h）试验件应该沿每个正交主轴方向连续不断地进行吹尘试验，试验风速应保持在 0.5 m/s～2.4 m/s 之间。

（i）吹尘和吹砂试验都要经历二次循环：第一次循环试验腔的内部温度保持在 25±2℃、相对湿度不超过 30%，试验件沿每个正交主轴方向，连续不断至少暴露

1 小时；第二次循环试验腔的内部温度升高并稳定在 55±2℃、相对湿度不超过 30%，试验件沿每个正交主轴方向，连续不断至少暴露 1 小时。

（j）砂尘的沉淀不会导致机械部件的堵塞或黏合。

（k）砂尘的沉淀不会导致电气故障。

（l）砂尘的沉淀不会对部件正常运行和结构完整性产生影响。

38.5.2.10　流体敏感性试验

（a）确定试验流体；

（b）确定试验程序（喷淋试验或沉浸试验）；

（c）开展喷淋试验或沉浸试验；

（d）编写符合性文件。

要求如下。

（a）可以通过个别材料试验代替组装部件试验来表明符合性。

（b）如果材料对流体是敏感的，则要通过试验证明该材料应用在部件上时能够得到充分的保护。

（c）DO-160G 第 11 章提供了流体敏感性试验指南可供参考。

（d）喷淋试验要求如下：

（1）适用于只在维修过程中接触到流体的部件；

（2）保持部件处于润湿状态不少于 24 h 后，应使部件至少工作 10 min；该过程结束后，不要清除多余流体，在 65℃恒定温度下放置至少 160 h 后，将部件恢复室温并至少工作 2 h；

（3）对于相同的基的流体（如油基流体、水基流体），可用多种流体同时进行试验；多种流体同时使用的全部暴露时间和单一流体的暴露时间相同；

（4）试验结束后，部件功能正常，且未出现导致其失效的损伤。

（e）沉浸试验要求如下：

（1）适用于在正常发动机运行中接触到流体的部件；

（2）部件完全浸入到试验流体中至少 24 h 后，浸泡在流体中至少工作 10 min；

（3）取出部件，在 65℃恒定温度下放置至少 160 h 后，将部件恢复室温并至少工作 2 h；

（4）试验结束后，部件功能正常，且未出现导致其失效的损伤。

38.5.2.11　盐雾试验

（a）确定试验程序；

（b）开展盐雾试验；

（c）编写符合性文件。

要求如下：

（a）DO-160G 第 14 章提供了盐雾试验指南可供参考，适用于本试验的发动机部件为 DO‐160G 第 14.2 节定义的 S 类和 T 类部件；

（b）对于在飞机正常使用过程中所能遭受腐蚀大气影响的部件（S 类），进行常规盐雾试验；

（c）对于安装在近海飞行或近海停泊的飞机上，且直接暴露在未经过滤的外界空气中的部件（T 类），进行严酷盐雾试验；

（d）盐粒沉淀不会导致机械部件的堵塞或黏合；

（e）盐粒沉淀不会导致电气故障；

（f）造成的腐蚀不会对部件正常运行和结构完整性产生即时或长期的影响。

38.5.2.12 燃油系统结冰试验

（a）分析燃油系统运行及最危险燃油和环境条件，确定试验条件；

（b）确定试验程序；

（c）开展燃油系统结冰试验；

（d）编写符合性文件。

要求如下：

（a）试验应包括发动机在最危险条件下的运行或模拟运行，或者根据试验提供的数据充分评估对发动机运行的影响；

（b）燃油中的含水量应该与飞机申请时规定的或者与第 33.67 条中定义的最危险条件相一致；

（c）虽然燃油结冰可以通过部件试验进行验证，但它经常作为燃油系统试验的一部分进行验证；

（d）试验时，所有的燃油部件，如可移动零件、过滤器、滤网，以及燃油限制装置一般都应包括在试验中。如果其他部件会对结冰条件下燃油系统部件的运行产生影响，那么试验中也应包括这些部件；

（e）试验时间取决于最危险条件：试验时间应该至少与暴露在燃油结冰下的预期时间相等。如果最危险条件是稳态的，试验时间通常不应少于 20 分钟。如果最危险条件是瞬态的（如飞机起飞阶段），试验时间应包含模拟系统暴露在燃油结冰条件下的整个阶段，该试验时间可能在 15~30 分钟左右；

（f）在试验条件下，无发动机功率/推力损失，无发动机保护或限制能力的丧失，以及没有检测到需要飞行机组进行处理的故障。

38.5.2.13 进气结冰试验

（a）确定最危险的结冰条件；

（b）确定试验程序；

（c）开展进气结冰试验；

（d）编写符合性文件。

要求如下：

（a）虽然进气结冰可以通过部件试验进行验证,但它经常作为整机试验的一部分进行验证;

（b）对于暴露在发动机引气系统气流中的部件,部件级试验必须模拟其可能遭遇的最危险结冰条件;

（c）进气结冰的部件试验通常适用于进气道温度或压力传感系统;

（d）部件试验程序必须符合第 33.28 条(b)与第 33.28 条(c)的要求,即飞机提供数据的失效不会导致功率/推力不可接受的改变,以及单点失效或故障,或者可能的组合失效不会导致不安全状态;

（e）部件运行在规定的限制内,成功完成可能受结冰影响的零件的产品验收试验,以及造成的损伤对于持续运行使用是可接受的。

38.5.2.14　霉菌试验

（a）确定试验程序;

（b）开展霉菌试验;

（c）编写符合性文件。

要求如下:

（a）部件可以处于非运行状态;

（b）可以通过个别材料试验代替组装部件试验来表明符合性;

（c）如果材料对霉菌是敏感的,则该材料应用在部件上时能够得到充分的保护,保证其不受霉菌侵害;

（d）DO‐160G 第 13 章提供了适用于安装在严重霉菌污染环境中的部件(F类)的霉菌试验指南可供参考;

（e）确定霉菌生长对材料物理特性即时和长期的影响;

（f）应对任何的霉菌生长进行有害人为因素影响评估(包括健康风险)。

38.5.2.15　温度-高度试验

（a）确定试验温度和压力;

（b）确定温度-高度试验程序;

（c）开展温度-高度试验;

（d）编写符合性文件。

要求如下:

（a）DO‐160G 第 4 章提供了温度-高度试验指南可供参考,对于适用于本试验的发动机部件大多为 4.3 节定义的 D3 类,即预期安装在飞机发动机上,工作高度达 50 000 ft(15 200 m)的部件。

（b）温度试验和高度试验通常分开进行。

（c）温度试验包括地面耐受低温试验、短时工作低温试验、工作低温试验、地面耐受高温试验、短时工作高温试验、工作高温试验和飞行中冷却能力损失试验,在环境大气压力下进行。

（d）试验考核温度和高度标准如表 38-3 所示。

表 38-3　温度和高度标准

温 度 试 验	温度值(℃)/高度
工作低温	-55
工作高温	由设计单位、部件供应商确定
短时工作低温	-55
短时工作高温	由设计单位、部件供应商确定
地面耐受低温	-55
地面耐受高温	由设计单位、部件供应商确定
飞行中冷却损失考核温度	由设计单位、部件供应商确定
高度试验对应的最大飞行高度	50 000 ft/15.2 km
过压试验	N/A
耐压试验	N/A

（e）短时工作低温与工作低温相同,不需进行短时工作低温试验,但地面耐受低温试验不可取消。

（f）对于地面耐受低温试验,部件处于非工作状态,保持-55℃温度至少 3 h;试验结束后,部件能够正常运行,未发生能够导致其失效的损伤。

（g）对于低温工作试验,部件处于工作状态,保持-55℃温度至少 2 h;部件能够正常运行,且未发生能够导致其失效的损伤。

（h）如果短时工作高温和工作高温相同,则不需要进行短时工作高温试验,但地面耐受高温试验不可取消。

（i）短时工作高温试验在地面耐受高温试验后进行;对于地面耐受高温试验,部件处于非工作状态,保持在规定的地面耐受高温至少 3 h;对于短时工作高温试验,以 2℃/min 的最小变化速率从地面耐受高温升至地面工作高温,保持 30～35 min,部件在地面工作高温下至少工作 30 min;部件能够正常运行,且未发生能够导致其失效的损伤。

（j）对于高温工作试验,部件处于工作状态,保持规定的高温工作温度至少 2 h;部件能够正常运行,且未发生能够导致其失效的损伤。

（k）飞行中冷却能力损失试验只适用于安装在飞机发动机动力舱内,且设有专用空气冷却系统的设备。

（l）对于没有电气装置的部件,高度试验仅适用于那些经过密封,并且其内部流体压力不会显著大于大气压力的部件(对于内部流体压力显著大于大气压力的情况,可通过耐压试验和过压试验表明符合性)。

（m）对于高度试验,部件处于工作状态,保持 50 000 ft 对应的压力至少 2 h;部件能够正常运行,且未发生能够导致其失效的损伤。

（n）减压试验适用压力紧急下降时,安装在飞机增压区的、要求工作的部件以及安装有高电压电气/电子电路的部件,如显示器等。

（o）减压试验要求部件处于工作状态,在 15 s 内使压力从 8 000 ft 对应的压力降至 50 000 ft 对应的压力,并保持该压力至少 10 min;部件能够正常运行,且未发生能够导致其失效的损伤。

（p）对于过压试验,部件处于非工作状态,保持-15 000 ft 对应的压力至少 10 min;未发生能够导致其失效的损伤。

38.5.2.16　热循环试验

（a）确定试验温度变化范围和变化速率;

（b）确定试验程序;

（c）开展热循环试验;

（d）编写符合性文件。

要求如下。

（a）DO－160G 第 5 章提供了热循环试验指南可供参考,适用于本试验的发动机部件为 DO－160G 4.2 节定义的 A 类、B 类和 C 类部件,相应的温度变化速率如下:

（1）A 类: 温度变化速率最小 10℃/min;

（2）B 类: 温度变化速率最小 5℃/min;

（3）C 类: 温度变化速率最小 2℃/min;

（4）若无规定,部件应以 A 类标准进行试验;

（b）热循环试验的过程如图 38－1。

（c）可将温度-高度试验与热循环试验组合,试验循环数从 2 增加到至少 10,同时不再要求进行室温试验;

（d）组合试验在第一次循环完成后,不需要进行地面耐受低温试验、短时工作低温试验、地面耐受高温试验和短时工作高温试验;

（e）试验期间部件能够运行正常,且未发生导致部件失效的损伤。

38.5.2.17　防爆试验

（a）确定试验环境和设备等级;

（b）确定试验程序;

（c）开展防爆试验;

（d）编写符合性文件。

要求如下。

（a）DO－160G 第 9 章提供了防爆试验指南可供参考,适用于本试验的发动机

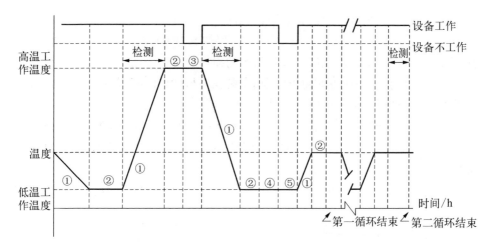

图 38-1   热循环试验

注:① 温度变化速率参考要求 a);② 至少2 min;③ 至少60 min;④ 至少30 min

部件为 DO-160G 第9.4章节定义的 A 类、E 类和 H 类部件:

(1) A 类试验适用于在易燃流体区域内的部件,试验要求部件内的爆炸不能导致部件外的爆炸;

(2) E 类试验适用于在火区内的部件,试验要求部件不能发生爆炸;

(3) H 类试验适用于密封部件,密封部件试验只有在部件表面温度超过易燃流体自燃温度的情况下才要求进行。

(b) 对于表面温度远远低于易燃流体自燃温度的部件,不需要额外的试验来验证易燃流体自燃情况下的部件防爆性能。

(c) 相比火区内部而言,火区外部的部件需要更严酷的要求。

(d) 试验后,部件损伤是可接受的,并且也不要求部件可使用或者可修理。

38.5.2.18   湿热试验

(a) 确定湿热环境;

(b) 确定试验程序;

(c) 开展湿热试验;

(d) 编写符合性文件。

要求如下。

(a) DO-160G 第6章提供了湿热试验指南可供参考,适用于本试验的发动机部件为 DO-160G 第6.2节定义的 B 类(严酷湿热环境)和 C 类(外部湿热环境)部件。

(b) 若是没有其他说明,试件应置于相对湿度为(95±4)%的环境中;湿度环境由25℃下 pH 值为6.5~7.5 或者电阻率不低于25 000(Ω·cm)的水汽或是水蒸气提供;环境中的空气速度应该为0.5~1.7 m/s;试验中应防止气压升高和水滴到部件上。

（c）严酷湿热环境试验程序要求如下：

（1）将试件安装在测试腔中，保证其装载如实际工作状态一样；

（2）将试件安装在 38±2℃，相对湿度 85±4% 的环境中；

（3）在 2 h±10 min 时间段中，将腔温升至 65℃，相对湿度升到 95±4%；

（4）维持腔温至 65℃，相对湿度 95±4% 至少 6 小时；

（5）在接下来 16 h±15 min 中，逐渐将温度降低至 38±2℃。在此期间，相对湿度不低于 85%；

（6）第（3）、（4）和（5）三步组成了一个循环，重复这些步骤以完成十个循环（240 h）；

（7）在测试的最后，从测试腔中拿出设备，将凝结的水气沥干，但不要擦拭。在 10 个循环完成后的一个小时内，将设备置于正常工作状态。设备进入正常工作状态后，最多允许设备有 15 min 的磨合期。对于那些非电力设备，对设备磨合加温的温度不能超过短时高温测试上的要求规定，对设备进行不超过 15 min 的磨合。在磨合期后，保证设备可以正常运行。

（d）外部湿热环境试验程序要求如下：

（1）将试件安装在测试腔中，保证其装载如实际工作状态一样；

（2）将试件安装在 38±2℃，相对湿度 85±4% 的环境中；

（3）在 2 h±10 min 的时间段中，将腔温升至 55±2℃，相对湿度在 95±4%；

（4）维持腔温至 55℃，相对湿度在 95±4% 至少 6 个小时；

（5）在接下来 16 h±15 min 中，逐渐将温度降低至 38±2℃，在此期间，相对湿度不低于 85%；

（6）在此期间，将环境湿度保持在高于 85% 相对湿度（relative humidity，RH）的状态；

（7）第（3）、（4）和（5）三步组成了一个循环，重复这些步骤以完成六个循环（144 h）；

（8）在测试的最后，从测试腔中拿出设备，将凝结的水汽沥干，但不要擦拭。在六个测试循环完成后的一个小时内，将设备置于正常工作状态。设备进入正常工作状态后，最多允许设备有 15 min 的磨合期。对于那些非电力设备，对设备磨合加温的温度不能超过短时高温测试上的要求规定，对设备进行不超过 15 min 的磨合。在磨合期后，保证设备可以正常运行。

38.5.2.19　防水试验

（a）确定试验程序；（防冷凝水试验、防滴水试验、防喷水试验、防连续流水试验）

（b）开展防水试验；

（c）编写符合性文件；

要求如下。

（a）DO－160G 第 10 章提供了防水试验指南可供参考,适用于本试验的发动机部件为 DO－160G 10.2 节定义 Y 类、W 类、R 类和 S 类部件。

（b）防冷凝水试验程序要求如下：

（1）试验需要两个温箱：温箱 1 设置为－10℃,温箱 2 设置为 40℃,相对湿度 85%；

（2）试验设备通过制造商说明书中规定的连接件和紧固件安装在温箱 1 内；

（3）试验设备安装后至少 3 h 不运行；

（4）同时,温箱 2 内的温度稳定在 40℃,相对湿度 85%；

（5）稳定 3 h 后,5 min 内将试验设备转移至温箱 2；

（6）试验设备通过制造商说明书中规定的连接件和紧固件安装在温箱 2 内,安装时间最长 5 min；

（7）起动试验设备,并让其运行 10 min。在运行的 10 min 内,确定设备性能是否满足要求。

（c）防滴水试验程序要求如下：

（1）试验器,使试验设备处于非运行状态,设备温度指示比试验用水的温度高 10℃；

（2）试验设备通过制造商说明书中规定的连接件和紧固件安装；

（3）试验设备处于非运行状态,试验设备上方至少 1 m 高度以某一速度滴水 15 min；

（4）供水量不小于 140 L/($m^2 \cdot h$),滴水孔的直径 0.33 mm,孔间距 25 mm；

（5）起动试验设备,并让其运行 10 min。在运行的 10 min 内,确定设备性能是否满足要求。

（d）防喷水试验程序要求如下：

（1）试验设备通过制造商说明书中规定的连接件和紧固件安装；

（2）运行设备,将水喷洒在试验设备最薄弱的区域；

（3）试验设备上每个被试验区域的喷洒时间不小于 15 min；

（4）可以按需同时对多个区域进行试验,此时需要合适的喷洒装置；

（5）试验中,喷洒装置与试验区域的距离不超过 2.5 m,喷洒水量不小于 450 L/h；

（6）确定设备性能是否满足要求。

（e）防连续流水试验程序要求如下：

（1）该试验作为流体敏感性试验的补充,试验设备处于非工作状态,试验时水温为 50℃；

（2）连接件或其他紧固件需要按照正常的方式连接；

（3）对于弹性衬垫，每个面受连续水流作用不小于 5 min；

（4）水流需要有足够的压力，通过 6.4 mm 的喷嘴能够产生至少 6 m 高的水流；

（5）试验设备距离水流 1~2 m；

（6）确定设备性能是否满足要求。

38.5.2.20　环境限制试验

（a）确定环境限制试验考核等级：

（1）确定磁影响试验考核等级；

（2）确定感应信号敏感度试验考核等级；

（3）确定射频信号敏感度试验考核等级；

（4）确定射频能量发射试验考核等级；

（5）确定闪电间接效应试验考核等级；

（b）确定试验程序。

（c）电磁仿真分析。

（d）开展环境限制试验。

（e）编写符合性文件。

要求如下：

（a）DO－160G 第 15.3 节规定了磁影响试验要求；

（b）DO－160G 第 19.3 节规定了感应信号敏感度试验要求，包括部件感应磁场敏感度试验程序、互连电缆感应磁场敏感度试验、互连电缆感应电场敏感度试验、互连电缆感应尖峰敏感度试验；

（c）DO－160G 第 20.3~20.6 节规定了射频敏感度试验要求，包括辐射和传导；

（d）DO－160G 第 21.3~21.6 节规定了射频能量发射试验要求，包括辐射和传导；

（e）DO－160G 第 22.4~22.5 节规定了闪电感应瞬态敏感度试验要求，包括引脚注入试验和电缆线束试验。

38.5.2.21　电源输入 & 电压尖峰试验

（a）确定试验考核类型及试验条件；

（b）确定试验程序；

（c）开展试验；

（d）编写符合性文件。

要求如下：

（a）本试验仅适用于电气/电子部件或包含有从飞机直接接受电能的电气/电子子部件的部件；

（b）试验等级应至少与飞机应用中定义的等级具有相同严格程度；

（c）对于既从飞机机身，又从发动机专用电源获取电能的部件，应该在合适的电源组合下进行试验；

（d）DO-160G 第 16 章、第 17 章和第 18 章提供了相应的符合性验证方法，规定了部件的试验类型、试验条件和试验程序要求等可供参考；

（e）在试验条件下，部件能够满足其性能要求，且未发生导致其失效的损伤。

38.5.2.22　耐压试验

（a）确定耐压试验压力；

（b）确定试验程序；

（c）开展耐压试验；

（d）编写符合性文件。

要求如下：

（a）参考第 33.64 条适航设计与验证需求确定试件的耐压试验压力，试验需要将部件每个压力腔分别暴露在它们各自的最大压力载荷下；

（b）对于内部存在多个压力腔的部件，试验需要模拟相邻压力腔之间的最大压差；

（c）本标准涉及的发动机部件一般不会承受显著的静载荷，因此这些载荷并不需要包括在试验或分析中；

（d）试验必须考虑部件工作温度、材料和制造工艺的属性以及型号设计允许的任何不利几何条件；

（e）部件试验压力必须保持稳定状态至少 1 分钟；

（f）部件暴露在最大流体压力下未出现损伤或者泄露。

38.5.2.23　过压试验

（a）确定过压试验压力；

（b）确定试验程序；

（c）开展过压试验；

（d）编写符合性文件。

要求如下：

（a）只有当耐压试验适用时，过压试验才适用；

（b）参考第 33.64 条内容确定试件的过压试验压力，试验需要将部件每个压力腔分别暴露在它们各自的最大压力载荷下；

（c）对于内部存在多个压力腔的部件，试验需要模拟相邻压力腔之间的最大压差；

（d）本标准涉及的发动机部件一般不会承受显著的静载荷，因此这些载荷并不需要包括在试验或分析中；

（e）试验必须考虑部件工作温度、材料和制造工艺的属性以及型号设计允许的任何不利几何条件；

（f）部件试验压力必须保持稳定状态至少 1 分钟；

（g）试验后，部件损伤是可接受的，并且也不要求部件可使用或者可修理，但不能发生爆裂或破裂。

38.5.2.24　压力循环试验

（a）确定试验循环；

（b）确定试验程序；

（c）开展压力循环试验；

（d）编写符合性文件。

要求如下：

（a）只有当耐压试验要求适用时，压力循环试验要求才适用；

（b）确保足够的循环以验证部件在其设计寿命中的结构性能；

（c）流体压力的变化范围为最小压力（近似为 0）到最大正常工作压力。只要试验压力达到了要求的等级，循环就不需要包括在最大压力处驻留。最小与最大压力之间的变化率是任意的；

（d）试验中必须考虑零件的工作温度、材料和制作工艺属性，以及型号设计允许的任何不利几何条件；

（e）试验需要将部件每个压力腔分别暴露在它们各自的最大压力载荷下；对于内部存在多个压力腔的部件，试验需要模拟相邻压力腔之间的最大压差；

（f）试验后，部件没有发生爆裂或破裂。

38.5.2.25　防火试验

（a）确定部件防火等级；

（b）确定火焰冲击位置；

（c）确定试验程序；

（d）开展部件防火试验；

（e）编写符合性文件。

要求如下：

（a）根据 AC33.17 − 1 的判定准则确定部件是否需要进行防火试验或耐火试验；

（b）耐火试验必须使零部件暴露在热场或其他特定环境中，承受 1 093℃（2 000 ℉）的平均火焰温度至少 5 分钟；

（c）防火试验必须使零部件暴露在热场或其他特定环境中，承受 1 093℃（2 000 ℉）的平均火焰温度至少 15 分钟；

（d）试验中，部件模拟的运行参数应与在整机中的运行相一致；

（e）试验火焰必须包围部件，或作用于试验件最危险部位，最危险部位的确定需考虑火焰的影响程度和最有可能的火源方向；CS－E 130（4）（b）的 AMC 与 AC 33.17－1 第 7 节 b 中提供了确定该危险部位的指南；

（f）满足 AC 33.17－1 第 5 节 c 中给出了防火试验的通过准则。

38.5.2.26　EEC 过热试验

（a）确定起始温度和升温速率；

（b）确定试验程序；

（c）开展 EEC 过热试验；

（d）编写符合性文件。

要求如下：

（a）只要部件暴露在温度大于最大安全设计工作温度的条件下，就认为是过热状态，最大安全设计工作温度可以定义为高温试验或温度循环试验采用的最大工作温度，并在发动机安装手册中进行了规定；

（b）部件必须持续控制发动机，使其工作在安全运行限制内，即：通过维持对推力/功率改变命令的响应能力或维持发动机保护功能从而控制发动机运行在涡轮机械红线限制内，以及保持发动机按照指令停车的能力；

（c）发动机应保持可控直至飞行员停车，不应出现转速不可控的变化或持续振荡；

（d）试验期间，部件失效导致的发动机安全停车是可接受的。但是一旦触发发动机停车，在 5 min 内，部件故障模式不应导致非指令的发动机再起动或再加速；

（e）通过准则也取决于针对过热事件的飞机维护计划。如果持续适航文件（ICA）要求过热事件发生后必须拆除部件，并且不允许再次使用，那么在验证后不需要再满足部件验收试验要求。如果 ICA 规定，对于特定的过热条件，验证后 EEC 可以再次使用，则验证必须包括证明这些规定的有效性。

38.5.2.27　包容性试验

（a）确定引气条件；

（b）确定破裂转速；

（c）确定试验程序；

（d）开展包容性试验；

（e）编写符合性文件。

要求如下：

（a）该试验适用于空气涡轮起动机；

（b）CS－E 80 的 AMC 提供了验证涡轮起动机包容性的符合性方法可供参考；

（c）起动机包容性应作为整机安全性分析的一部分进行评估，相应验证计划的制定应与审定机构协商一致；

（d）符合性文件中除了试验大纲、试验报告和符合性报告外，还应包括失效概率分析文件、包容结构制造和质量控制文件以及部件寿命管理文件。

38.5.3 系统级

燃油系统结冰系统级验证需求参考第33.67条验证需求中相关内容；

控制系统系统级关于环境限制验证需求参考第33.28条验证需求中的相关内容。

参考文献

中国民用航空局. 2011. 航空发动机适航规定：CCAR33 – R2[S].

European Aviation Safety Agency. 2003. Certification specifications for engines[S].

Federal Aviation Administration. 1961. Agency regulations, proposed recodification：Notice No. 61 – 25[S].

Federal Aviation Administration. 1974. Aircraft and aircraft engines, certification procedures and type certification standards：Final Rule 11010[S].

Federal Aviation Administration. 1971. Aircraft and aircraft engines；proposed certification procedures and type certification standards：Notice No. 71 – 12[S].

Federal Aviation Administration. 1964. Aircraft engines：Notice No. 63 – 47[S].

Federal Aviation Administration. 1964. Aircraft engines：Notice No. 63 – 47[S].

Federal Aviation Administration. 2008. Airworthiness standards；aircraft engine standards for pressurized engine static parts：Final Rule No. 2007 – 28501[S].

Federal Aviation Administration. 2008. Airworthiness standards；engine control system requirements：Final Rule No. 2007 – 27311[S].

Federal Aviation Administration. 2007. Airworthiness standards；engine control system requirements：Notice No. 07 – 03[S].

Federal Aviation Administration. 2010. General type certification guidelines for turbine engines：AC33. 91 – 1[S].

Radio Technical Commission for Aeronautics. 2007. Environmental conditions and test procedures for airborne equipment：RTCA DO – 160G[S].

Society of Automotive Engineers, 2008. Guidelines for engine component tests：SAE ARP5757[S].

第 39 章
第 33.93 条 分解检查

39.1 条 款 内 容

第 33.93 条 分解检查

（a）在完成本章第 33.87 条（b）、（c）、（d）、（e）或（g）的持久试验后，每台发动机必须完全分解，并满足下列要求：

（1）不论是否安装在发动机上即可确定其调整位置和功能特性的每个部件，必须使其每个调整位置和功能特性保持在试验开始时确定和记录的限制范围内。

（2）按第 33.4 条提交的资料，每个发动机零部件必须符合型号设计并且应仍然可以安装在发动机上继续使用。

（b）在完成本章第 33.87 条（f）的持久试验后，每台发动机必须完全分解，并满足下列要求：

（1）不论是否安装在发动机上即可确定其调整位置和功能特性的每个部件，必须使其每个调整位置和功能特性保持在试验开始时确定和记录的限制范围内；并且

（2）每型发动机可以有超出本条（a）（2）允许的损伤，包括某些不适合于进一步使用的发动机零件或部件。当中国民用航空局认为必要时，申请人必须通过分析、试验，证明发动机的结构完整性得到了保持；或者

（c）代替本条（b）的符合性，可以在要求 30 秒钟一台发动机不工作（OEI）和 2 分钟一台发动机不工作（OEI）功率额定值的发动机上进行本规定第 33.87（b）、（c）、（d）或（e）规定的持久试验，接着进行第 33.87（f）规定的试验，但中间不进行分解和检查。在完成第 33.87（f）的持久试验后，发动机必须满足本条（a）的要求。①

---

① 注：第 33.93 条（b）和条（c）针对旋翼航空器发动机，对涡轮风扇发动机不适用，故该部分不展开讨论。

39.2　条款演变历程

条款修订历史如表 39-1 所示。

表 39-1　条款修订历史

序号	修正案	生效日期	Final Rule 名称	NPRM
1	33-0	1965.02.01	Miscellaneous Amendments	63-47
2	33-6	1974.10.31	Aircraft and Aircraft Engines, Certification Procedures and Type Certification Standards	71-12
3	33-9	1980.10.14	Airworthiness Review Program; Amendment No. 8A: Aircraft, Engine, and Propeller Airworthiness, and Procedural Amendments	75-31
4	33-10	1984.03.26	Aircraft Engine Regulatory Review Program; Aircraft Engine and Related Powerplant Installation Amendments	80-21
5	33-18	1996.08.19	Airworthiness Standards: Aircraft Engines New One-Engine-Inoperative (OEI) Ratings, Definitions and Type Certification Standards	89-27A
6	33-25	2008.10.17	Airworthiness Standards: Rotorcraft Turbine Engines One-Engine-Inoperative (OEI) Ratings, Type Certification Standards	89-27A

CCAR-33R2 版中的第 33.93 条与 FAR-33 部的第 25 修正案中的第 33.93 条内容一致。FAR-33 部中的第 33.93 条有 6 次修订。主要内容修订包括以下几条：1965 年第 0 修正案，第 33.93 条被首次加入 F 章。1974 年第 6 修正案，增加"安装在发动机上即可确定其调整位置和功能特性的每个部件，必须使每个调整位置和功能特性保持在试验开始时确定和记录的限制范围内"，"按第 33.5 条提交的资料，每个发动机零部件必须符合型号设计并且应仍然可以安装在发动机上继续使用。"1980 年第 9 修正案，由于其他条款的变更，第 33.93 条中参考的第 33.5 条变更为第 33.4 条。1996 年第 18 修正案，新增 b(2) 条"每型发动机可以有超出本条(a)(2)允许的损伤，包括某些不适合于进一步使用的发动机零件或部件。当美国联邦航空管理局认为必要时，申请人必须通过分析和/或试验，证明发动机的结构完整性得到了保持，包括安装节、机匣、轴承座、主轴及转子的完整"和(c)条"代替本条(b)的符合性，可以在要求 30 秒钟一台发动机不工作(OEI)和 2 分钟一台发动机不工作(OEI)功率额定值的发动机上进行本规定第 33.87 条(b)、(c)、(d)或(e)规定的持久试验，接着进行第 33.87 条(f)规定的试验，但中间不进行分解和检查。在完成第 33.87 条(f)的持久试验后，发动机必须满足本条(a)的要求。"

39.3   条款实质性要求

本条款主要是在发动机持久试验之后，对试验发动机状态的审查，也是第33.87条持久试验条款的通过性判据之一。其实质要求包括：

（a）持久试验后，每台发动机必须完全分解；

（b）不经装机即可确定其调整位置和功能特性的每个部件，必须使其每个调整位置和功能特性保持在试验开始时确定和记录的限制范围内；

（c）持久试验后，每个发动机零部件必须符合型号设计并且应仍然可以安装在发动机上继续使用。

39.4   条款设计需求

39.4.1   整机级

确定发动机整机分解检查规范：

（a）确定发动机整机分解规范；

（b）确定发动机整机"污染"检查规范。

39.4.2   系统级

确定发动机各单元体或系统分解检查规范：

（a）确定发动机各单元体或系统的分解规范；

（b）确定发动机各单元体或系统"污染"检查规范。

39.4.3   部件级

确定发动机各零部件检查规范：

（a）确定发动机各零部件"污染"检查规范；

（b）确定发动机各零部件"清洁"检查规范；

（c）确定发动机各零部件清洗规范；

（d）确定发动机各零件维修限制。

39.5   条款验证需求

39.5.1   部件级

39.5.1.1   发动机系统分解

（a）确定分解计划；

（b）按照发动机手册中规定的分解要求,并参考发动机各系统/单元体装配图纸与装配方案,将发动机系统(包括发动机各单元体,如风扇增压级、高压压气机、燃烧室,高、低压涡轮等)分解至零部件级;

（c）梳理完全分解后的所有零部件清单(即实际装配的零件清单),与制造符合性清单进行比较,如果两者之间存在差异应找出原因并上报。

要求如下:

（a）以持续适航文件 ICA 中有关发动机分解的相关信息作为分解规范;

（b）原则上应分解至零件层级,分到不可分解为止,但对于具有单独功能的零部件,比如阀门、传感器、线束等,如果可通过目视检查和功能测试确定其性能的好坏,则可不继续进行分解;

（c）除非经过局方的批准,不得结束对发动机的拆解;

（d）通过图像和数据等详细记录分解过程中造成的损伤或观察到的异常情况。

39.5.1.2　发动机部件调整位置和功能特性检查

（a）对于不经装机即可确定其调整位置和功能特性的部件,检查并记录其调整位置和功能特性。

（b）这些部件包括,但不限于:

（1）发动机控制系统部件;

（2）泵;

（3）传动装置;

（4）热交换器;

（5）阀门;

（6）点火装置。

要求如下:

（a）检查清单参考第 33.82 条来制定;

（b）确认其调整位置和功能特性保持在持久试验开始前限制范围内。

39.5.1.3　发动机零部件"污染"检查

（a）确定发动机零部件"污染"检查范围。

（b）对发动机零部件进行清洗前检查,记录出现的任何异常现象,包括但不限于:

（1）阀门、密封件和接头等处的任何异常渗漏;

（2）润滑油的过量或不足的迹象、燃/滑油积碳;

（3）非正常的热分布现象,过热或烧伤;

（4）油滤或管路中过多的积碳、金属或其他外来颗粒;

（5）零件黏连、破损;

（6）作动部件缺少自由度;

（7）过度的松开扭矩，与安装力矩对比过大或过小的松开力矩；

（8）任何在完全分解和清洗之后可能不易被发现的状况，如分解中造成的零件损伤或缺失等。

要求如下：

（a）以持续适航文件 ICA 中有关发动机维护的相关信息作为检查标准；

（b）除非经过局方的批准，"污染"检查完成之前不得清洗发动机的任何零部件；

（c）通过图像和数据等详细记录所有缺陷、失效、磨损以及其他异常情况。

39.5.1.4　发动机零部件清洗

清洗发动机零部件，直至满足"清洁"检查的要求。

要求如下：

清洗要求、方法、步骤以及使用的清洗剂和标准以持续适航文件 ICA 中有关发动机清洗的相关信息为依据；

39.5.1.5　发动机零部件"清洁"检查

（a）目视检查发动机零部件，检查并记录可用肉眼看到的不可接受的迹象（应特别注意轴承、齿轮、密封和旋转部件），包括但不限于：

（1）零件的磨损、金属黏接、压痕、腐蚀、变形、扭曲、裂纹、运动部件间的非正常接触等迹象；

（2）由于过热或缺少润滑导致的变色、烧伤等迹象；

（3）热端部件的裂纹、过热和烧伤迹象。

（b）对发动机零部件进行无损检测，检测零件裂纹或初始失效；无损试验方法包括但不限于：

（1）磁粉探伤检测；

（2）X 射线检测；

（3）渗透检测；

（4）超声波检查；

（5）电涡流检测。

（c）对发动机零部件进行尺寸检测，检查受到磨损、蠕变、摩擦或者变形的发动机关键部件，确定其他相关零部件在持久试验期间尺寸变化的程度。

要求如下：

（a）根据持续适航文件 ICA 中的零部件检查规范进行检查；

（b）关键零部件及关键尺寸清单参考第 33.82 条来制定；

（c）通过图像和数据等详细记录所有缺陷、失效、磨损以及其他异常情况。

39.5.1.6　零部件状态评估

（a）确认零部件的"污染"及"清洁"检查结果；

(b) 对分解的零部件的状态进行技术评估。

要求如下:

零部件评估的依据为持续适航文件 ICA 中规定的维护/维修限制要求。

39.5.1.7　补充修正措施

对超出维修限制范围的零部件,应查明故障原因(从设计、制造、装配、分解等方面),并提出相应的修正措施,可采取的修正措施有:

(a) 如果零部件在发动机维修周期内(检查、车间维修或者大修)处于适航状态,可以修订维护/维修手册的检查限制,来满足检查结果。

(b) 维持手册限制,并进行以下操作:

(1) 修改持续适航文件(ICA)包含的发动机检查大纲中检查的频率和程序(确保零件在达到规定的限制条件前可被检查并能及时更换);

(2) 用工程分析、类似型号设计的部件维修经验或者两者结合的方法,来证明任何超过手册中维修限制的零件仍然适航且能继续执行设计功能;并且在 ICA 规定的维修周期内(检查、车间维修或者大修),对相关零部件的继续操作是安全的。

要求如下:

(a) 对试验过程仅由于外物损伤(foreign object damage, FOD)或内物损伤(domestic object damage, DOD)导致零件超出维护/维修限制,应向局方表明该零部件如果没有经受 FOD 或 DOD 将继续可使用,可认为其满足条款要求而不需要采取修正措施;

(b) 对分解过程造成的损伤,应评估持续适航文件 ICA 中编写的分解要求是否需要完善或修订,以避免损伤。

39.5.2　系统级

39.5.2.1　发动机整机分解

(a) 确定分解计划;

(b) 按照发动机手册中规定的分解要求,并参考整机装配图纸与装配方案,将发动机分解至系统级(包括发动机各单元体,如风扇增压级,高压压气机,燃烧室,高、低压涡轮等)。

要求如下:

(a) 以持续适航文件 ICA 中有关发动机分解的相关信息作为分解规范;

(b) 通过图像和数据等详细记录分解过程中造成的损伤或观察到的异常情况。

39.5.2.2　发动机系统"污染"检查

对发动机系统(包括发动机各单元体,如风扇增压级,高压压气机,燃烧室,高、低压涡轮等)进行清洗前检查,通过外部检查及内部孔探检测,确定持久试车后发

动机各系统(或单元体)的真实状态,记录出现的任何异常现象,包括但不限于:

(a) 阀门、密封件和接头等处的任何异常渗漏;

(b) 润滑油的过量或不足的迹象、燃/滑油积碳;

(c) 非正常的热分布现象,过烧或烧伤;

(d) 油滤或管路中过多的积碳、金属或其他外来颗粒;

(e) 零件黏连、破损;

(f) 作动部件缺少自由度;

(g) 过度的松开扭矩,与安装力矩对比过大或过小的松开力矩;

(h) 任何在完全分解和清洗之后可能不易被发现的状况,如分解中造成的零件损伤或缺失等。

要求如下:

(a) 以持续适航文件 ICA 中有关发动机维护的相关信息作为检查标准;

(b) 除非经过局方的批准,"污染"检查完成之前不得清洗发动机的任何零部件;

(c) 通过图像和数据等详细记录所有缺陷、失效、磨损以及其他异常情况。

39.5.3   整机级

发动机整机"污染"检查:

(a) 确定整机"污染"检查范围及标准。

(b) 对发动机整机进行清洗前检查,通过外部检查及内部孔探检测,确定持久试车后发动机的真实状态,记录出现的任何异常现象,包括但不限于:

(1) 阀门、密封件和接头等处的任何异常渗漏;

(2) 润滑油的过量或不足的迹象、燃/滑油积碳;

(3) 非正常的热分布现象,过热或烧伤;

(4) 零件破损;

(5) 任何在完全分解和清洗之后可能不易被发现的状况,如分解中造成的零件损伤或缺失等。

要求如下:

(a) 以持续适航文件 ICA 中有关发动机维护的相关信息作为检查标准;

(b) 除非经过局方的批准,"污染"检查完成之前不得清洗发动机的任何零部件;

(c) 通过图像和数据等详细记录所有缺陷、失效、磨损以及其他异常情况。

参考文献

航空科学技术名词审定委员会.2004.航空科学技术名词[M].北京:科学出版社.

中国民用航空局. 2011. 航空发动机适航规定：CCAR33 - R2[S].

European Aviation Safety Agency. Certification specifications for engines[S].

Federal Aviation Administration. 1974. Aircraft and aircraft engines, certification procedures and type certification standards：Final Rule 11010[S].

Federal Aviation Administration. 1971. Aircraft and aircraft engines；proposed certification procedures and type certification standards：Notice No. 71 - 12[S].

Federal Aviation Administration. 1984. Aircraft engine regulatory review program；aircraft engine and related powerplant installation amendments：Final Rule 16919[S].

Federal Aviation Administration. 1980. Aircraft engine regulatory review program；aircraft engine and related powerplant installation proposals：Notice No. 80 - 21[S].

Federal Aviation Administration. 1964. Aircraft engines：Notice No. 63 - 47[S].

Federal Aviation Administration. 1980. Airworthiness review program；amendment No. 8A：Aircraft, Engine, and propeller airworthiness, and procedural amendments：Final Rule 14779/14324[S].

Federal Aviation Administration. 1975. Airworthiness review program, Notice No. 8：Aircraft, engine, and propeller airworthiness, and procedural proposals：Notice No. 75 - 31[S].

Federal Aviation Administration. 1996. Airworthiness standards：Aircraft engines new one-engine-inoperative (OEI) ratings, definitions and type certification standards：Final Rule 26019[S].

Federal Aviation Administration. 1995. Airworthiness standards：Aircraft engines；new one-engine-inoperative ratings, definitions, and type certification standards：Notice No. 89 - 27A[S].

Federal Aviation Administration. 2008. Airworthiness standards：Rotorcraft turbine engines one-engine-inoperative (OEI) ratings, type certification standards：Final Rule FAA - 2007 - 27899 [S].

Federal Aviation Administration. 2015. Engine overtorque test, calibration test, endurance test and teardown inspection for turbine engine certification：AC33. 87 - 1A[S].

Federal Aviation Administration. 1964. Miscellaneous amendments：Final Rule 3025[S].

第40章

第33.94条 叶片包容性和
转子不平衡试验

40.1 条 款 内 容

第33.94条 叶片包容性和转子不平衡试验

（a）除了本条（b）款规定外，除非在下列每一事故后发动机损坏的结果导致了自动停车，否则必须通过发动机试验验证：发动机能包容损坏件至少运转15秒不着火，并且其安装节也不失效。

（1）在以最大允许转速运转期间，最危险的压气机或风扇的一个叶片失效。该叶片失效必须出现在盘上最外层的固定榫槽处：或对于整体叶盘转子，叶片必须至少缺损80%。

（2）在以最大允许转速运转期间，最危险的涡轮叶片失效。该叶片失效必须出现在盘上最外部的固定榫槽处；或对于整体叶盘转子，该叶片必须至少缺损80%。必须根据涡轮叶片的重量和其邻近的涡轮机匣在与最大允许转速运转相关的温度和压力下的强度确定该最危险的涡轮叶片。

（b）基于根据试验台试验、部件试验或使用经验的分析如果符合下列条件，可以代替本条（a）（1）和（a）（2）规定的发动机试验之一：

（1）某一试验（上述规定的两个试验之一）产生的转子不平衡量为最小；

（2）证明分析是等同于上述某一试验。

40.2 条款演变历程

条款修订历史如表40-1所示。

表40-1 条款修订历史

序号	修正案	生效日期	Final Rule 名称	NPRM
1	33-10	1984.03.26	Aircraft Engine Regulatory Review Program; Aircraft Engine and Related Powerplant Installation Amendments	80-21

CCAR - 33R2 版中的 33.94 条款跟 FAR33 部的 10 修正案中的 33.94 条款内容一致。FAR33 部中的 33.94 条款有 1 次修订。除 1984 年第 10 修正案中增加了 33.94 条款,截至目前未有任何再修订。

40.3 条款实质性要求

本条款的要求可以描述为通过发动机整机试验以验证:

航空发动机结构在受到可能的转子叶片失效破坏,以及与转子叶片失效相关的转子不平衡时,具备保持结构完整性的能力。

40.4 条款设计需求

40.4.1 整机级

40.4.1.1 整机建模

(a) 建立完整的建模规范,包括:

(1) 模型规模(包含的零部件);

(2) 精度(单元类型、尺度);

(3) 简化方法(圆角、孔、螺栓连接等细节特征、重力、阻尼、转速);

(4) 边界条件;

(5) 材料模型;

(6) 失效准则。

(b) 叶片与包容结构建模。

(c) 熔断降载装置建模(若有)。

(d) 轴承建模。

(e) 其他结构的建模与简化。

(f) 形成完整的模型组,包括:

(1) 用于变形和载荷分析的发动机动态有限元模型;

(2) 用于部件应力分析的局部细节有限元模型。

(g) 基于整机试验或台架试验结果,获得叶片脱落后发动机转速下降的规律。要求如下:

显式动力学分析建模可参考附件 A 的相关要求。

40.4.1.2 整机分析

(a) 叶片脱落及包容性评估:

(1) 发动机包容能力取决于两个方面:包容结构、叶片脱落过程中的相互作用;

（2）包容方式（如硬壁包容/软壁包容）、叶片与机匣材料、机匣尺寸更改会影响包容性评估结果。

（b）安装系统评估：

（1）安装系统评估需要关注施加或传递到安装节上的载荷，以及发动机振动响应；

（2）静子结构的改变可能会显著影响传递到安装节上的载荷，例如，发动机机匣和支板刚度的增加可能导致传递到安装节上载荷的增加。

（c）静子结构评估：

（1）分析叶片脱落事件发生后15秒，或发动机自动停车时间范围内发动机结构的载荷及其传递；

（2）可能需要开展额外的试验以确认静子结构分析方法，如屈曲分析方法；

（3）动态分析需要足够精细以能够反映静子结构，包括支撑结构的设计特征；

（4）评估发动机机匣刚度的变化对安装节载荷的影响。

（d）不平衡载荷分析：

（1）针对风扇/压气机、高/低压涡轮的关键转子叶片脱落开展不平衡载荷分析，一般包括：风扇、第一级高压压气机、最后一级高压涡轮，以及最后一级低压涡轮叶片。

（2）民用航空涡轮发动机的使用经验表明，部分型号设计中单一转子叶片的失效会对该级或其他级转子叶片产生二次损伤，并可能导致继发的叶片失效；在此条件下开展不平衡载荷分析时，需要评估二次损伤相关的碎片质量、能量以及所导致的转子不平衡量。

（3）需要关注的发动机传力路径上的关键点包括安装节、轴承、法兰安装边、其他螺栓连接部位等。

（e）防火评估：

（1）防火评估通常需要关注那些携带或输送易燃液体的部件载荷、变形以及振动响应；

（2）关键部件包括燃油管、滑油管、滑油箱、齿轮箱、燃油泵、滑油泵等；

（3）检查发动机失效模型；

（4）对齿轮箱和燃油控制系统进行应力分析；

（5）管路进行伸缩性分析，分析（如有限元分析）必须显示燃油或滑油管路不会出现松脱或其他形式的失效，并且发动机对于易燃燃油拥有足够的疏导能力；

（6）建立设计准则，通过分析表明燃油泄漏不会导致不可控着火；

（7）通过分析表明以下部件不会出现脱落：伺服机构、FADEC、热交换器。

要求如下：

（a）必须选择前期已完成的叶片包容性和转子不平衡整机试验作为分析基准,型号设计更改必须与该基准具有可比性;

（b）分析方法须经过特定型号运行经验或基准发动机试验校核确认;

（c）应根据试验和经验,与飞机制造商共同确定分析方法的准确性;

（d）在确定的准确性范围内,上述分析方法应能够可靠预测已有发动机整机试验或新发动机台架试验结果;

（e）应能够准确地预测从叶片释放到发动机运行至稳定状态时间范围内的瞬态负载;

（f）若设计了发动机转子支撑结构失效(熔断降载设计),应评估支撑结构失效对发动机结构响应的影响;

（g）应考虑叶片脱落角度的影响,分析多个脱落角度以确定最坏的情况。

40.4.1.3　发动机模型确认

（a）有限元建模规范确认;

（b）刚度确认;

（c）不平衡载荷确认;

（d）组件失效确认;

（e）碰磨(叶片与机匣、轴之间)载荷确认;

（f）失效后发动机主旋转系统转速随时间的变化规律确认。

要求如下。

（a）模型确认以整机试验为基础,相关的实践经验作为支撑。

（b）通过试验前的预测和试验后的比较,对模型进行确认:

（1）允许预测结果和试验结果之间存在差异,但必须表明这种差异对符合性的影响很小或没有影响;

（2）当存在差异时,需要开展敏感性分析。

（c）允许并鼓励在试验后对模型进行精细化处理,但必须表明该精细化处理是基于实际物理原理的。

（d）不允许在试验后为了获得更贴近试验的结果而随意调整模型,除非表明这样的调整是符合实际物理原理的,那些在试验后通过调整模型得到的计算结果通常难以为模型确认提供支撑。

（e）通常需要开展台架试验及相应的建模和比对分析,以强化模型确认程序。

40.4.2　系统级

关键转子叶片脱落台架试验建模分析:建模、分析、结果比对。

要求如下:

（a）该模型需要能够较为准确地再现台架试验中包容结构的损伤、叶片与机匣碰磨、转子不平衡等；

（b）输出轮盘、轴承、连接件的载荷。

40.4.3 部件级

40.4.3.1 开展各级转子叶片脱落的包容性分析

（a）数值分析；

（b）经验公式（两者选其一即可）。

要求如下：

（a）在最大允许转速下对每一级转子叶片进行包容性评估；

（b）在最大允许转速及对应的最不利温度和应力条件下评估发动机结构的包容性，包容结构有效厚度应为型号设计允许的最小厚度；

（c）对于特殊的型号设计，若转子转速、包容结构温度和应力的实际组合会导致比上述第（b）条规定更不利的工况出现，则该工况也应纳入包容性分析和比较当中；

（d）原发失效叶片的质量应为型号设计允许的最大质量；

（e）失效位置根据条款规定，为盘上最外层的固定榫槽处，或对于整体叶盘，叶片缺损至少80%；

（f）对于某些特殊设计的风扇叶片，申请采用专有条件的，叶片失效位置根据专有条件确定，例如对于复合材料风扇叶片，专有条件规定叶片沿流道线失效；

（g）带有整体叶冠的叶片与不带叶冠叶片（质量更小）相比，前者对包容结构产生的穿透危险可能比后者小（因为后者与包容结构接触的剪切面积小，接触压力高），在这种情况下，两种叶片都应纳入包容性分析和比较当中；

（h）计算中不考虑二次损伤对失效叶片能量的耗散，即失效叶片动能的计算不考虑二次损伤的影响。

40.4.3.2 确定关键转子叶片

（a）针对风扇增压级、高压压气机、高压涡轮、低压涡轮，分别确定包容裕度最低的关键转子叶片；

（b）针对风扇增压级、高压压气机、高压涡轮、低压涡轮，分别确定脱落后导致最大不平衡量的关键转子叶片；

（c）分析比较，确定风扇/压气机最关键转子叶片和涡轮最关键转子叶片。

要求如下。

（a）遵循以下原则确定关键转子叶片：

（1）包容裕度最低；

（2）叶片失效导致的不平衡量最大。

（b）若上述两个条件无法同时满足，则条件（b）的优先级高于条件（a）。

(c) 对于分析得到的包容裕度过低的转子级,首先应该通过修改设计以提高其包容裕度,或采用部件级或零件级试验证明其包容性。

40.4.4　零件级

开展叶片与机匣冲击试验的建模分析:

(a) 叶片与机匣数值建模,冲击试验分析,结果比对;

(b) 包容性经验公式系数修正。

40.4.5　元件级

40.4.5.1　建立应变率相关材料力学性能模型

需要为分析提供材料输入。

要求如下:

应该在相应温度条件下取相对保守的材料属性;对于涡轮部件,还应考虑发动机性能衰退的影响。

40.4.5.2　开展靶板冲击试验的建模分析

(a) 建立靶板冲击试验数值分析模型、分析并比对结果;

(b) 包容性经验公式系数拟合。

40.5　条款验证需求

40.5.1　元件级

40.5.1.1　开展材料动态力学性能测试

考虑温度对材料性能的影响。

所需试验设备:

(a) 高速动态拉伸试验机;

(b) "霍普金森"杆试验器等。

40.5.1.2　开展靶板冲击试验

(a) 确定机匣元件的抗冲击能力;

(b) 标定、验证材料力学性能模型。

要求如下:

依据冲击试验各自规范开展试验。

所需试验设备:

(a) 固定高速气炮试验器;

(b) 高速相机等。

40.5.2 零件级

开展叶片与机匣的冲击试验：

(a) 评估机匣结构抗冲击能力；

(b) 考察叶片与包容结构的相互作用机理；

(c) 验证包容性分析方法。

要求如下：

依据冲击试验各自规范开展试验。

所需试验设备：

(a) 立式转子试验器；

(b) 固定高速气炮试验器；

(c) 高速相机；

(d) 其他。

40.5.3 部件级

视情开展转子叶片脱落部件试验：

(a) 验证相应转子叶片对应包容结构的包容能力；

(b) 确认相应转子叶片脱落所导致的不平衡量。

要求如下：

(a) 利用带有整圈叶片的转子级开展试验；

(b) 试验件需要包含该级转子叶片所对应的包容结构；

(c) 叶片实际脱落转速不得低于最大允许转速；

(d) 考虑温度对试验结果的影响,通过适当增加发动机转速的方法可以补偿所需机匣温度的不足。

所需试验设备：

(a) 立式/卧式转子试验器；

(b) 高速相机等。

40.5.4 系统级

开展风扇叶片脱落台架试验：

(a) 验证风扇包容结构的包容能力；

(b) 评估风扇叶片脱落导致的不平衡量；

(c) 验证台架试验分析模型。

要求如下：

(a) 叶片实际脱落转速不得低于最大允许转速；

(b) 试验后应进行分解检查,明确试验实际叶片脱落转速、叶片脱落位置、包容结构损伤,风扇轮盘、轴承、连接件状态、叶片与机匣碰磨、转子不平衡量等。

所需试验设备:

(a) 卧式转子试验器;

(b) 高速相机;

(c) 其他。

40.5.5　整机级

开展叶片脱落整机试验:

(a) 编制试验大纲。

试验大纲作为符合性验证试验的指导文件,应至少但不限于包含如下内容:

(1) 试验目的(包含拟验证的适航条款);

(2) 试验依据;

(3) 被试对象即试验产品的说明(包括试验产品构型、试验产品在试验装置上的安装、有关图纸编号等);

(4) 试验中使用的所有试验设备清单及校验和批准说明;

(5) 测试设备及其精度;

(6) 对试验产品和试验装置的制造符合性要求;

(7) 该试验预期如何表明对拟验证条款符合性的说明;

(8) 试验步骤;

(9) 试验成功判据;

(10) 记录项目;

(11) 异常情况的处理;

(12) 对试验大纲中引用的文件、数据资料的明确说明等。

(b) 确定试验发动机。

试验所采用的发动机在能够对试验结果产生影响的构型特征上必须符合型号设计,这些构型特征至少包括:

(1) 机匣厚度;

(2) 外部结构连接件;

(3) 叶片设计;

(4) 转子和转子支撑结构等。

(c) 对比发动机在飞机上的安装,对试验发动机安装进行评估。

(1) 对试验用可能影响整机刚度、包容结构能力、飞出碎片流道、易燃液体供给等方面的安装构型进行评估;

(2) 重点关注以下部件:吊架、进气道、反推、核心机整流罩、风扇整流罩、安装结构、喷管、整体驱动发电机、机载电源、短舱灭火系统、燃油供油管路等;

（3）短舱是否为真实构型，若非，从重量、结构、强度、刚度等角度对其适用性进行评估；

（4）为了能够对包容机匣和附件进行高速录影，是否未安装风扇整流罩，若是，从重量、传力路径等角度评估其对发动机动力学响应的影响；

（5）与飞机连接的管路、线路是否需要在试验中进行连接，管路中是否应该存有液体；

（6）为了安装试验装置（如传感器、引爆炸药用的导电滑环等），是否对结构进行了更改，若有，评估其影响。

（d）发动机可以在正常海平面环境下进行试验。

（1）叶片脱落转速控制：

（i）型号设计的最大允许转速；

（ii）关键转子叶片分析所得的其他更严苛的转速、温度及应力组合；

（iii）试验转速修正，适当增加发动机转速的方法可以补偿所需机匣温度的不足。

（2）叶片断裂位置确定：

（i）符合第33.94条（a）要求，或符合相应的专有条件；

（ii）对叶片脱落方法进行说明，例如，叶片爆破飞脱实际断口与理论上的平直断口存在差异，需要进行说明；爆炸装置的引入对转子不平衡的影响，需要进行相应的补偿等。

（3）图像记录。

叶片包容与整机不平衡响应试验对于图像记录尤其是动态图像记录的要求较高，试验大纲中必须具有对相关工作的详细规定。针对这些条件包括以下要点：

（i）摄像机数量；

（ii）摄像机机位；

（iii）摄像机帧率；

（iv）摄像机分辨率；

（v）照明条件；

（vi）叶片涂装。

（4）推荐使用高速相机和外环罩确定可能从进/排气口射出发动机的碎片，以及可能通过发动机机匣壁面释放的碎片的能量水平和飞行轨迹。

（5）试验参数记录。

需要记录的试验参数，可参考下列各项执行：

（i）转子转速变化曲线；

（ii）油门杆位置变化曲线；

（ⅲ）压气机出口压力变化曲线；

（ⅳ）滑油压力变化曲线；

（ⅴ）燃油压力变化曲线（泵内及燃烧室）；

（ⅵ）设备燃油流量变化曲线（总流量及局部监测点流量）；

（ⅶ）流道动压参数变化曲线；

（ⅷ）内部气流温度时间历程曲线；

（ⅸ）振动值变化曲线。

（e）分解检查。

（1）说明检查方法。

针对不同的检查项，向局方说明所采用的具体检查方法。

（2）零部件分解检查。

对所有易受试验影响的零部件进行分解检查，一般包括：

（ⅰ）外环罩；

（ⅱ）各机匣；

（ⅲ）进气道；

（ⅳ）发动机安装节；

（ⅴ）风扇叶片；

（ⅵ）附件及齿轮箱；

（ⅶ）外部管路；

（ⅷ）滑油箱；

（ⅸ）控制系统；

（ⅹ）熔断降载装置（若有）；

（ⅺ）其他。

（3）防火检查。

注意以下几个方面：

（ⅰ）燃/滑油泄漏；

（ⅱ）起火及燃烧蔓延等。

（f）判断试验是否通过。

发动机试验完成后，若满足以下条件，则可以认为发动机通过试验验证。

（1）发动机包容失效叶片：

（ⅰ）发动机应包容原发失效叶片；

（ⅱ）若存在穿透发动机包容结构的二次损伤叶片，其所具有的能量不应导致危害性发动机后果。

（2）除非证明以下损伤不会导致危害性发动机后果，否则不应发生：

（ⅰ）机匣扭曲变形；

（ii）机匣安装边分离；

（iii）转子解体。

（3）未发生不可控火灾（包括发动机内部或外部）。

（4）未发生发动机安装结构失效。

（5）出现振动超限或其他飞行警告后，在没有人为更改发动机功率设置的条件下，发动机至少能够持续转动15秒钟，然后能够成功停车，或叶片原发失效导致的发动机损伤能够立即诱发自动停车。

要求如下：

（a）试验应在完整的发动机上进行，其安装方式应使发动机机体和安装节上因不平衡引起的响应能够代表在真实安装状态下发生的响应；

（b）应选取关键转子叶片开展试验；

（c）原发失效叶片数量：一个；

（d）叶片失效位置：符合第33.94条（a）要求，或符合相应的专有条件；

（e）在最大允许转速和相应的最大机匣温度，或其他任何被认为更为关键的可能的非瞬态转速、进气温度和机匣温度的组合条件下释放叶片；

（f）关键转子叶片脱落并出现振动超限或其他飞行警告后，至少15秒时间内不得对发动机进行任何控制操作，以模拟机组成员的危险识别和反应时间，并确定该不平衡状态的短期效应；

（g）完成试验后，允许发动机完全失去推力，但不允许出现如下状态：

（1）发动机外机匣的明显破裂或危险变形，或通过发动机外机匣或防护罩飞出叶片；

（2）机匣安装边分离；

（3）转子爆破；

（4）不可控火灾（包括发动机内部或外部）；

（5）发动机安装节失效；

（6）其他可能导致危害性后果的损伤。

（h）通常情况下，任何碎片穿透并飞出发动机机匣（包括任何属于发动机型号设计一部分的缠绕包容结构）都将导致试验失败，即使穿透碎片在飞出机匣后只剩下较低的动能，发动机的包容能力也被认为处于极度临界状态；

（i）特殊情况下，若存在穿透发动机包容结构的二次损伤碎片，应通过进一步的分析或试验表明其所具有的能量不会导致危害性发机后果；

（j）如果碎片从发动机进气口或排气口射出，应报告其大致的尺寸和重量并估计其轨迹和速度，以便对飞机的影响进行评估。

所需试验设备：

（a）露天台；

（b）高速相机；

（c）其他。

参考文献

中国民用航空局. 2011. 航空发动机适航规定: CCAR33 - R2[S].

中国民用航空局. 2017. 民用航空产品和零部件合格审定规定: CCAR21 - R4[S].

Federal Aviation Administration. 1984. Aircraft engine regulatory review program: aircraft engine and related powerplant installation amendments: Final Rule 16919[S].

Federal Aviation Administration. 1980. Aircraft engine regulatory review program: aircraft engine and related powerplant installation proposals: Notice No. 80 - 21[S].

Federal Aviation Administration. 2006. Calibration test, endurance test and teardown inspection for turbine engine certification: AC33. 87 - 1[S].

Federal Aviation Administration. 2015. Engine overtorque test, calibration test, endurance test and teardown inspection for turbine engine certification: AC33. 87 - 1A[S].

Federal Aviation Administration. 2009. Guidance material for aircraft engine life-limited parts requirements: AC33. 70 - 1[S].

Federal Aviation Administration. 1990. Turbine engine rotor blade containment/durability: AC33 - 5 [S].

Federal Aviation Administration. 2004. Turbine rotor strength requirements of 14CFR 33. 27: AC 33. 27 - 1[S].

Federal Aviation Administration. 2009. Use of Structural dynamic analysis methods for blade containment and rotor unbalance tests: Memorandum ANE - 2006 - 33. 94 - 2[S].

附件 A
显式动力学分析

A.1 基 本 要 求

（a）在最大允许转速及对应的最不利温度和应力状态下进行评估；

（b）对于特定的型号设计，若转子转速、包容结构温度和应力的实际组合会导致更不利的工况，那么该工况下的包容能力也应该进行评估；

（c）应该在相应温度条件下取相对保守的材料属性；

（d）对于涡轮部件，材料属性还应考虑发动机性能衰退的影响；

（e）同一个包容区域内，只有周向 360° 的完整结构，才被认为属于包容结构；压气机部件中的包容结构一般包括：机匣和 VSV 执行机构；涡轮部件中的包容结构一般包括：机匣、支撑、外环；一般不将后支撑、主动间隙控制管路、以及易磨层当作包容结构，但可认为这些结构增大了潜在的包容裕度；

（f）包容结构厚度取型号设计公差范围允许的最小尺寸；

（g）包容结构可采用 360° 整体建模，或 180° 部分建模；180° 部分模型的两端设置为滚动支撑；

（h）对于风扇叶片包容性分析，由于脱落叶片上部碎片有向前运动、下部碎片有向后运动的趋势，因此在数值分析中还要包含进气道和包容机匣后端结构；

（i）应使用能够产生良好应变结果的网格单元建立叶片和包容结构的数值分析模型，建议采用 8 节点六面体单元，不建议采用 6 节点棱柱单元和 4 节点四面体单元；

（j）应避免出现有限元模型刚度过大和计算时间过长的问题，建议采用单点积分单元；

（k）模型必须能够反映结构受载时的弯曲响应，若采用单点积分单元，在任何厚度方向上必须至少保证有三个单元；

（l）需要保证六面体单元的雅克比行列式为正值，如果对于任何体单元的雅克比行列式出现负值，那么需要改变该六面体单元 8 个节点之间的编号顺序；

（m）网格单元必须足够精细以消除计算结果中的沙漏效应，有限元模型应该能够及时反映节点载荷随时间的快速变化，在正确的动力学响应中，与时间相关的载荷在所有典型时间步长 Δt 中,必须能够及时分布到单元的 8 个节点上,建议根据下面的公式选择网格单元尺寸:

$$节点变形量(u \times \Delta t) < 0.5 \times (单元特征长度)$$

若网格划分受到限制而无法满足上式要求,则应减小计算时间步长;

（n）应保证两个不同部件或物体的有限元网格间不存在初始穿透;对于转子和静子的接触建模,两者的有限元网格之间必须留有足够大的间隙（容差）,以保证在静子变形时转子仍然能够自由运动,以及由于离心力作用造成的转子径向尺寸增加大时,转子和静子之间不发生干涉;

（o）接触面的定义需要遵守以下原则:

（1）如果两个部件的刚度差距比较大,那么刚度较小的应该作为从面,而刚度较大的作为主面;

（2）如果两个部件都有初速度,相对速度较大的应该作为从面;

（3）从面的网格应该较密,主面的网格应该较粗;

（4）分析开始前在主从面间不应该有任何穿透;

（p）应避免因载荷的施加而导致计算出现沙漏形式的不稳定,不推荐使用施加单节点集中载荷的方法,如果确实需要施加节点载荷,必须把它平均分配到邻近的其他四个节点上;

（q）应保证计算初始时刻 $t = 0$ 时有限元模型中不存在弹性震荡,应在初始时刻 $t = 0$ 时对旋转部件进行应力场初始化,并保证旋转部件的初始应力状态与显示计算开始时产生的应力场相匹配;

（r）应考虑法兰安装边和螺栓的变形和损伤,螺栓建模由粗糙到精细可以分为以下四种方法:

（1）在整个周向上对两个法兰安装边直接建立接触;

（2）螺栓连接处建立点焊接触,法兰安装边上的接触面与螺杆横截面精确匹配;

（3）建立带有螺帽、螺母、螺杆、退刀槽和各自螺栓孔的详细模型;

（4）在上述（3）详细模型的基础上,对螺栓施加初始预紧力;

其中,（1）一般用以初步评估叶片与包容结构相互作用过程中法兰安装边的变形;而按照上述（2）建立的螺栓模型,已经足够较为准确地估算螺栓上动态载荷的峰值;但要准确评估螺栓的变形和损伤情况,则需要建立（3）或者（4）的螺栓详细模型。

A.2　工 作 内 容

（a）建立有限元模型

（1）几何模型检查

进行有限元建模前应对几何模型进行检查，以保证：

（ⅰ）叶片及包容结构几何模型的完整性；

（ⅱ）选材与结构相一致；

（ⅲ）叶片与包容结构之间的相互位置准确；

（ⅳ）所导入的叶片模型必须是冷态（加工态）叶型。

（2）有限元网格划分

（3）定义材料模型

（4）定义接触对

（5）施加载荷

（6）定义边界条件

（b）叶片初始应力场计算

在进行显式有限元计算之前，旋转叶片的应力初始化建议采用隐式求解器求解完成，如 ANSYS 或者 LS‐DYNA 本身的隐式版本；计算的转速工况应与叶片脱落转速相一致，一般情况下为最大允许转速（红线转速）。

（c）叶片预应力施加

推荐采用"动力松弛"方法为旋转叶片施加预应力，同时为旋转部件的每一个节点定义初始速度。

（d）求解控制

在进行求解控制选项设置时，分析时间和求解 CPU 核数应根据计算需要和求解资源合理选择，且需确保采用不同计算平台、CPU 核数计算得到的结果之间具有可重复性；其他计算控制参数应尽量保持分析软件系统默认设置；当发生沙漏问题时，应尽量采用加密网格的方法解决，而不是修改分析软件系统默认求解参数设置；重要的求解控制参数包括：计算终止时间、时间步长、并行计算 CPU 核数、输出参数、计算精度控制、能量耗散选项控制等。

（e）结果处理

对发动机包容性计算的结果进行分析，主要从包容结构的损伤及变形、脱落叶片与包容结构的相互作用、脱落叶片与尾随叶片的损伤、法兰安装边和螺栓变形及损伤等四个方面进行。

第 41 章
第 33.97 条 反推力装置

41.1 条 款 内 容

第 33.97 条 反推力装置

（a）如果发动机装有反推力装置，则本章规定的持久、校准、工作和振动试验必须在安装了反推力装置的情况下进行。根据本条规定，功率操纵杆必须在不超过 1 秒的时间内从一个极端位置移到另一个极端位置，除非操纵方式需要功率操纵杆从一个极端位置移到另一个极端位置，有计划地进行，才允许有稍长的时间，但不能超过 3 秒。另外，本条（b）规定的试验也必须进行。这一试验可以作为持久试验的一部分。

（b）必须进行从飞行慢车的向前推力到最大反推力的试验 175 次，以及必须从额定起飞推力到最大反推力进行 25 次反推力试验。在每次反推力后，反推力装置必须在全反推力下工作 1 分钟，除非反推力装置仅预备用作为地面制动装置，则该反推力装置只需在全反推力下工作 30 秒。

41.2 条款演变历程

条款修订历史如表 41-1 所示。

表 41-1 条款修订历史

序号	修正案	生效日期	Final Rule 名称	NPRM
1	33-0	1965.02.01	Miscellaneous Amendments	63-47
2	33-3	1967.04.03	Powerplant Design Requirements for Aircraft Engines and Propellers	66-03

CCAR-33R2 版中的第 33.97 条与 FAR-33 部的第 3 修正案中的第 33.97 条内容一致。FAR-33 部中的第 33.97 条有 2 次修订。主要内容修订包括以下几条：1965 年第 0 修正案，基于 CAR-13 部反推装置内容形成第 33.97 条的初始版

本。1967 年第 3 修正案,第 33.97 条中的"最大起飞推力"改为"额定起飞推力"。

41.3　条款实质性要求

条款本身需要进行台架试验,提出的实质要求包括以下两条:

(a) 本条款的目的是验证发动机在预期运行条件下使用反推力装置的情况,要求考核反推力装置的耐用性和操作特性以及与发动机的兼容性。

(b) 根据第 33.97 条(a)要求进行校准试验、持久试验、工作试验和振动试验时需要安装反推装置。根据第 33.97 条(b)规定,需要完成反推装置循环试验。

41.4　条款设计需求

41.4.1　整机级

41.4.1.1　反推力装置关键零组件强度及耐久性分析

分析严苛工况下反推力装置关键零组件强度及耐久性,如中断起飞下反推力打开时阻流门、牵引杆等零组件的受力、振动等,以满足反推力装置循环试验的考核。

要求如下:

选取适航 R 循环和 RTO 循环的工况进行分析,须考虑的工况至少包括以下几点:

(a) 地面飞机着陆状态;

(b) 地面飞机中断起飞状态;

(c) 模拟复飞。

41.4.1.2　大气真实环境与台架试验差异性分析

分析发动机实际使用反推力装置过程中,外界空气相对发动机速度对反推力装置气动载荷的影响,侧风对反推力装置气动载荷影响等。

要求如下:

分析条件至少包括空气相对发动机速度,包含最大的侧风条件。

41.4.1.3　反推力装置工作时机械和空气动力学载荷分析

分析反推力装置工作时对发动机机械和空气动力学载荷。

要求如下:

分析反推力正常打开和关闭的全过程中影响最大的点。

41.4.1.4　反推力装置工作时振动特性分析

分析反推力装置在运行过程中产生的机械及空气动力学特性激励对发动机和反推力装置结构自身产生的振动载荷,分析该振动载荷对发动机本体和对反推力装置结构影响是可接受的。

要求如下：

（a）分析反推力正常打开和关闭的所有作动过程；

（b）包含对发动机本体和反推力装置自身结构。

41.4.1.5　反推力装置工作时反推排气对发动机气动稳定性分析

分析反推力装置工作时反推排气对气动稳定性的影响。

要求如下：

分析反推力正常打开和关闭的所有作动过程。

41.4.2　系统级

以下为反推装置适航性机构动力学分析内容。

（a）反推机构运动模拟分析。

反推机构对运动模拟需要对各元件的运动轨迹和终点位置进行真实、准确模拟分析；模拟出真实的反推装置的驱动形式。规律驱动需要建立运动规律，一般情况下用命令驱动就可以模拟机构的运动；

反推装置的空间分析有两个方面分析，如下文所示。

（1）间隙检查分析。

在运动模拟的过程中检查两元件间的间隙，使用间隙检查命令，选择需检查的两元件，就可以检查出运动模拟的过程中元件实体间的间隙变化情况。

间隙检查方法：

（i）检查实体的最小间隙或者沿 X、Y、Z 坐标轴的间隙，如图41-1所示；

（ii）通过区域分析将用户定义范围内的最小间隙计算出来，并在实体上相应的区域以可视化的形式表示出来，如图41-2所示。

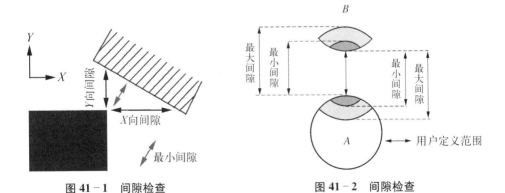

图 41-1　间隙检查　　　　图 41-2　间隙检查

（2）干涉检查。

在运动模拟的过程中检查多个元件实体间的干涉情况，应使用干涉检查命令，进行干涉分析,获得干涉位置以及干涉面积的数据,并且可以按要求以文档的形式输出结果文件。

干涉检查的方法:只有可见的实体模型才能进行干涉检查。当出现不满足分析要求的冲突时,干涉检查科进行重复检查。详细运算:计算干涉的几何表述值如穿透深度或最小间隙。

(b)反推装置作动机构动力学分析。

(1)刚体运动学。

根据发动机工作包线,以反推装置数值模拟确定的反推装置阻流门的运动轨迹为设计输入,对作动机构进行刚体运动学分析,包括作动机构的自由度、死点特性、卡滞特性及作动机构各运动构件及连接点的位移、速度及加速度。

(2)传力路径。

通过对反推装置作动机构进行刚体动力学分析,获得作动机构各运动构件及连接点的受力情况,反推装置的传力路径,反推装置载荷对发动机与飞机的影响。

(3)刚柔耦合动力学分析。

以反推装置作动机构刚体动力学分析为基础,开展反推装置作动机构柔体设计,分析反推装置作动机构的静强度、振动与疲劳特性并满足强度设计要求。

要求如下。

(a)运动模拟的一般要求。

反推机构的运动模拟一般应符合以下要求:

(1)运动模拟要求对反推机构各元件的运动轨迹和终点位置进行真实、准确模拟;

(2)反推机构的模拟易采用可记录方式模拟,创建可重复编辑的模拟。

(b)反推机构结构受到的外部载荷,包括阻流门在不同打开角度下受到的气动载荷和构件的重力,在适航工况下,模拟得到的运动轨迹平顺到位、真实和准确。

41.5　条款验证需求

41.5.1　整机级

41.5.1.1　反推力装置循环耐久试验任务验证

(a)确认反推力装置试验件安装布局的验证。

对于首次设计制造的反推力装置系统建议采用真实的反推力装置系统进行反推力循环试验。反推力装置控制部分的布局需与飞机或飞机吊舱布局一致。任何使用的伺服控制软件或硬件必须保证反推力装置与型号设计要求的控制系统作动方式一致。

（b）确定循环试验试车谱。

反推任务书编制责任单位编制任务书时需要确定反推循环试验的试车谱,并确定需要测量的参数、精度。试车谱包括 175 次 R 循环试车谱,25 次 RTO 循环试车谱,10 次从不同的向前推力(将额定起飞推力至进近慢车推力平均分 10 个不同的推力)到最大反推力状态的循环试车谱和 15 次从不同的反推力(将最大反推力至进近慢车反推力平均分 15 个不同的反推力)到额定起飞推力状态的循环试车谱。

（1）反推力装置 R 循环试车谱。

反推力装置 R 循环试车谱示意图如图 41 - 3 所示。横坐标为时间,纵坐标为发动机功率对应的低压转子转速。

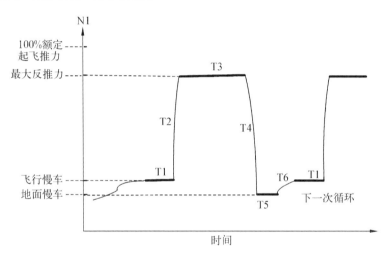

图 41 - 3　R 循环试验试车谱示意图

各指示符号和含义如下:

（i）T1 是指发动机操纵杆在飞行慢车状态下稳定时间,实质是要求发动机能稳定在飞行慢车功率状态,该时间值一般为 30 秒;

（ii）T2 是指发动机由稳定的飞行慢车功率状态移动到稳定最大反推力功率状态时间,是指接收到操纵杆移动信号到达到最大反推力状态时间,其中包含了反推打开时间。该过程中对应发动机操纵杆移动过程为从飞行慢车移动到反推慢车位置再推到最大反推力位置,要求操纵杆移动时间不超过 1 秒。T3 是指发动机在最大反推力状态下稳定工作时间,根据适航法规要求,若反推力装置仅预备用作为地面制动装置,则该反推力装置只需要在全反推力下工作 30 秒,否则必须在全反推力下工作 1 分钟;

（iii）T4 是指发动机由稳定的最大反推力功率状态移动到地面慢车功率状态时间,该过程对应发动机功率操纵杆移动过程为:从最大反推力位置移动到地面慢车位置,要求操纵杆移动时间不超过 1 秒。此外该过程所对应的反推关闭响应时间适航无规定要求,但是这个响应具体时间需要准确记录下来;

(ⅳ) T5 是指发动机在地面慢车功率状态下稳定时间,适航无规定要求;

(ⅴ) T6 是指一次 R 循环试验结束,根据试验要求进行下一次 R 循环试验间隔时间和过程,适航无规定要求。

注意: R 循环试验 175 次是否连续实施这个根据试验安排策划决定,适航没有要求。

(2) 反推力装置 RTO 循环试车谱。

反推力装置 RTO 循环试车谱示意图如图 41-4 所示。横坐标为时间,纵坐标为发动机功率对应的低压转子转速。

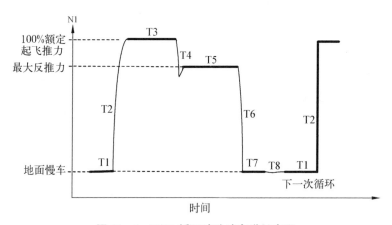

图 41-4 RTO 循环试验试车谱示意图

各指示符号和含义如下:

(ⅰ) T1 是指发动机操纵杆在地面慢车功率状态下稳定工作时间,适航无规定要求;该时间值可以为一个范围,但需要在任务书中确定该范围是多少;一般为 30 秒;

(ⅱ) T2 是指发动机功率状态由地面慢车响应到稳定额定起飞推力功率等级的过程。该过程对应发动机操纵杆移动过程为从地面慢车移动到额定起飞推力位置,要求操纵杆移动的时间不超过 1 秒钟;

(ⅲ) T3 是发动机在额定起飞推力状态稳定工作时间,具体时间适航无特殊要求。实质要求是发动机在功率杆推到额定起飞推力位置后,发动机功率需要响应到额定起飞推力功率状态,然后在这个功率状态下进入中断起飞程序使用反推力装置过程;该阶段稳定时间,一般也为 30 秒;

(ⅳ) T4 是指发动机功率状态由额定起飞推力功率状态移动到最大反推力功率状态过程,响应时间适航无特殊要求。T4 所对应的发动机操纵杆移动过程为:先由额定起飞推力位置移动到地面慢车位置,然后由地面慢车移动到反推慢车位置再到最大反推力位置,要求移动时间不超过1秒钟。需要说明的是,在这个过程中,功率操纵杆在地面慢车位置无须暂停,整个过程是一个连贯的操作操纵杆的过程,并且该过程中发动机对应的功率状态也不需要稳定响应或稳定到地面慢车功率状态;

(v) T5是指发动机在最大反推力状态下稳定工作时间,若反推力装置仅预备用作为地面制动装置,则该反推力装置只需要在全反推力下工作30秒,否则必须在全反推力下工作1分钟;

(vi) T6是指发动机由稳定的最大反推力功率状态移动到地面慢车功率状态时间。该过程对应发动机功率操纵杆移动过程为:从最大反推力位置移动到地面慢车位置,要求操纵杆移动时间不超过1秒。需要说明的是这个过程所对应的反推关闭响应时间适航无规定要求,但是这个响应具体时间需要准确记录下来。T7是指发动机在地面慢车状态下稳定工作时间,适航无规定要求;

(vii) T8无须特别关注,主要是两次循环试验间隔时间。

注意:RTO循环试验25次是否连续实施这个根据试验安排策划决定,适航没有要求。

(3) 阶梯向前推力循环试车谱。

反推力装置(c)阶梯向前推力循环试车谱示意图如图41-5所示。横坐标为时间,纵坐标为发动机功率对应的低压转子转速。

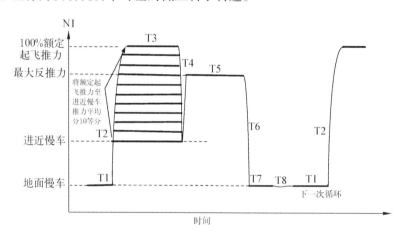

图41-5 阶梯向前推力循环试验试车谱示意图

各指示符号和含义如下:

(i) T1是指发动机操纵杆在地面慢车功率状态下稳定工作时间,适航无规定要求;该时间值可以为一个范围,但需要在任务书中确定该范围是多少;一般为30秒;

(ii) T2是指发动机功率状态由地面慢车响应到稳定额定阶梯向前推力等级的过程。该过程对应发动机操纵杆移动过程为从地面慢车移动到额定起飞推力位

置,要求操纵杆移动的时间不超过 1 秒钟;

(iii) T3 是发动机在额定阶梯向前推力状态稳定工作时间,具体时间适航无特殊要求。实质要求是发动机在功率杆推到额定阶梯向前推力位置后,发动机功率需要响应到额定阶梯向前推力功率状态,然后在这个功率状态下进入中断起飞程序使用反推力装置过程;该阶段稳定时间,一般也为 30 秒;

(iv) T4 是指发动机功率状态由额定阶梯向前推力功率状态移动到最大反推力功率状态过程,响应时间适航无特殊要求。T4 所对应的发动机操纵杆移动过程为:先由额定阶梯向前推力位置移动到进近慢车位置,然后由进近慢车移动到反推慢车位置再到最大反推力位置,要求移动时间不超过 1 秒钟。需要说明的是,在这个过程中,功率操纵杆在进近慢车位置无须暂停,整个过程是一个连贯的操作操纵杆的过程,并且该过程中发动机对应的功率状态也不需要稳定响应或稳定到进近慢车功率状态;

(v) T5 是指发动机在最大反推力状态下稳定工作时间,若反推力装置仅预备用作为地面制动装置,则该反推力装置只需要在全反推力下工作 30 秒,否则必须在全反推力下工作 1 分钟;

(vi) T6 是指发动机由稳定的最大反推力功率状态移动到地面慢车功率状态时间。该过程对应发动机功率操纵杆移动过程为:从最大反推力位置移动到地面慢车位置,要求操纵杆移动时间不超过 1 秒。需要说明的是这个过程所对应的反推关闭响应时间适航无规定要求,但是这个响应具体时间需要准确记录下来。T7是指发动机在地面慢车状态下稳定工作时间,适航无规定要求;

(vii) T8 无须特别关注,主要是两次循环试验间隔时间;

(viii) 注意:阶梯向前推力循环试验 10 次是否连续实施这个根据试验安排策划决定,适航没有要求。

(4) 阶梯反推力循环试车谱

反推力装阶梯反推力循环试车谱示意图如图 41 - 6 所示。横坐标为时间,纵坐标为发动机功率对应的低压转子转速。

各指示符号和含义如下:

(i) T1 是指发动机操纵杆在地面慢车功率状态下稳定工作时间,适航无规定要求;该时间值可以为一个范围,但需要在任务书中确定该范围是多少;一般为30 秒;

(ii) T2 是指发动机功率状态由地面慢车响应到稳定额定阶梯反推力功率等级的过程。该过程对应发动机操纵杆移动过程为从地面慢车移动到额定起飞推力位置,要求操纵杆移动的时间不超过 1 秒钟;

(iii) T3 是发动机在额定阶梯反推力状态下稳定工作时间,若反推力装置仅预备用作为地面制动装置,则该反推力装置只需要在全反推力下工作 30 秒,否则必

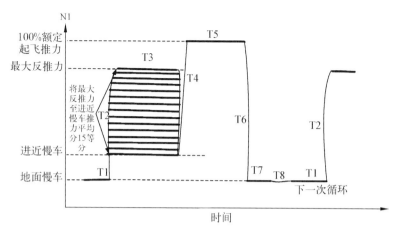

图 41 - 6　阶梯反推力循环试验试车谱示意图

须在全反推力下工作 1 分钟；

（iv）T4 是指发动机功率状态由额定阶梯反推力功率状态移动到最大起飞推力功率状态过程,响应时间适航无特殊要求。T4 所对应的发动机操纵杆移动过程为:先由额定阶梯反推力位置移动到进近慢车位置,然后由地面进近移动到最大起飞推力位置,要求移动时间不超过 1 秒钟。需要说明的是,在这个过程中,功率操纵杆在进近慢车位置无须暂停,整个过程是一个连贯的操作操纵杆的过程,并且该过程中发动机对应的功率状态也不需要稳定响应或稳定到进近慢车功率状态；

（v）T5 是指发动机在最大起飞推力状态稳定工作时间,具体时间适航无特殊要求。实质要求是发动机在功率杆推到额定起飞推力位置后,发动机功率需要响应到额定起飞推力功率状态,然后在这个功率状态下进入中断起飞程序使用反推力装置过程;该阶段稳定时间,一般也为 30 秒;

（vi）T6 是指发动机由稳定的最大起飞功率状态移动到地面慢车功率状态时间。该过程对应发动机功率操纵杆移动过程为:从最大反推力位置移动到地面慢车位置,要求操纵杆移动时间不超过 1 秒。需要说明的是这个过程所对应的反推关闭响应时间适航无规定要求,但是这个响应具体时间需要准确记录下来。T7 是指发动机在地面慢车状态下稳定工作时间,适航无规定要求;

（vii）T8 无须特别关注,主要是两次循环试验间隔时间。

注意:阶梯反推力循环试验 15 次是否连续实施这个根据试验安排策划决定,适航没有要求。

（c）试验前后的检查和检测。

试验前需要做如下检查:

（1）检查试验件的安装情况,包括反推力装置系统按照实验要求安装的完整性,反推控制部分所有使用的伺服控制软件或硬件是否与型号设计要求的控制作动方式一致；

（2）反推力装置系统按要求展开和收回，其中反推装置的展开和收回、展开和收回时间需要按照反推装置的设计要求来检查。

试验后需要做如下检查：

（1）在发动机停机情况下检测反推力装置能否正常的按要求展开和收回，其中反推装置的展开和收回、展开和收回时间需要按照反推装置的设计要求来检查；

（2）将发动机反推力装置系统从试验设备上拆解下来，测量和记录试验件试验后的尺寸，评估反推力系统结构的损伤情况；

（3）反推自身的功能（如信号、开合时间、反推力、液压油压力等）需要按照反推装置的设计要求来检查。

（d）试验通过/失败判断准则。

（1）反推力装置循环试验后，试验发动机反推力装置满足分解检查（第33.93条）的要求：所有被检查的零部件都没有超出申请的反推装置维修手册规定的维修限制范围，并未发现零件损坏、过度磨损、变形和强度减弱等现象；

（2）完成试验后，除了第33.99条（b）允许的小修和勤务外，根据持续适航文件（ICA）反推系统必须处于可用状态。

要求如下。

（a）反推力装置循环耐久试验大纲要求：

（1）试验地点、时间和试验设备说明；

（2）试验详细操作流程；

（3）测试系统（推力、时间等）说明；

（4）试验后分解和检测方法、程序；

（5）循环试验前后发动机特性的校准，反推力装置特性的校准；

（6）反推打开的位置和时间测量方法及精度、转速和推力的测量方法和精度。

（b）反推力装置适航符合性试验实施要求：

（1）依照试验大纲进行试验试验的安排和试验开展；

（2）试验过程中与试验大纲有差异地方或按需修改的地方进行严格的记录；

（3）试验完成后，形成完整的试验报告。

（c）循环耐久试验的工作检查要求。

该项工作任务必须满足以下要求：

（1）试验目的；

（2）条款要求、符合性方法和符合性说明；

（3）试验件列表；

（4）试验工况及试验程序；

（5）试验前后的检查和检测要求；

（6）测试要求；

（7）试验通过/失败准则；

（8）试验相关件列表；

（9）设计和试验件差异性说明；

（10）发动机 175 次 R 循环试验及其顺序，最大反推力工作时间；

（11）发动机 25 次 RTO 循环试验及其顺序，最大反推力工作时间；

（12）发动机 10 次阶梯向前推力循环试验及其顺序，最大反推力工作时间；

（13）发动机 10 次阶梯反推力循环试验及其顺序，最大反推力工作时间。

（d）其他要求：

（1）对于首次设计制造的反推力装置系统建议采用真实的反推力装置系统进行反推力循环试验。反推力装置控制部分的布局需与飞机或飞机吊舱布局一致。任何使用的伺服控制软件或硬件必须保证反推力装置与型号设计要求的控制系统作动方式一致；

（2）如果反推力装置仅使用外涵气体，则最大额定推力状态时的 EGT 温度不作为关键因素。如果反推力装置使用内涵排气，反推力装置将暴露在内涵排气高温环境中，此时最严苛的内涵排气温度由第 33.87 条定义，相应的申请人在 25 次额定起飞推力到最大反推力试验时需表明反推力装置能经受暴露在严苛排气高温环境下；

（3）为保证反推力装置的打开及关闭同实际装机运行一致，反推力控制系统的安装需保证发动机满足飞机及吊架的要求。同时该试验是为验证反推力装置而非机翼及控制系统，故发动机不需安装到飞机上，比如连接发动机吊架与驾驶舱的线缆及接头试验时可不考虑。但所有使用的伺服控制软件或硬件需保证反推力装置与型号设计要求的控制作动方式一致；

（4）第 33.97 条（b）反推力装置循环试验并未强制要求与第 33.87 条持久试车同时或同一台发动机上进行。若反推力装置循环试验与第 33.87 条持久试车合并进行，则发动机控制系统需按照第 33.97 条（b）循环试验要求进行，且初始维修间隔试验应在飞行循环中考虑反推力装置的使用；

（5）虽然第 33.87 条并未要求在持久试验中反推力装置需运行，然而为了方便，申请人可考虑在第 33.87 条持久试验时开展第 33.97 条（b）要求的循环试验。

41.5.1.2　第 33.85 条校准试验中反推部分验证需求

第 33.85 条校准试验中反推装置的匹配性验证，其要求如下：

（a）该工作在第 33.85 条校准试验中进行；

（b）第 33.85 条校准试验必须安装任何可能会影响发动机性能的反推力装置部件。试验时可用替代的反推力装置（STR）代替型号设计的构型，但需表明其与型号设计的差异不能影响其传递到发动机的机械载荷和气动载荷；

（c）校准试验时反推力装置不需要作动，可保持在收起状态位置，同时反推力装置控制系统也不需工作。

41.5.1.3　第 33.87 条持久试验中反推部分验证需求

第 33.87 条持久试验中反推装置的匹配性验证，其要求如下：

（a）该工作在第 33.87 条持久试验中进行；

（b）若反推力装置是使用核心机气流或内外涵混合气流排气，则持久试验时需要作动反推力装置；若反推力装置仅使用外涵气流排气，则持久试验时不需要作动反推力装置；

（c）持久试验时即使反推力装置不需要作动也需要安装完整的反推力装置，包括相关的支撑零部件，以确保反推力装置产生的机械和空气动力载荷加载到发动机上；

（d）且存在于型号设计和试验中使用的反推力装置之间的差异不会影响到加载到发动机上的机械或气动载荷；

（e）持久试验中反推力装置控制系统可以处于不工作状态；

（f）持久试验时可用替代的反推力装置（STR）代替型号设计的构型，但需表明其与型号设计的差异不能影响其传递到发动机的机械载荷和气动载荷；

（g）反推力装置耐用性循环试验可与第 33.87 条持久试验可以一起进行，也可以单独进行。若第 33.97 条结合第 33.87 条进行试验，反推力装置控制系统需要按照第 33.97 条（b）循环试验要求安装和作动。

41.5.1.4　第 33.89 条工作试验中反推部分验证需求

第 33.89 条工作试验中反推装置的匹配性验证，其要求如下：

（a）该工作在第 33.89 条工作试验中进行；

（b）工作试验需完整安装反推力装置，存在于型号设计和试验中使用的反推力装置之间的差异不会影响发动机运行特性；

（c）试验时必须作动反推力装置。需要分析反推过程并选取若干位置，在对应位置稳定工作一定时间；

（d）工作试验中在反推力装置打开或收回整个过程中不能对发动机的操作特性造成不利影响；

（e）若可以表明反推力装置在作动过程中产生的任何瞬态影响低于工作试验过程中产生的影响，则可以不使用反推力装置控制系统来作动反推力装置。

41.5.1.5　第 33.83 条振动试验中反推部分验证需求

第 33.83 条振动试验中反推装置的匹配性验证，其要求如下：

（a）该工作在第 33.83 条振动试验中进行；

（b）振动试验时需完整安装反推力装置，存在于型号设计和试验中使用的反推力装置之间的差异不会影响施加在发动机上的机械载荷或气动载荷；

（c）振动试验时需作动反推力装置；

（d）反推力装置作动过程中所产生的机械载荷或气动载荷影响部件的振动特性是可接受的；

（e）振动试验过程中,发动机的运行不会对反推力装置系统的零部件造成机械损伤。并且振动试验过程中反推装置的运行,包括整个打开和关闭行程,不会引起发动机所有部件的机械损伤。且发动机运行和反推力装置作动过程中不会对零部件产生过大的应力；

（f）若可以表明反推力装置在作动过程中产生的任何瞬态影响低于振动试验过程中产生的影响,则可以不使用反推力装置控制系统来作动反推力装置。

41.5.1.6　反推力装置适航符合性试验实施

按照发动机反推力循环试验大纲和试验管理程序开展反推力装置系统适航符合性试验并编写试验报告。

该项工作任务必须满足以下要求：

（a）依照试验大纲进行试验试验的安排和试验开展；

（b）试验过程中与试验大纲有差异地方或按需修改的地方进行严格的记录。

参考文献

中国民用航空局. 2011. 航空发动机适航规定：CCAR25 - R4[S].

中国民用航空局. 2011. 航空发动机适航规定：CCAR33 - R2[S].

中国人民解放军总装备部. 2010. 航空涡轮喷气和涡轮风扇发动机通用规范：GJB 241A[S].

Federal Aviation Administration. 2006. Calibration test, endurance test and teardown inspection for turbine engine certification：AC33. 87 - 1[S].

Federal Aviation Administration. 2015. Qualification testing of turbojet and turbofan engine thrust reversers：AC20 - 18B[S].

第42章
第33.99条 台架试验的一般实施

42.1 条款内容

第33.99条 台架试验的一般实施

（a）在做台架试验时，每个申请人可用同一设计和结构的几台发动机分别进行振动、校准、持久和工作试验。如果用一台发动机单独进行持久试验，则该发动机在持久试验开始之间，必须进行校准检查。

（b）申请人根据符合第33.4条的要求提交维修和维护说明书，可以对在台架试验期间的发动机进行维护和小修。如果这类维护频次过高；或由于发动机故障，停车次数过多，或在台架试验期间或分解检查的结果认为有必要大修或更换零件的话，则发动机或其零部件可能要进行中国民用航空局认为必要的任何附加试验。

（c）每个申请人必须提供所有试验条件，包括设备和胜任的人员，以实施台架试验。

42.2 条款演变历程

条款修订历史如表42-1所示。

表42-1 条款修订历史

序号	修正案	生效日期	Final Rule 名称	NPRM
1	33-0	1965.02.01	Miscellaneous Amendments	63-47
2	33-6	1974.10.31	Aircraft and Aircraft Engines, Certification Procedures and Type Certification Standards	71-12
3	33-9	1980.10.14	Airworthiness Review Program; Amendment No. 8A: Aircraft, Engine, and Propeller Airworthiness, and Procedural Amendments	75-31

CCAR-33R2版中的第33.99条与FAR-33部的第9修正案中的第33.99条内容一致。FAR-33部中的第33.99条有3次修订。主要内容修订包括以下几

条：1965 年第 0 修正案,将原有的 CAR 第 13.16 条和 CAR 第 13.258 条的内容合并为 FAR 第 33.99 条。1974 年第 6 修正案,在 FAR 第 33.99(b)条款中增加了参考第 33.5 条,并且即使小修和维护次数过多,也需要进行必要的附加试验。1980 年第 9 修正案,FAR 第 33.99 条中参考的维修相关要求被放入 FAR 第 33.4 条持续适航条款中,因此导致 FAR 第 33.99 条中参考的第 33.5 条变更为第 33.4 条。

42.3　条款实质性要求

（a）如果采用多台发动机分别进行振动、校准、持久和工作试验,则必须证明这些发动机是同一构型；

（b）如果用一台发动机单独进行持久试验,则该发动机在持久试验开始之前,必须进行校准检查；

（c）如果在台架试验期间对发动机进行维护和小修,那么必须说明这些维护和小修,是按照申请人根据符合第 33.4 条的要求提交维修和维护说明书进行的；

（d）如果维护和小修频次过高,或由于发动机故障导致停车次数过多,或在台架试验期间或分解检查的结果认为有必要大修或更换零件的话,则发动机或其零部件可能要进行中国民用航空局认为必要的任何附加试验；

（e）申请人必须提供所有试验条件,包括设备和胜任的人员。

42.4　条款设计需求

整机级：需要从以下试验条件、试验构型、校准检查、维护情况、附件试验方面分别进行声明。

42.4.1　试验条件声明
（a）申请人需要提供满足要求的试验器、测试设备及试验件清单及证明材料；
（b）申请人需要提供所有试验人员清单及资质证明材料。

42.4.2　试验构型
申请人用几台发动机分别进行振动、校准、持久和工作试验时,该几台发动机应具备同样的设计构型。

42.4.3　校准检查声明
如果用一台发动机单独进行持久试验,则该发动机在持久试验开始之前,必须进行校准检查。

42.4.4　维护情况声明

台架试验期间仅对发动机进行维护和小修,且对发动机实施的检查、维护/维修等工作应按第33.4条要求所编写的维修手册进行;(持续适航文件中的维护和小修考虑的因素可能和本条中考虑的因素有差异。)试验期间如果出现发动机故障、异常停车或对发动机进行维护与维修等工作,应记录:

（a）发动机的故障描述及由于发动机故障导致的停车次数;

（b）对发动机进行的维护、小修、大修及换件工作描述;

（c）分解检查的结果。

42.4.5　附加试验声明

取证试验中如果出现对发动机维护频次过多、或由于发动机故障导致的停车频率过多、或对发动机进行过大修或更换零部件等情况,进行局方认为必要的附加试验。

42.5　条款验证需求

整机级:本条款的符合性验证方法是声明和提供说明性报告。33.99条款符合性报告应包含以下内容:

（a）试验条件声明;

（b）试验构型声明;

（c）校准检查声明;

（d）维护情况声明;

（e）附加试验声明;

（f）符合性结论。

──────── 参考文献 ────────

郭博智,陈迎春. 2011.商用飞机专业术语[M].航空工业出版社.

韩冰冰,沈浩,李新等.2013.运输类飞机延程运行型号设计审定的发展[J].航空维修与工程,
　　(03):91-93.

中国民航审定中心.2016.民用飞机和系统开发指南:SAE ARP 4754A[S].

中国民用航空局.2017.大型飞机公共航空运输承运人运行合格审定规则:CCAR121-R5[S].

中国民用航空局.2011.航空发动机适航规定:CCAR33-R2[S].

中国民用航空局.2011.航空发动机适航规定:CCAR25-R4[S].

中国民用航空局.2017.民用航空产品和零部件合格审定规定:CCAR21-R4[S].

European Aviation Safety Agency. 2015. Certification specification for engine:CS-E Amdt4[S].

European Aviation Safety Agency. 2009. Certification specification for engine:CS-EAmdt2[S].

European Aviation Safety Agency. 2018. Extended range operation with two-engine aeroplanes ETOPS certification and operation: AMC 20 - 6[S].

Federal Aviation Administration. 2009. Airworthiness standards: Aircraft engines: 14CFR Part 33 Amdt30[S].

Federal Aviation Administration. 2016. Airworthiness standards: definitions and abbreviations: 14CFR Part 1[S].

Federal Aviation Administration. 2009. Airworthiness standards: transport category airplanes: 14CFR Part 25[S].

Federal Aviation Administration. 2015. Engine overtorque test, calibration test, endurance test and teardown inspection for turbine engine certification: AC33. 87 - 1A[S].

Federal Aviation Administration. 2010. Extended operations (ETOPS) eligibility for turbine engines: AC33. 201 - 1[S].

Federal Aviation Administration. 2003. Extended operations (ETOPS) of multiengine airplane: Notice No. 03 - 11[S].

Federal Aviation Administration. 2007. Extended operations (ETOPS) of muti-engine airplanes: Final Rule FAA - 2002 - 6717[S].

Federal Aviation Administration. 1988. Extended range operation with two-engine airplanes: AC 120 - 42A (ETOPS)[S].

Federal Aviation Administration. 2018. Significant standards differences (SSD) detail description 14 CFR part 33 versus CS - E[R]. USA: FAA.

第 43 章

第 33.201 条 早期 ETOPS
资格的设计和试验要求

43.1 条 款 内 容

第 33.201 条 早期 ETOPS 资格的设计和试验要求

如果申请者在没有 25 部附录 K 中第 K25.2.1 条规定的使用经验的情况下,对于安装在批准用于 ETOPS 运行的双发飞机上的发动机,如要获得发动机型号设计批准,则必须符合下列要求:

(a) 必须使用中国民用航空局可以接受的设计质量过程设计发动机,以确保发动机的设计特征能最大限度地减少可能导致空中停车、失去推力控制或其他功率损失的失效、故障、缺陷和维修错误的发生。

(b) 发动机的设计特征必须利用过去 10 年期间获得的充分的使用数据,解决申请者在过去 10 年内,已获批准的其它相关型号设计中出现的,导致空中停车、失去推力控制或其他功率损失的问题。如果没有充分的使用数据,申请者必须用中国民用航空局可以接受的方法表明具有使问题趋少的设计实践经验和认知。该设计实践等效于从实际使用中获得的经验和认知。

(c) 除(f)条的规定外,申请者必须按照批准的试验计划,在基本符合最终型号设计的一台发动机上进行一次模拟 ETOPS 任务循环的持久试验。该试验必须:

(1) 包括至少 3 000 次代表使用中起动—停车任务循环和 3 次以最大连续功率或推力进行的模拟改航飞行循环,以获得最长改航飞行时间的 ETOPS 资格。每次起动—停车任务循环必须包括起飞、爬升、巡航、下降、进近和着陆阶段使用的推力或功率,以及反推的使用(如果适用)。改航飞行必须均匀安排在试验期间内。最后一次改航飞行必须在试验结束前的 100 次循环之内进行。

(2) 分别进行发动机高压转子和低压转子不平衡试验,以达到至少 90% 的建议外场使用维修的振动值。对于三转子发动机,中压转子必须进行单独不平衡试验,以达到至少 90% 的建议产品验收的振动值。要求的振动峰值必须经在发动机转子工作转速范围内,缓慢加速和减速期间验证。

（3）高压转子典型起动—停车任务循环的每个 60 转/分递增台阶,进行至少包括三百万次振动循环。如果试验覆盖典型使用起动—停车循环转速范围,试验可以 60 转/分到 200 转/分的任何转速台阶递增。递增转速台阶大于 60 转/分时,最小振动循环数必须线性增加,到 200 转/分时为一千万次循环。

（4）在已批准的工作转速范围,但不包含在本条（c）（3）中,从最小空中慢车到巡航功率的每个 60 转/分递增的高压转子循环台阶,进行至少包括三十万次振动循环。如果试验覆盖适用的转速范围,试验可以 60 转/分到 200 转/分的任何转速台阶递增。递增转速台阶大于 60 转/分时,最小振动循环数必须线性增加,到200 转/分时为一百万次循环。

（5）包括在整个试验过程中,定期的振动测量。振动测量期间测得的振动峰值等效值,必须满足第 33.201 条（c）（2）的最小振动要求。

（d）本条（c）要求的试验之前,发动机必须进行一次校准试验,记录功率和推力特性。

（e）本条（c）要求的试验结束时,发动机必须:

（1）在海平面条件下进行一次校准试验。功率或推力特性的任何变化,必须在批准的限制值之内。

（2）进行目视检查,根据符合第 33.4 条要求提交的持续适航文件中包含的在翼检查建议和限制值。

（3）应进行全面分解和检查:

（i）根据符合第 33.4 条要求提交的持续适航文件中包含的适当的检查建议和限制值。

（ii）考虑本条（b）中明确的造成空中停车、失去推力控制或其它功率损失的原因。

（iii）在一定程度上确认,没有在本条（b）中或在持续适航文件中明确的,可能导致空中停车、失去推力控制或其它功率损失的磨损或损坏。

（4）在可能对部件、组件或系统进行检验或完整性功能测试之前的使用期内,没有出现可以导致空中停车、失去推力控制或其它功率损失的磨损或损坏。在ETOPS 资格获准之前,这样的磨损或损坏必须通过设计更改、维修说明手册更改或者工作程序,提供纠正措施。在发动机试验过程中发生的磨损或损坏的类型和频率,必须与在 ETOPS 资格的发动机上预期发生的磨损或损坏的类型和频率一致。

（f）经中国民用航空局批准,可以使用其他的任务循环持久试验代替,但需要证明该试验具有与本条（c）中规定的等效的不平衡和振动水平。

（g）对使用模拟 ETOPS 任务循环来进行持久试验以满足第 33.90 条要求的申请者,在完成第 33.90（a）条要求的试验后,试验可以中断,以便采用中国民用航空局可以接受的标准,对发动机进行在翼或其它方法检查。检查后,须继续 ETOPS

试验,完成本条的要求。

43.2　条款演变历程

条款修订历史如表 43-1 所示。

表 43-1　条款修订历史

序号	修正案	生效日期	Final Rule 名称	NPRM
1	33-21	2007.02.15	Extended Operations (ETOPS) of Multi-Engine Airplanes	03-11

CCAR-33R2 版中的第 33.20 条与 FAR-33 部的第 21 修正案中的第 33.201 条内容一致。FAR-33 部中的第 33.201 条有 1 次修订。2007 年第 21 修正案,首次提出了 ETOPS 的要求,增加了第 33.201 条。

43.3　条款实质性要求

(a) 申请人具备确保发动机设计特征能最大限度减少导致发动机空中停车或功率损失等问题的设计质量过程;

(b) 发动机具备消除可能导致空中停车、失去推力控制或其他功率损失的设计特征;

(c) 发动机的耐久性满足 ETOPS 任务循环要求的持久试验,并满足校准试验、目视检查及全面的分解检查要求。

43.4　条款设计需求

43.4.1　确定 ETOPS 资格要求(整机级)
确定 ETOPS 资格要求要求如下:
所确定的发动机的 ETOPS 资格要求可以满足客户要求。

43.4.2　建立 ETOPS 设计质量过程(整机级)
(a) 编制可靠性工作策划报告;
(b) 建立可靠性工作流程;
(c) 建立故障收集、分析、纠正措施系统。
要求如下。
发动机需建立全寿命周期内的故障收集、记录以及处理和纠正的程序,其要点包括：

（a）该设计质量过程能够在研制过程中明确可导致发动机空中停车、失去推力控制或其他功率损失的失效、故障、缺陷和维修错误等问题；

（b）该设计质量过程能够充分收集并记录发动机在设计、制造、试验、外场使用等过程中出现的上述条（a）所述的问题；

（c）该设计质量过程能够对条（a）所述的问题和事件进行采取分析和纠正措施，不断完善设计和制造，以消除这些问题，提高可靠性。

43.5　条款验证需求

43.5.1　ETOPS 可靠性评估（整机级）

验证发动机应根据可靠性保证大纲，针对空中停车率及 ETOPS 时间需求，开展可靠性设计与分析。

要求如下。

（a）验证发动机采用了如 FMECA、FTA 等分析手段，明确可导致发动机空中停车、失去推力控制或其他功率损失的失效、故障、缺陷和维修错误等问题，不断优化可靠性设计。

（b）验证发动机通过运行故障报告、分析和纠正措施系统，收集并记录发动机在试验及使用等过程中出现的可导致发动机空中停车、失去推力控制或其他功率损失的失效、故障、缺陷和维修错误等问题，持续完善发动机的设计特征，提高发动机可靠性。第33.201条（b）对于此项工作提出了利用10年使用经验的要求，对此 AC33.201–1 提出了两种满足第33.201条（b）的方法：

（1）对于拥有10年以上使用经验的发动机，申请者需要通过分析的方式向局方证明，发动机的设计已经充分考虑并借鉴了过去10年的使用经验，确保发动机设计特征能够在进行 ETOPS 运行时不发生类似空中停车、推力控制丧失或其他失去动力的等故障和失效；

（2）对于缺乏10年使用经验或全新设计的发动机，申请者可用与10年使用经验等效的设计实践经验，向局方证明发动机的设计特征满足本条要求，AC 建议的等效经验包括：现有安装在运输类飞机上发动机的取证经验、最近的对新发动机的取证经验、研发新发动机的设计实践以及相关设计手册，以及其他可使用的等效方法等。

43.5.2　模拟 ETOPS 任务循环持久试验（整机级）

按照批准的试验计划，在符合最终型号设计的一台发动机上进行一次模拟 ETOPS 任务循环持久试验。该试验在整机试验台上进行，包括起动停车循环时间、模拟改航时间、振动试验、振动检查。

要求如下。

（a）进行至少 3 000 次起动停车任务循环试验，具体要求如下：

（1）试验需包含下列工况：地面慢车、滑行、起飞、爬升、巡航、下降（最小慢车）、进近（进近慢车和下滑道切入）、着陆以及反推；

（2）试验需包含发动机起动和停车，停车时高压轴转速应不大于由于大气主导风向导致的风车转速；

（3）试验需包含至少 50 次的冷起动，即发动机关闭至少 3 小时后再起动；

（4）试验需包含最大功率起飞推力、降功率推力（如果适用）以及最大持续推力工况；

（5）试验需包含正常的发动机引气（飞机引气、防冰引气等）以及功率提取（液压和供电负荷等）。如发动机使用引气防冰，则 3 000 次任务循环中至少三分之一需要开启防冰引气；

（6）试验需要与飞机申请者共同确认试验工况、引气量和功率提取值等。

（b）以最大连续功率或推力进行 3 次模拟改航飞行至最大改航时间，具体要求如下：

（1）试验需包含典型的发动机引气（飞机引气、防冰引气等）以及功率提取（水力和电力负荷等）；

（2）试验需均匀分布在 3 000 次循环中，其中最后一次试验必须在 3 000 次循环结束前的 100 次以内进行；

（3）试验需留有 15 分钟的改航时间裕度，例如申请 120 分钟 ETOPS，则必须完成 135 分钟的 ETOPS 最大连续功率运行。并且在每次改航飞行后完成一次 1 分钟的复飞状态飞行。

（c）进行高压转子振动试验，具体要求如下：

（1）在高压转子典型起动-停车任务循环的每个 60 转/分递增台阶上，进行至少包括三百万次振动循环（试验全程）。递增转速台阶大于 60 转/分，最小振动循环数必须线性增加，到 200 转/分时为 1 000 万次循环；

（2）最小空中慢车到巡航功率的每个 60 转/分递增的高压转子循环台阶进行至少包括三十万次振动循环。递增转速台阶大于 60 转/分时，最小振动循环数必须线性增加，到 200 转/分时为一百万次循环；

（3）试验应覆盖典型使用起动-停车循环转速范围，工作转速范围包括代表起飞、爬升、降落、进近、着陆和反推的稳态转速点；

（4）需均匀分布在 3 000 次循环内。

（d）进行周期性振动检查，具体要求如下。

（1）持久试验开始前调解转子不平衡：双转子发动机，高低压转子分别调节不平衡,以达到至少 90% 的建议外场使用维修的振动值。三转子发动机,对中压转子单独调节不平衡,达到至少 90% 的建议外场使用维修的振动值。

（2）持久试验中进行周期性的振动检查,使用 2 分钟转子加减速来找到所要调查的峰值振动等级,转速范围要覆盖发动机高压转子的操作速度范围。

（3）通过以下累积损伤公式判定振动峰是否达到至少 90% 的建议外场使用维修的振动值:

$$A_{equiv} = \left\{ \sum \left[C_i (A_i^\alpha) / C \right] \right\}^{1/\alpha} \geq 0.9 A_{target}$$

其中,A_{equiv} 为等效振幅;C_i 为两次振动检查间隔循环数(目标 500),C 为总循环数(3 000);A_i 为 C_i 两次振动检查测得的平均振幅;$\alpha = 5.68$,A_{target} 为制造商给出的建议外场维修振幅。

基于累积损伤公式结果,运行补偿试验。除非局方批准,否则持久试验期间需维持不平衡量不低于 90% 的建议外场使用维修的振动值。

若 $A_{equiv} \geq 100\% A_{target}$ 则可为剩余循环缩短停留时间(全部循环仍至少 3 000 次);基于累积损伤计算缩短停留时间;超过 105% A_{target} 得到的累积损伤不具可信性。

若 90% $A_{target} \geq A_{equiv} \geq 85\%$ A_{target} 则在当前转子不平衡量下运行加罚循环,即以高于 85% A_{target} 运转,且造成的累积损伤比以 90% A_{target} 造成的累积损伤大;制造商也可建议重新定义建议外场维修振动值;或进行一个新试验。

若 85% $A_{target} \geq A_{equiv}$ 则以高于 90% A_{target} 运行加罚循环,且造成的累积损伤比以 90% A_{target} 造成的累积损伤大。

（4）振动值的周期性检查需要在不多于 500 个起动-停车循环间隔的条件下均匀地分布在测试中;

（5）振动检查需均匀分布在 3 000 次循环内;试验全程的目标振幅应至少达到 90% 的建议外场使用维修的振动值。

（e）在持久试验前后分别进行一次校准试验,记录功率和推力特性,具体要求如下:

（1）在第 33.5 条所要求的发动机安装和使用规范下,发动机在校准试验中必须能够产生海平面高温工况点对应的额定起飞功率和推力,且不超过任何的操作限制;

（2）校准试验全程观察到的发动机喘振和失速特性必须符合第 33.65 条的要求;

（3）在校准试验进行的任何时刻,发动机都不允许超过其操作限制。

（f）持久试验后,依据持续适航文件中在翼检查建议和限制值,进行目视检查。检查结果需符合根据第 33.4 条要求提交的持续适航文件中包含的在翼检查建议值和限制值。

（g）持久试验后,依据持续适航文件中包含的适当的检查建议和限制值,对发动机进行全面的分解和检查,具体内容如下:

（1）未发现在第 33.201 条(b)中或持续适航文件中明确的可能造成发动机空中停车、失去推力控制或其他功率损失的磨损或损坏;

（2）在可能对部件、组件或系统进行检验或完整性功能测试之前的使用期内,没有出现可以导致空中停车、失去推力控制或其他功率损失的磨损或损坏。ETOPS 资格前必须采取纠正措施,例如更改发动机设计或 ICA 文件等,确保上述问题不再发生。

参考文献

中国民用航空局.2017.民用航空产品和零部件合格审定规定：CCAR21 - R4[S].

Federal Aviation Administration. 2016. Airworthiness standards；definitions and abbreviations：14CFR Part 1[S].

中国民用航空局.2017.大型飞机公共航空运输承运人运行合格审定规则：CCAR121 - R5[S].

中国民航审定中心.2016.民用飞机和系统开发指南：SAE ARP 4754A[S].

郭博智,陈迎春.2011.商用飞机专业术语[M].北京：航空工业出版社.

中国民用航空局.2011.航空发动机适航规定：CCAR25 - R4[S].

Federal Aviation Administration. 1988. Extended range operation with two-engine airplanes (ETOPS)：AC 120 - 42A[S].

韩冰冰,沈浩,李新,等.2013.运输类飞机延程运行型号设计审定的发展[J].航空维修与工程,(03)：91 - 93.

中国民用航空局.2011.航空发动机适航规定：CCAR33 - R2[S].北京：中国民用航空局.

Federal Aviation Administration. 2009. Airworthiness standards；transport category airplanes：14CFR Part 25[S].

Federal Aviation Administration. 2010. Extended operations (ETOPS) eligibility for turbine engines：AC33.201 - 1[S].

Federal Aviation Administration. 2003. Extended operations (ETOPS) of multiengine airplane：Notice No. 03 - 11[S].

Federal Aviation Administration. 2007. Extended operations (ETOPS) of muti-engine airplanes：Final Rule FAA - 2002 - 6717[S].

European Aviation Safety Agency. 2015. Certification specification for engine：CS - E Amdt4[S].

European Aviation Safety Agency. 2018. Extended range operation with two-engine aeroplanes ETOPS certification and operation：AMC 20 - 6[S].

Federal Aviation Administration. 2018. Significant standards differences (SSD) detail description 14 CFR part 33 versus CS - E[R].